JN257787

複素解析

宮地秀樹
Miyachi Hideki
［著］

日評ベーシック・シリーズ

日本評論社

はしがき

本書は，大学の 1，2 回生で学ぶ複素解析学の学習目標の一つである，留数定理およびその応用の習得を目標とした本です．複素関数論[1]における研究対象である正則関数は，実数の場合の微分可能性を形式的に複素数に置き換えることにより定義される関数です．しかし，正則関数は，実関数の場合には想像もし得ないような非常に豊かな性質を持ちます．その豊かな性質の一つであるコーシーの積分定理は，正則関数の研究の基礎となる定理です．この定理からは，コーシーの積分公式のような積分表示やテイラー展開可能性のような解析的性質だけでなく，偏角の原理に現れる回転数のような幾何学的不変量との関連など，他分野への関連と応用が多く導かれます．そして，本書では触れませんが，高次元における複素関数を研究する多変数複素関数論は代数幾何学の研究に大きく応用されています．このように（一変数および多変数）複素関数論は現代数学における基本分野の一つなのです．

本書について

まず，複素数やその収束などの基本的なことからはじめます．その後にテイラー展開などの級数を用いた解析を学ぶための準備として関数項級数を学びます．特に収束を学ぶ章では，高校生で学んだこととのつながりを考慮して，大学の数学での「鬼門」といわれる ε–δ 論法（ε–N 論法）について解説をしました．すでにそれらを習得している読者はこの部分を飛ばして読んでもかまいません．

そして，正則関数の定義とコーシーの積分定理および積分公式を学んだ後に，

1］ 本書では「函数」ではなく「関数」と書く．

留数定理とその応用として定積分の計算法を学びます．この部分では，幾何学的関数論を学ぶための基礎固めを視野に入れて，コーシー–リーマンの方程式と等角性の関係や回転数と方程式の根の個数の関係など正則関数の幾何学的な側面からの視点を多く扱いました．その一方で，計算例などの解説に多くのページを割きましたので，等角写像論などの現代的な研究については本書では扱いませんでした．

iii ページに各章ごとの内容をチャート化しましたので，ご覧ください．

謝辞

本書の執筆を勧めてくださった早稲田大学の小森洋平先生には筆者の学生時代から多大なお世話をいただいています．そして日本評論社の佐藤大器氏には，著者の遅筆に辛抱強く付き合っていただきました．この場をお借りしましてお礼を申し上げます．末筆になりましたが，いつも励ましてくれている家族に感謝いたします．

2015 年 9 月
宮地　秀樹

各章のガイド

基礎の基礎 すでに取得している人は飛ばしても良い．

第 1 章，第 2 章，第 3 章

キーワード：複素数，点列と級数の収束，平面の位置

基礎 すでに取得している人は飛ばしても良いが，下記のキーワードの概念に自信のない人は読んだほうが良い．

第 4 章，第 5 章

キーワード：偏微分，全微分，関数項級数とその収束

定義と基本定理 本書の主人公の正則関数の定義とその基本的操作である線積分の定義，そして基本定理であるコーシーの積分定理，コーシーの積分公式と留数定理があるので必ず一度は読むこと．

第 6 章，第 7 章，第 8 章，第 9 章，第 10 章，第 12 章，第 13 章

キーワード：正則関数，ベキ級数，コーシー–リーマンの方程式，線積分，コーシーの積分定理，コーシーの積分公式，テイラー展開，ローラン展開，留数定理

応用 はじめは読まなくても良いが，余裕があれば読んでほしい．

第 11 章，第 14 章

キーワード：偏角の原理，回転数，定積分への応用

この本で用いる記号

集合論からの準備：集合の演算

複素平面 $\mathbb{C}$ 内の集合 A と B について

$$A \cup B = \{x \in \mathbb{C} \mid x \text{ は } A \text{ もしくは } B \text{ に含まれる }\}$$
$$A \cap B = \{x \in \mathbb{C} \mid x \text{ は } A \text{ と } B \text{ の両方に含まれる }\}$$
$$A^c = \{x \in \mathbb{C} \mid x \notin A\}$$
$$B - A = B \cap A^c = \{x \in B \mid x \notin A\}$$

と書く．それぞれ $A \cup B$ は集合 A と B の**和集合**，$A \cap B$ は集合 A と B の**共通集合**，A^c は A の**補集合**，$B - A$ を B から A を除いた**差集合** と呼ぶ．

集合 A に対して「$a \in A$」は「a は A の元である」という意味である．そして「$a \notin A$」と書けば「a は A の元ではない」もしくは「a は A に含まれない」という意味である．

数の集合

数の集合について記号を次のように定義する．

$$\mathbb{N} = \{\text{ 自然数全体 }\} = \{1, 2, 3, \cdots\}$$
$$\mathbb{Z} = \{\text{ 整数全体 }\} = \{0, \pm 1, \pm 2, \pm 3, \cdots\}$$
$$\mathbb{Q} = \{\text{ 有理数全体 }\} = \{0, \pm 1, \pm 2, \cdots, \pm 1/2, \cdots\}$$
$$\mathbb{R} = \{\text{ 実数全体 }\} = \{0, \pm 1, \cdots, \pm 1/2, \cdots, e, \pi, \sqrt{2}, \cdots\}$$

これらの集合は次のような包含関係を持つ．

$$\mathbb{N} \subset \mathbb{Z} \subset \mathbb{Q} \subset \mathbb{R}$$

有理数全体の集合 $\mathbb{Q}$ と実数全体の集合には四則演算が定義されていることに注意しよう．このように四則演算が定義されている集合を**体**と呼ぶ．

目次

第1章
複素数

1.1 複素数

ここで天下り的に**虚数単位**と呼ばれる記号 i を用いて，形式的に

$$x + iy \quad (x,y \text{ は実数}) \tag{1.1}$$

と書かれる "数" を考える．そのような数の集まりである集合

$$\mathbb{C} = \{x + iy \mid x,\ y \text{ は実数}\}$$

を考える．式 (1.1) のように書かれる数を**複素数**と呼ぶ．複素数 $z = x + iy$ に対して x, y を

$$x = \mathrm{Re}\,(z), \quad y = \mathrm{Im}\,(z)$$

と書き，それぞれ z の**実部**と**虚部**と呼ぶ．簡単のため，$0 + i0$ を 0 と書く．そして $x + i0$ および $0 + iy$ をそれぞれ x と iy と書く．iy の形の複素数を**純虚数**と呼ぶ．特に，実数 $x \in \mathbb{R}$ に対して，$x = x + i0 \in \mathbb{C}$ であるので，実数を虚部が 0 であるような複素数と認識することにより，複素数全体 $\mathbb{C}$ は実数全体 $\mathbb{R}$ を含むと考えることができる．つまり

$$\mathbb{R} \subset \mathbb{C}$$

となる．

注意 二つの複素数 $z = x + iy$ と $w = u + iv$ が $x = u$ かつ $y = v$ が成立するときに限り同じ複素数を定めると考える．

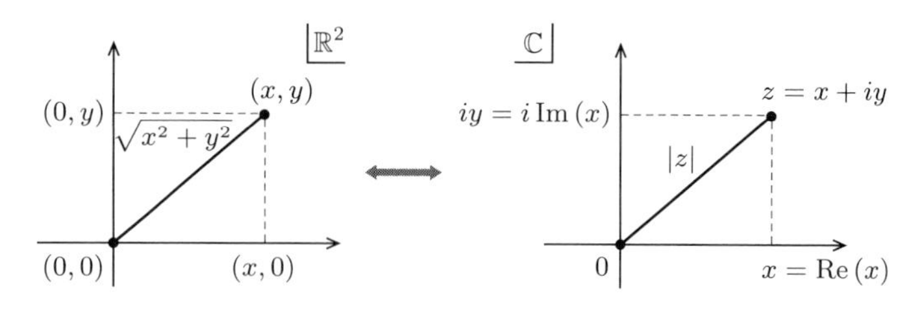

図 1.1　複素平面と平面との関係

1.2　複素平面

2 次元平面を $\mathbb{R}$ と書く．1.1 節の最後にあげた重要な注意から，複素数 $z = x + iy$ と平面の点 $(x,y) \in \mathbb{R}^2$ を対応

$$\mathbb{C} \ni x + iy \leftrightarrow (x,y) \in \mathbb{R}^2 \tag{1.2}$$

と考えることにより同一視して複素数全体 $\mathbb{C}$ を平面と考えることができる．この平面を**複素平面**と呼ぶ．これからは複素数を平面上の点と考える（図 1.1）．このとき実数の全体は平面 $\mathbb{R}^2$ では x 軸に対応して，純虚数の全体は平面 $\mathbb{R}^2$ の y 軸に対応する．複素平面内の実数の全体のなす直線を**実軸**と呼び $\mathbb{R}$ と書く．純虚数の全体のなす直線を**虚軸**と呼び $i\mathbb{R}$ と書く．そして $0 \in \mathbb{C}$ に対応する複素平面上の点を**原点**と呼ぶ．

1.3　複素数の四則演算

1.3.1　複素数の和と差

複素数の和と差を

$$
\begin{aligned}
&(\text{和}) \qquad z + w &&= (x+u) + i(y+v)\\
&(\text{差}) \qquad z - w &&= (x-u) + i(y-v)
\end{aligned}
$$

と定義する．平面と複素数の同一視 (1.2) を通すと，このように定義された和と差は図 1.2 のようにベクトル空間の場合の和と差と同じように考えることができることがわかる．

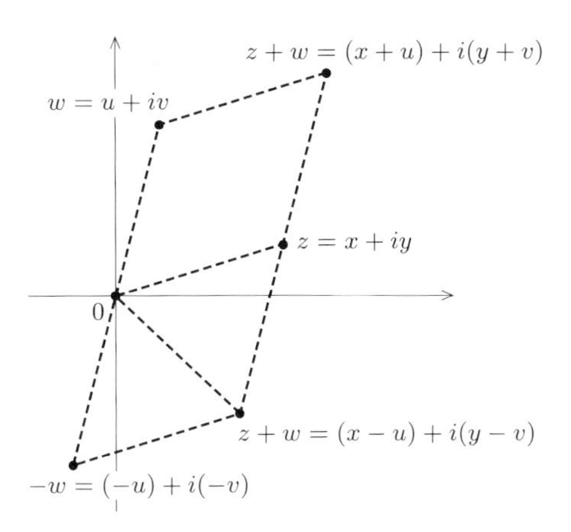

図 1.2　複素数の和と差

1.3.2　複素数の積と商

複素数の積と商を

$$
\begin{aligned}
&（積） & zw &= (xu - yv) + i(xv + yu) \\
&（商） & \frac{z}{w} &= \frac{xu + yv}{u^2 + v^2} + i\frac{-xv + yu}{u^2 + v^2} \quad (w \neq 0 \text{ のとき})
\end{aligned}
$$

と定義する．積の幾何学的な意味は 1.5.4 節で与える．特に

$$
i^2 = (0 + i \cdot 1)(0 + i \cdot 1) = (0 \cdot 0 - 1 \cdot 1) + i(0 \cdot 1 + 1 \cdot 0) = -1 \tag{1.3}
$$

が成立することに注意する．定義だけを見ると，このように積と商が定義される理由がわかりにくいと思うが，たとえば積を形式的に展開して，関係式 (1.3)『$i^2 = -1$』を用いて計算してみると

$$
\begin{aligned}
zw &= (x + iy)(u + iv) = xu + x(iv) + (iy)u + (iy)(iv) \\
&= xu + ixv + iyu - yv \\
&= (xu - yv) + i(xv + yu)
\end{aligned}
$$

となり，上記の定義と一致する．つまりこのように形式的に展開することを考えても差し支えない．このことから，複素数 z, w, ζ に対して

$$
zw = wz \quad （交換可能）
$$

$$z(w+\zeta) = zw + z\zeta \quad \text{（分配法則）}$$
$$z(w\zeta) = (zw)\zeta \quad \text{（結合法則）}$$

が成立することはすぐにわかる.

1.3.3　逆数

実数 $x \in \mathbb{R}$（$x \neq 0$）に対して $xu = 1$ を満たす実数 u を逆数と呼んだ. 逆数は複素数に対しても自然に定義することができる. ここで複素数 $z = x + iy \neq 0$ の逆数を求めてみよう. 実際, $w = u + iv$ が z の逆数であったとすると,

$$(xu - yv) + i(xv + yu) = 1 = 1 + i0$$

が成立するはずである. したがって実数 u, v は連立方程式

$$\begin{cases} xu - yv &= 1 \\ xv + yu &= 0 \end{cases} \tag{1.4}$$

の解である. ここで $z \neq 0$ であったので特に x もしくは y のいずれかが 0 ではない. したがって $x^2 + y^2 \neq 0$ であったことに注意すると, 連立方程式 (1.4) の解は

$$u = \frac{x}{x^2+y^2}, \quad v = -\frac{y}{x^2+y^2},$$

になることがわかる. つまり $z = x + iy \neq 0$ の逆数は

$$\frac{1}{z} = \frac{x}{x^2+y^2} - i\frac{y}{x^2+y^2} \tag{1.5}$$

となることがわかる. 特に

$$\begin{aligned} z \times \frac{1}{w} &= (x+iy)\left(\frac{u}{u^2+v^2} - i\frac{v}{u^2+v^2}\right) \\ &= \frac{xu+yv}{u^2+v^2} + i\frac{-xv+yu}{u^2+v^2} = \frac{z}{w} \end{aligned}$$

となるので, 商は逆数の積であるという実数の場合の常識と一致する.

1.3.4　実数における演算との関係

ここで実数の場合の四則演算との関係について確認しておこう. $z = x = x + i0$ と $w = u = u + i0$ を上記の四則演算に代入すると,

$$z + w = (x+u) + i(0+0) = x + u$$

$$
\begin{aligned}
z - w &= (x - u) + i(0 - 0) = x - u \\
zw &= (xu - yv) + i(xv + yu) = (xu - 0 \times 0) + i(x \times 0 - y \times 0) = xu \\
\frac{z}{w} &= \frac{xu + 0 \times 0}{u^2 + 0^2} + i\frac{-x \times 0 + 0 \times u}{u^2 + 0^2} = \frac{x}{u} \quad (u \neq 0 \text{ のとき})
\end{aligned}
$$

が成立する．ゆえに，上記のように複素数全体 $\mathbb{C}$ 上で定義された四則演算は，実数の場合の四則演算と一致する．

1.4 絶対値と共役複素数

1.4.1 絶対値

複素数 $z = x + iy$ に対して

$$|z| = \sqrt{x^2 + y^2} = \sqrt{(\mathrm{Re}\,(z))^2 + (\mathrm{Im}\,(z))^2}$$

と定義する．これを z の**絶対値**と呼ぶ．ピタゴラスの定理より，複素数 $z \in \mathbb{C}$ の絶対値 $|z|$ は複素平面上での原点と z を結ぶ線分の長さとなる（図 1.1）．ここで $z = x \in \mathbb{R}$ の場合には

$$|x| = \sqrt{x^2} = \begin{cases} x & (x \geqq 0) \\ -x & (x < 0) \end{cases}$$

となるので，実数に対しては，今まで学んできた絶対値と一致する．ここで任意の $z \in \mathbb{C}$ を取る．$\mathrm{Re}\,(z), \mathrm{Im}\,(z) \neq 0$ のとき，0 と $\mathrm{Re}\,(z)$ と z を頂点にもつ三角形を考えることによって

$$\max\{|\,\mathrm{Re}\,(z)\,|, |\,\mathrm{Im}\,(z)\,|\} \leqq |z| \leqq |\,\mathrm{Re}\,(z)\,| + |\,\mathrm{Im}\,(z)\,| \tag{1.6}$$

が成立することに注意しよう（次ページの図 1.3）．なお，$\mathrm{Re}\,(z) = 0$ のときは $|z| = |\,\mathrm{Im}\,(z)\,|$ であり，$\mathrm{Im}\,(z) = 0$ のときは $|z| = |\,\mathrm{Re}\,(z)\,|$ であるので，これらの場合も式 (1.6) が成立する．

ここで複素数 $z, w \in \mathbb{C}$ に対して

$$|zw| = |z||w| \tag{1.7}$$

が成立することを注意しておく．この幾何学的意味は 1.5.4 節において説明されるので，ここでは計算により確認してみる．実際，$z = x + iy,\ w = u + iv$ とす

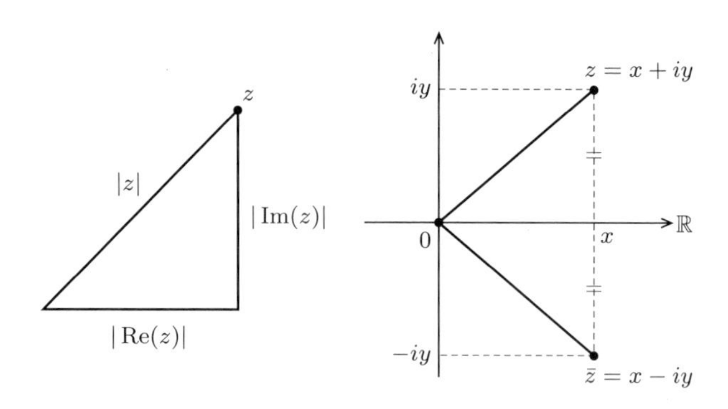

図 1.3　実部の虚部と長さの関係と複素共役の意味

ると，

$$
\begin{aligned}
|zw|^2 &= (xu - yv)^2 + (xv + yu)^2 \\
&= x^2u^2 - 2xyuv + y^2v^2 + x^2v^2 + 2xyuv + y^2u^2 \\
&= x^2u^2 + y^2v^2 + x^2v^2 + y^2u^2 \\
&= (x^2 + y^2)(u^2 + v^2) \\
&= |z|^2|w|^2
\end{aligned}
$$

である．

1.4.2　共役複素数

複素数 $z = x + iy \in \mathbb{C}$ に対して

$$\overline{z} = x - iy$$

と定義する．この $\overline{z}$ を複素数 z の**共役複素数**と呼ぶ．図 1.3 のように z の共役複素数 $\overline{z}$ は実軸の関して対称の位置にある．特に，

$$
\begin{cases}
\operatorname{Re}(\overline{z}) = \operatorname{Re}(z) \\
\operatorname{Im}(\overline{z}) = -\operatorname{Im}(z)
\end{cases}
\tag{1.8}
$$

が成立する．

命題 1.1 **(絶対値と共役複素数の基本性質)** 次が成立する．以下では z，w は複素数とする．

(1) $\overline{\overline{z}} = z$

(2) $|\overline{z}| = |z|$

(3) $\overline{z+w} = \overline{z} + \overline{w}$

(4) $\overline{zw} = \overline{z} \cdot \overline{w}$

(5) $z + \overline{z} = 2\,\mathrm{Re}\,(z)$

(6) $z - \overline{z} = 2i\,\mathrm{Im}\,(z)$

(7) $z \cdot \overline{z} = |z|^2$

(8) $|\,\mathrm{Re}\,(\overline{z}w)\,| \leqq |z||w|$（コーシー–シュワルツの不等式）

(9) $|z+w| \leqq |z| + |w|$（三角不等式）

証明 (1)，(2)，(3) はまとめて示す．実際，$z = x + iy$，$w = u + iv$ とすると，

(1) $\overline{\overline{z}} = \overline{\overline{x+iy}} = \overline{x-iy} = x + iy = z$

(2) $|\overline{z}| = \sqrt{x^2 + (-y)^2} = \sqrt{x^2 + y^2} = |z|$

(3) $\overline{z+w} = (x+u) - i(y+v) = (x+u) + i((-y) + (-v)) = \overline{z} + \overline{w}$

である．

(4) $z = x + iy$，$w = u + iv$ とする．積の定義より

$$
\begin{aligned}
\overline{zw} &= \overline{(xu - yv) + i(xv + yu)} \\
&= (xu - yv) - i(xv + yu) \\
&= (xu - (-y)(-v)) + i(x(-v) + (-y)u) \\
&= \overline{z} \cdot \overline{w}
\end{aligned}
$$

を得る．

(5)，(6) と (7) はまとめて示す．$z = x + iy$ とする．このとき

(5) $z + \overline{z} = (x+iy) + (x-iy) = 2x = 2\,\mathrm{Re}\,(z)$

(6) $z - \overline{z} = (x+iy) - (x-iy) = 2iy = 2i\,\mathrm{Im}\,(z)$

(7) $z \cdot \overline{z} = (x+iy)(x-iy) = (x^2 - y(-y)) + i(x(-y) + xy) = x^2 + y^2 = |z|^2$

を得る．

(8) 式 (1.6)，(1.7) により

$$|\operatorname{Re}(\overline{z}w)| \leqq |\overline{z}w| = |\overline{z}||w| = |z||w|$$

を得る．

(9) 実際，

$$\begin{aligned}|z+w|^2 &= (\overline{z+w})(z+w) = |z|^2 + \overline{z}w + z\overline{w} + |w|^2 \\ &= |z|^2 + \overline{z}w + \overline{\overline{z}w} + |w|^2 \\ &= |z|^2 + 2\operatorname{Re}(\overline{z}w) + |w|^2 \\ &\leqq |z|^2 + 2|z||w| + |w|^2 = (|z|+|w|)^2\end{aligned}$$

であるので主張を得る． ■

注意 特に命題 1.1 の (7) により，複素数 $z \neq 0$ について

$$\frac{1}{z} = \frac{\overline{z}}{|z|^2}$$

が成立する．これは式 (1.5) と一致している．

1.4.3 命題 1.1 の各式の幾何学的意味

命題 1.1 を指針にして，絶対値と共役複素数の幾何学的意味について考えてみる．ここでは式 (4) 以外について解説する．式 (4) については後の 1.5.4 節で説明する．

同一視 (1.2) により，共役複素数を取る操作は実軸に関する線対称を取る操作

$$\mathbb{R}^2 \ni (x, y) \mapsto (x, -y) \in \mathbb{R}^2 \tag{1.9}$$

に対応する（図 1.3）．したがって，共役複素数を取る操作を 2 回繰り返すともとの複素数に戻ってくる．これが命題 1.1 の (1) の意味である．感覚的には実軸が鏡となってそれにより写る鏡の中の世界を考えていることと説明できる．

命題 1.1 の (2) は z と $\overline{z}$ の長さが一緒であるということであるが，これは図 1.3 もしくは図 1.4 を見ると明らかである．

式 (1.9) は（実ベクトル空間での）線形写像であるので和が和に写る．したがって，命題 1.1 の (3) が従う．命題 1.1 の (5), (6) は図 1.4 の通りである．

命題 1.1 の (7), (8), (9) の幾何学的意味を述べる前に，すこし一般的な状況から始めてみる．$z = x + iy$, $w = u + iv$ に対して

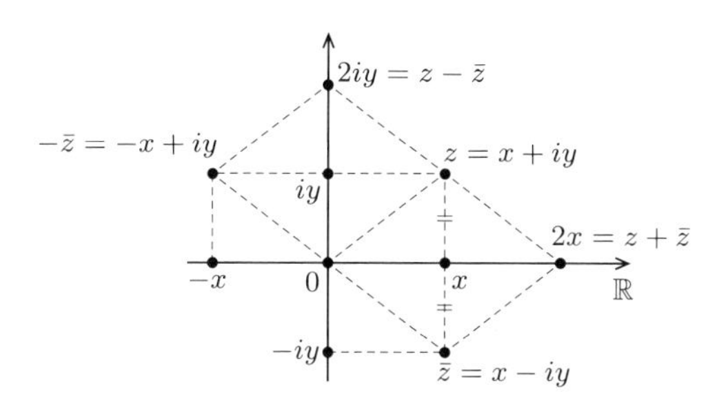

図 1.4 複素数とその共役複素数との和と差

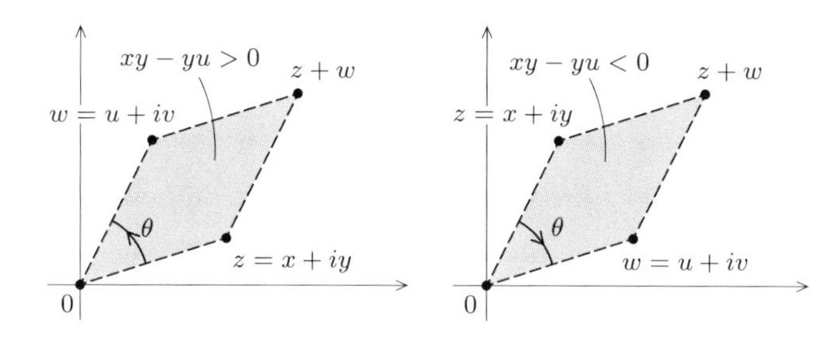

図 1.5 面積の符号：左図では $\theta > 0$ であり，右図では $\theta < 0$ である．

$$\overline{z}w = (xu + yv) + i(xv - yu) \tag{1.10}$$

が成立する．つまり，(1.10) の実部

$$\mathrm{Re}\,(\overline{z}w) = xu + yv \tag{1.11}$$

は z と w に対応する平面上の**ベクトルの内積**を与える．(1.10) の虚部

$$\mathrm{Im}\,(\overline{z}w) = xv - yu \tag{1.12}$$

は $0, z, z+w, w$ を頂点とする平行四辺形の**符号付きの面積**となる．ここで『符号』は図 1.5 のように，頂点が $\{0, z, z+w, w\}$ がこの順で反時計回りに並んでいるときは正となり，時計回りのときは負を与えることとする[1]．特に図 1.5 のように z から w に向かう方向に測った角度を θ $(-\pi \leqq \theta < \pi)$ とすると

$$\mathrm{Re}\,(\overline{z}w) = |z||w|\cos\theta \tag{1.13}$$

1] この符号の意味は 3.2 節で述べる領域の向きと関係する．

$$\mathrm{Im}\,(\overline{z}w) = |z||w|\sin\theta \tag{1.14}$$

が成立する．このことから上記の面積の符号の意味もわかる．

したがって，命題 1.1 の (7) は同じベクトルの内積は長さの 2 乗となる，という平面幾何における性質と対応し，(8) は内積は長さの積以下であるというコーシー–シュワルツの不等式に対応する．(9) は「寄り道するとまっすぐ進むより遠い」という常識を式で表したに過ぎない．

1.5　極座標表示と複素数の積

1.5.1　極座標表示

零でない複素数 $z = x + iy$ に対して

$$z = r(\cos\theta + i\sin\theta) \tag{1.15}$$

を満たす $r > 0$ はただ一つに，そして θ は 2π の整数倍の法としてただ一つ定まる．この表示のことを複素数 z の**極座標表示**と呼ぶ．実際 $r = |z|$ であり，θ は

$$\begin{cases} r = |z| \\ \cos\theta = \dfrac{x}{r} \\ \sin\theta = \dfrac{y}{r} \end{cases} \tag{1.16}$$

を満たすように取れば良い（図 1.6）．

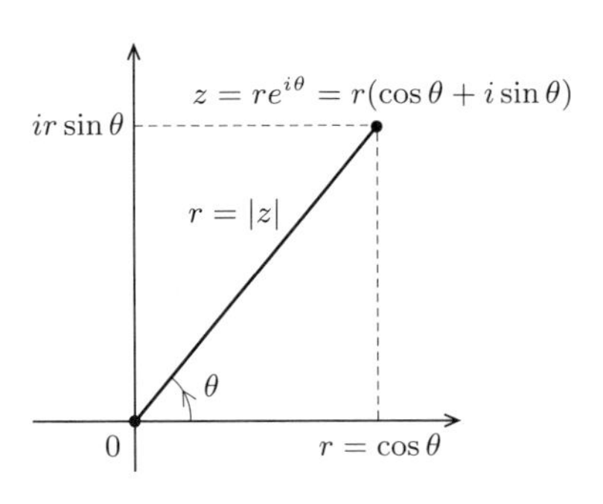

図 1.6　極座標

1.5.2 偏角と偏角の主値

式（1.16）のように定義された θ を z の**偏角**と呼ぶ．偏角は図 1.6 のように，**反時計回り**に角度を測ることにより得られる．さらに時計回りに角度を測ると負の角度を得る．このとき

$$\arg(z) = \theta + 2n\pi \quad (n \in \mathbb{Z}) \tag{1.17}$$

と書く．偏角の中で $-\pi \leqq \theta < \pi$ を満たすものを**偏角の主値**と呼び，$\mathrm{Arg}(z)$ と書く．偏角の主値は一意的に定まる．定義より，特に

$$-\pi \leqq \mathrm{Arg}(z) < \pi \tag{1.18}$$

が成立することに注意する（図 1.7）．

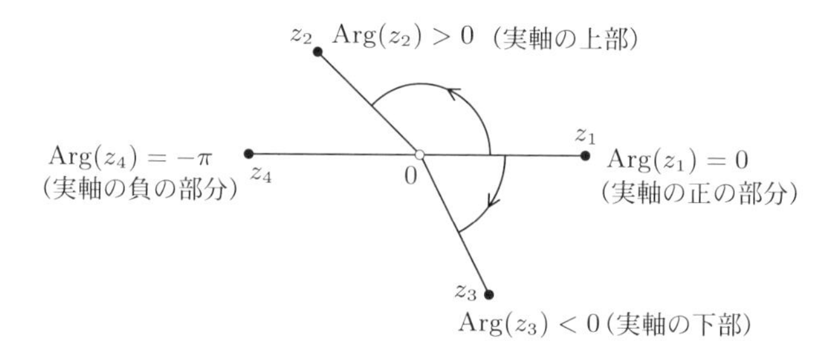

図 1.7　偏角の主値の符号．$z \in \mathbb{C} - \{0\}$ が実軸の上にあれば $0 < \mathrm{Arg}(z) < \pi$ であり，$z \in \mathbb{C} - \{0\}$ が実軸の下にあれば $-\pi < \mathrm{Arg}(z) < 0$ である．実軸の負の部分では $\mathrm{Arg}(z) = -\pi$ である．

注意　文献によっては偏角の主値は $0 \leqq \mathrm{Arg}(z) < 2\pi$ を満たすように定義されていることもある．他の文献を見るときは注意してほしい．

例題 1.1　$z = 1 + i$ の極座標表示を求めよ．

解　（1.16）より，r と θ は

$$\begin{cases} r = \sqrt{1^2 + 1^2} = \sqrt{2} \\ \cos\theta = \dfrac{x}{r} = \dfrac{1}{\sqrt{2}} \\ \sin\theta = \dfrac{y}{r} = \dfrac{1}{\sqrt{2}} \end{cases}$$

を満たすようにとれば良い．したがって

$$\theta = \frac{\pi}{4} + 2n\pi \quad (n \in \mathbb{Z})$$

を得る．先ほど注意したように偏角は 2π の整数倍の法としてただ一つ定まる．したがって $z = 1 + i$ の極座標表示

$$1 + i = \sqrt{2}\left(\cos\left(\frac{\pi}{4} + 2n\pi\right) + i\sin\left(\frac{\pi}{4} + 2n\pi\right)\right) \quad (n \in \mathbb{Z}) \tag{1.19}$$

を得る．

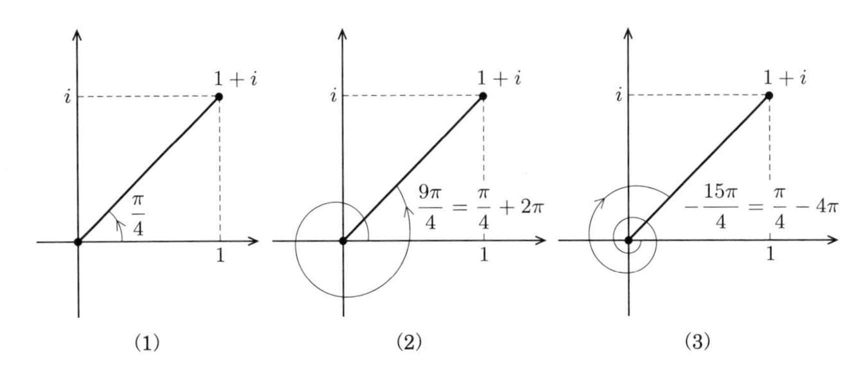

図 1.8　$1 + i$ の極座標表示

例題 1.1 について，もうすこし説明しよう．図 1.8 の（1）と（2）は実軸から時計と反対周りに角度を測っている．(1) では時計と反対周りに偏角を測っているので，偏角は正であり $\pi/4$ である．(2) では時計と反対周りに偏角を測っているため，偏角は正であるが，1周分無駄に測っているので，その偏角は

$$\frac{9\pi}{4} = \frac{\pi}{4} + 2\pi$$

である（2π の無駄がある）．この表記は（1.19）の $n = 1$ の場合である．(3) では時計周りに偏角を測っているので偏角は負である．(2) と同様に1周分無駄に測ってから測っているので $-15\pi/4 = -7\pi/4 - 2\pi$ を得る．しかし，これは図 1.8 の (3) のように時計回りに 2 周してから $\pi/4$ だけ時計と反対周りに戻ると思うと，偏角は

$$-\frac{15\pi}{4} = \frac{\pi}{4} - 4\pi$$

と表すことができる．この表記は（1.19）の $n = -2$ の場合と一致する．このように偏角は測り方によってその値が変わるので，（1.19）のように『$n \in \mathbb{Z}$』の文言を添えて書くことが基本である．

1.5.3 極座標表示とオイラーの公式

$\theta \in \mathbb{R}$ に対して記号 $e^{i\theta}$ を

$$e^{i\theta} = \cos\theta + i\sin\theta \tag{1.20}$$

と定義する．

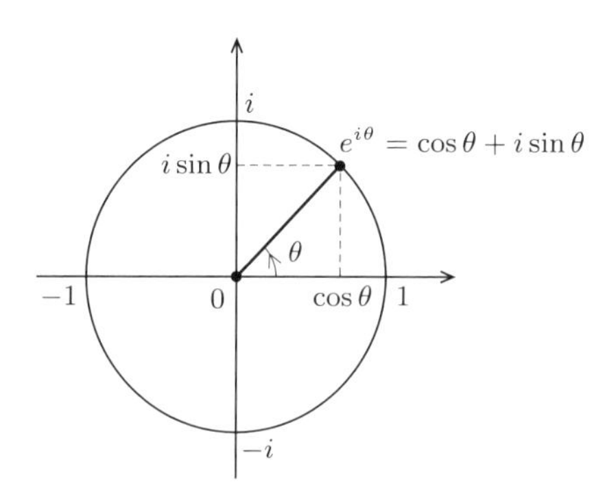

図 1.9 オイラーの公式

この記号を用いると式（1.15）は

$$z = re^{i\theta} \tag{1.21}$$

と書かれる．この表示も，複素数 z の**極座標表示**と呼ぶ（図 1.6 参照）．

ここで，式（1.20）はオイラーの公式として有名な公式であるので，定義と書かれると違和感を感じる読者もいると思う．ここでは式（1.20）を定義として，6.5.5 節において，関数項級数の収束が定式化されたときに，複素関数として式（1.20）の両辺が一致することを確認する．

命題 1.2 ($e^{i\theta}$ **の基本性質**) 次が成立する.

(1) 任意の $\theta \in \mathbb{R}$ に対して $|e^{i\theta}| = 1$ である.

(2) 任意の $\theta \in \mathbb{R}$ に対して $\overline{e^{i\theta}} = e^{-i\theta}$ である.

(3) (指数法則) 任意の $\theta_1, \theta_2 \in \mathbb{R}$ に対して,

$$e^{i(\theta_1+\theta_2)} = e^{i\theta_1} e^{i\theta_2}$$

が成立する.

証明 (1) 任意の $\theta \in \mathbb{R}$ に対して

$$|e^{i\theta}| = \sqrt{\cos^2\theta + \sin^2\theta} = \sqrt{1} = 1$$

である.

(2) 任意の $\theta \in \mathbb{R}$ に対して,

$$\begin{aligned}
\overline{e^{i\theta}} &= \overline{\cos\theta + i\sin\theta} = \cos\theta - i\sin\theta \\
&= \cos(-\theta) + i\sin(-\theta) = e^{-i\theta}
\end{aligned}$$

である.

(3) 任意の $\theta_1, \theta_2 \in \mathbb{R}$ に対して, 複素数の積の公式と三角関数の加法定理から,

$$\begin{aligned}
e^{i\theta_1} e^{i\theta_2} &= (\cos\theta_1 + i\sin\theta_1)(\cos\theta_2 + i\sin\theta_2) \\
&= (\cos\theta_1\cos\theta_2 - \sin\theta_1\sin\theta_2) + i(\cos\theta_1\sin\theta_2 + \sin\theta_1\cos\theta_2) \\
&= \cos(\theta_1+\theta_2) + i\sin(\theta_1+\theta_2) \\
&= e^{i(\theta_1+\theta_2)}
\end{aligned}$$

が成立する. ■

ここで得られた指数法則（命題 1.2 の (2)）は通常の指数関数の指数法則から得られたのではなくて, 三角関数の加法定理から従ったことに注意してほしい.

極座標表示で表示された複素数 $z = re^{i\theta}$, $w = Re^{i\Theta}$ に対して指数法則を用いると,

$$zw = re^{i\theta} \cdot Re^{i\theta} = (rR)e^{i(\theta+\Theta)} \tag{1.22}$$

が成立する．

自然数 n に対して，$\omega^n = 1$ を満たす，1 とは異なる複素数 ω を 1 の n 乗根と呼ぶ．さらに 1 の n 乗根 $e^{2\pi i/n}$ を 1 の原始 n 乗根と呼ぶ．

例 1.1 1 の原始 5 乗根 $\omega = e^{2\pi i/5}$ を考える．$\omega^k = e^{2\pi ki/5}$ であるので，特に $\omega^5 = 1$ となる．複素平面上では $\{1, \omega, \omega^2, \omega^3, \omega^4\}$ は正五角形の頂点となる（図 1.10）．

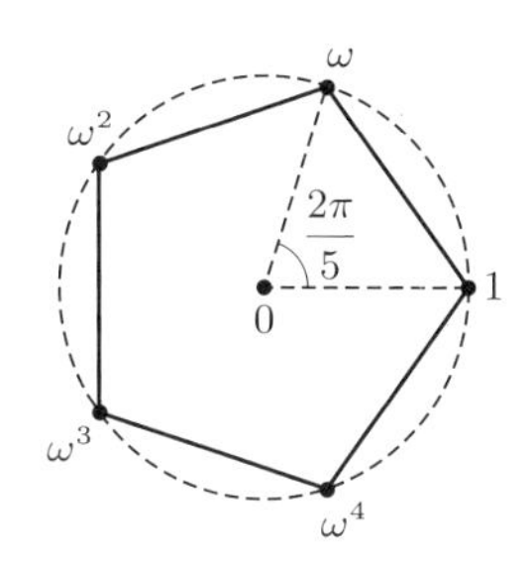

図 1.10　1 の 5 乗根 $\omega = e^{2\pi i/5}$ とそのベキの分布

1.5.4　複素数の積の幾何学的意味

複素数の積の幾何学的意味を説明して，命題 1.1 の（4）について述べる．複素数 $z, w \in \mathbb{C}$ の極座標表示を $z = re^{i\theta}$，$w = Re^{i\Theta}$ とする．式（1.22）により

$$zw = (rR)e^{i(\theta+\Theta)}$$

である．複素数 w から zw にどの程度変わったのかを考えると，長さは r 倍されて，かつ角度 θ の回転が加わっている．このように積は拡大縮小と回転を表現される変換に対応する（次ページの図 1.11）．命題 1.2 より共役複素数を取る操作では偏角の符号が変わる．このように命題 1.1 の（4）は，回転の向きの変化を述べている式，つまり『鏡はもとの世界の回転を逆周りの回転に映す』という正しい感覚から導かれる式である．

1.6　円板，円周および円環領域

以下の通り記号を設定する．$z_0 \in \mathbb{C}$ と $R > 0$ を取る．

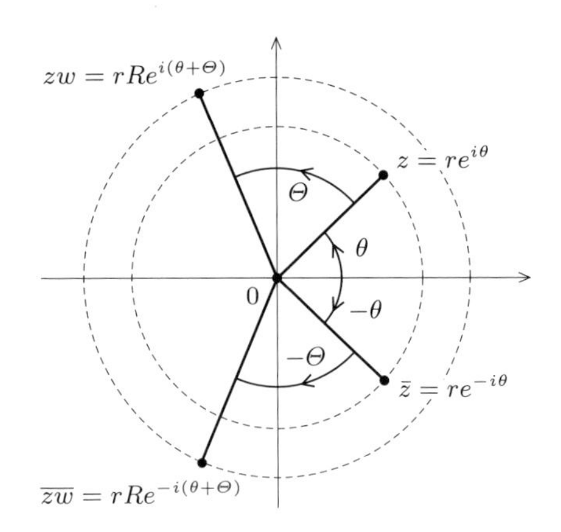

図 1.11　積の幾何学的意味：図において，$z = re^{i\theta}$, $w = Re^{i\Theta}$ である．

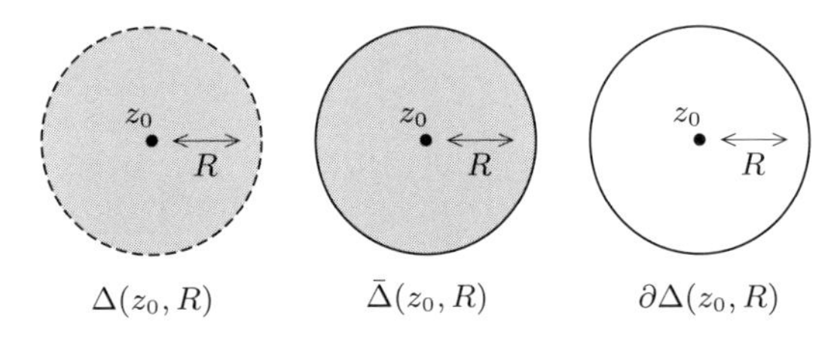

図 1.12　開円板 $\Delta(z_0, R)$ と閉円板 $\overline{\Delta}(z_0, R)$．開円板 $\Delta(z_0, R)$ は境界 $\partial\Delta(z_0, R)$ を含まない．

$$\Delta(z_0, R) = \{z \in \mathbb{C} \mid |z - z_0| < R\}$$
$$\overline{\Delta}(z_0, R) = \{z \in \mathbb{C} \mid |z - z_0| \leqq R\}$$

このとき $\Delta(z_0, R)$ および $\overline{\Delta}(z_0, R)$ をそれぞれ中心 z_0，半径 R の**開円板**および**閉円板**と呼ぶ．上記の言い方をすると，中心 z_0，半径 R の開円板は「点 z_0 から距離が R 以内にある範囲」を表し，中心 z_0，半径 R の閉円板は「点 z_0 から距離が R 以下にある範囲」を表す．違いは閉円板 $\overline{\Delta}(z_0, R)$ は**境界**（もしくは周囲）

$$\partial\Delta(z_0, R) = \{z \in \mathbb{C} \mid |z - z_0| = R\} \tag{1.23}$$

を含むが，開円板 $\Delta(z_0, R)$ は境界を含まない，ということである（図 1.12）．円板から中心を除いて得られた集合を**穴あき円板**と呼ぶ．特に中心 z_0，半径 R の**穴あき開円板** $\Delta^*(z_0, R)$ と閉穴あき円板 $\overline{\Delta}^*(z_0, R)$ をそれぞれ

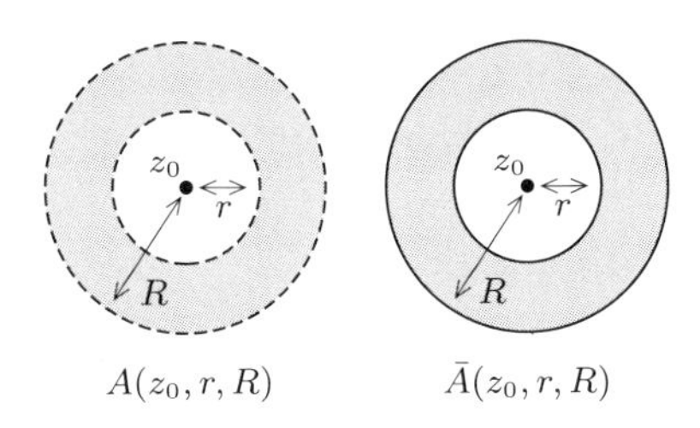

図 1.13　円環領域 $A(z_0, r, R)$ と閉円環領域 $\overline{A}(z_0, r, R)$. 円環領域 $A(z_0, r, R)$ は境界を含まない.

$$\Delta^*(z_0, R) = \{z \in \mathbb{C} \mid 0 < |z - z_0| < R\}$$

$$\overline{\Delta}^*(z_0, R) = \{z \in \mathbb{C} \mid 0 < |z - z_0| \leqq R\}$$

とする. 穴あき閉円板は閉集合ではないことに注意する（例 3.3 を見よ）.

中心 0, 半径 1 の円板 $\Delta(0, 1)$ を $\mathbb{D}$ と書き, **単位円板**と呼ぶ. そしてその境界 $\partial\mathbb{D} = \partial\Delta(0, 1)$ を**単位円周**と呼ぶ：

$$\mathbb{D} = \{z \in \mathbb{C} \mid |z| < 1\} \tag{1.24}$$

$$\overline{\mathbb{D}} = \{z \in \mathbb{C} \mid |z| \leqq 1\} \tag{1.25}$$

$$\partial\mathbb{D} = \{z \in \mathbb{C} \mid |z| = 1\} \tag{1.26}$$

中心 $z_0 \in \mathbb{C}$, **内半径** r, **外半径** R の**円環領域**（**開円環領域**）$A(z_0, r, R)$ および**閉円環領域** $\overline{A}(z_0, r, R)$ を

$$A(z_0, r, R) = \{z \in \mathbb{C} \mid r < |z - z_0| < R\}$$

$$\overline{A}(z_0, r, R) = \{z \in \mathbb{C} \mid r \leqq |z - z_0| \leqq R\}$$

と定義する（図 1.13）.

練習問題

問 1.1　次の式により定義される図を図示せよ：

(1)　$\{z \in \mathbb{C} \mid |z| = \mathrm{Re}z + 1\}$

(2)　$a, b \in \mathbb{C}, \quad a \neq b, k > 0$

$$\{z \in \mathbb{C} \mid |z - a| = k|z - b|\}$$

(3)　$a, b \in \mathbb{C}$,　$a \neq 0$

$$\left\{ z \in \mathbb{C} \mid \mathrm{Im}\left(\frac{z-b}{a}\right) > 0 \right\}$$

問 1.2　次の複素数の偏角を求めよ．

(1)　$1+i$

(2)　$\sqrt{3}+i$

(3)　$(1+i)^3$

(4)　$(1+\sqrt{3}i)^{31}$

問 1.3　自然数 $n \geqq 2$ に対して，1 とは異なる $\omega^n = 1$ を満たす複素数に対して

$$\omega^{n-1} + \omega^{n-2} + \cdots + 1 = 0 \tag{1.27}$$

が成立することを示せ．さらに，(1.27) の幾何学的意味について説明せよ．

問 1.4　自然数 n に対して

$$(\cos\theta + i\sin\theta)^n = P_n(\cos\theta, \sin\theta) + iQ_n(\cos\theta, \sin\theta)$$

を満たすように定義される 2 変数多項式 $P_n(x, y)$ と $Q_n(x, y)$ を関係 $x^2 + y^2 = 1$ により簡約することにより

$$P_n(x, y) = A_n(x) + B_n(x)y$$
$$Q_n(x, y) = C_n(x) + D_n(x)y$$

と表す．このとき次を示せ．

(1)　$A_1(x) = x$, $B_1(x) = 0$, $C_1(x) = 0$, $D_1(x) = 1$

(2)　$B_n = C_n = 0$ ($n \in \mathbb{N}$) および，漸化式

$$A_{n+1}(x) = xA_n(x) + (1-x^2)D_n(x)$$
$$D_{n+1}(x) = A_n(x) + xD_n(x)$$

が成立する．

(3)　A_2, A_3, D_2, D_3 を求めよ．

第2章
複素数の収束と無限級数

2.1　点列・数列の収束

2.1.1　点列・数列の収束

ここでは，収束について厳密に定義しておこう．

定義 2.1（点列）自然数またはその部分集合で番号づけられた複素数 $\{z_n\}_{n\in\mathbb{N}}$ を**点列**（**複素数点列**）または**数列**（**複素数列**）と呼ぶ．

幾何学的な意味合いが強い議論のときは点列と呼ぶことが多く，ただ単に数字の収束（たとえば関数の値の収束など）を考えるときには数列と呼ぶことが多い．実際に使用されている場面を見てこれらの違いを察してもらいたい．

定義 2.2（点列・数列の収束）任意の $\varepsilon > 0$ に対して，

$$|z_n - \alpha| < \varepsilon$$

が任意の $n \geqq N$ に対して成立するように $N \in \mathbb{N}$ を取ることができるとき，点列（数列）$\{z_n\}_n$ は $\alpha \in \mathbb{C}$ に**収束**するという．そして点列（数列）$\{z_n\}_n$ がある複素数に収束するとき，点列（数列）$\{z_n\}_n$ は**収束**するという．定義のポイントは「ε が決まれば N が定まる」ということである（次ページの図 2.1）．

点列 $\{z_n\}_{n=1}^{\infty}$ が $\alpha \in \mathbb{C}$ に収束するとき

$$\lim_{n\to\infty} z_n = \alpha \tag{2.1}$$

と書く．このとき α を数列（点列）$\{z_n\}_{n=1}^{\infty}$ の**極限値**と呼ぶ．式 (1.6) により，次の 4 つの条件は同値である．

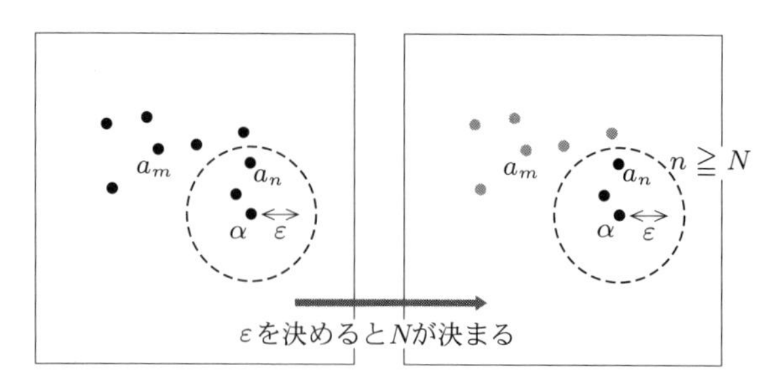

図 2.1　点列の収束：ε という α の周り（範囲）を定める半径が決まれば，$|a_n - \alpha| < \varepsilon$ （$n \geqq N$）を満たすような N が定まる．

- $\displaystyle\lim_{n\to\infty} z_n = \alpha$
- $\displaystyle\lim_{n\to\infty} |z_n - \alpha| = 0$
- $\displaystyle\lim_{n\to\infty} |\operatorname{Re}(z_n) - \operatorname{Re}(\alpha)| = 0$ かつ $\displaystyle\lim_{n\to\infty} |\operatorname{Im}(z_n) - \operatorname{Im}(\alpha)| = 0$
- $\displaystyle\lim_{n\to\infty} \operatorname{Re}(z_n) = \operatorname{Re}(\alpha)$ かつ $\displaystyle\lim_{n\to\infty} \operatorname{Im}(z_n) = \operatorname{Im}(\alpha)$

2.1.2　数列の極限値の性質

次が成立する．

命題 2.3（数列の収束と四則演算）　収束する数列 $\{z_n\}_{n=1}^{\infty}$，$\{w_n\}_{n=1}^{\infty}$ を考える．そして，それらの極限値を α と β とする．このとき次が成立する．

(1)　数列 $\{z_n \pm w_n\}_{n=1}^{\infty}$ は収束して $\displaystyle\lim_{n\to\infty}(z_n \pm w_n) = \alpha \pm \beta$ が成立する．

(2)　数列 $\{z_n w_n\}_{n=1}^{\infty}$ は収束して $\displaystyle\lim_{n\to\infty} z_n w_n = \alpha\beta$ が成立する．

(3)　$\beta \neq 0$ のとき，数列 $\displaystyle\left\{\frac{z_n}{w_n}\right\}_{n=1}^{\infty}$ は収束して $\displaystyle\lim_{n\to\infty}\frac{z_n}{w_n} = \frac{\alpha}{\beta}$ が成立する．

証明　これらはよく知られたことであるが，ε–N 論法に慣れるために丁寧に証明してみよう．

(1) 和の場合のみを考える．差の場合も同様である．任意の $\varepsilon > 0$ をとる．仮定から $\{z_n\}_{n=1}^{\infty}$ と $\{w_n\}_{n=1}^{\infty}$ はそれぞれ α と β に収束するので，定義から

$$|z_n - \alpha| < \frac{\varepsilon}{2} \quad (n \geqq N_1) \tag{2.2}$$

$$|w_n - \beta| < \frac{\varepsilon}{2} \quad (n \geqq N_2) \tag{2.3}$$

を満たすような $N_1, N_2 > 0$ が存在する[1]. このとき $N = \max\{N_1, N_2\}$ とすれば $n \geqq N$ であれば

$$|(z_n + w_n) - (\alpha + \beta)| \leqq |z_n - \alpha| + |w_n - \beta| < \frac{\varepsilon}{2} + \frac{\varepsilon}{2} = \varepsilon$$

となる．ゆえに，数列 $\{z_n + w_n\}_{n=1}^{\infty}$ は収束して，その極限値は $\alpha + \beta$ である．

(2) 任意の $\varepsilon > 0$ をとる．$M = \max\{|\alpha|, |\beta|\} + 1$ とする．仮定から $\{z_n\}_{n=1}^{\infty}$ と $\{w_n\}_{n=1}^{\infty}$ はそれぞれ α と β に収束するので，定義から

$$|z_n - \alpha| < \frac{\varepsilon}{2M} \text{ かつ } |z_n| \leqq M \quad (n \geqq N_1)$$
$$|w_n - \beta| < \frac{\varepsilon}{2M} \text{ かつ } |w_n| \leqq M \quad (n \geqq N_2)$$

を満たすような $N_1, N_2 > 0$ が存在する．このとき $N = \max\{N_1, N_2\}$ とすれば $n \geqq N$ であれば

$$\begin{aligned} |(z_n w_n) - (\alpha\beta)| &\leqq |w_n||z_n - \alpha| + |\alpha||w_n - \beta| \\ &\leqq M|z_n - \alpha| + M|w_n - \beta| \\ &< \frac{\varepsilon}{2} + \frac{\varepsilon}{2} = \varepsilon \end{aligned}$$

となる．ゆえに，数列 $\{z_n w_n\}_{n=1}^{\infty}$ は収束して，その極限値は $\alpha\beta$ である．

(3) 仮定から $\lim_{n\to\infty} w_n = \beta \neq 0$ であるので，$n \geqq N_0$ であれば $w_n \neq 0$ をみたすような N_0 が存在する．ゆえに，$\{z_n\}_{n=1}^{\infty}$ と $\left\{\frac{1}{w_n}\right\}_{n=N_0}^{\infty}$ に対して (2) を適用すると主張を得る．■

次の定理はコーシーの定理として知られている．

命題 2.4 （コーシー列） 次のことは同値である．

(1) 点列（数列）$\{z_n\}_{n=1}^{\infty}$ が収束する．

(2) 任意の $\varepsilon > 0$ に対して，

$$|z_n - z_m| < \varepsilon$$

が任意の $n, m \geqq N$ に対して成立するように $N \in \mathbb{N}$ を取ることができる．

1] (2.2) と (2.3) で ε ではなく $\varepsilon/2$ としているのは，(2.5) の最後で ε で終わるため，という技術的な問題からである．本質的な問題ではない．

命題 2.4 の (2) にある条件を満たす点列 (数列) を**コーシー列**と呼ぶ.

命題 2.4 の (1) から (2) を証明することはやさしい. 実際, $\{z_n\}_{n=1}^{\infty}$ が収束するので, その極限を z_∞ と書くと, 任意の $\varepsilon > 0$ に対して, $n \geqq N$ であれば

$$|z_n - z_\infty| < \frac{\varepsilon}{2} \tag{2.4}$$

となるような N を取ることができる. したがって $n, m \geqq N$ であれば

$$\begin{aligned} |z_n - z_m| &= |(z_n - z_\infty) - (z_m - z_\infty)| \leqq |z_n - z_\infty| + |z_m - z_\infty| \\ &\leqq \frac{\varepsilon}{2} + \frac{\varepsilon}{2} = \varepsilon \end{aligned} \tag{2.5}$$

である. したがって $\{z_n\}_{n=1}^{\infty}$ はコーシー列である. 逆に, 命題 2.4 の (2) から (1) を証明することは, 実数の完備性と呼ばれる実数の性質 (公理) と関係するため, 難しい. そのためここではその証明は省略する[2].

例題 2.1 $0 \leqq |a| < 1$ を満たす複素数 $a \in \mathbb{C}$ に対して

$$\lim_{n\to\infty} a^n = 0$$

が成立する.

解 実際, $|a| = 0$ であれば明らかである. 2 項定理から $x > 0$ であれば $(1+x)^n \geqq nx$ であるので, $|a| > 0$ であるとき

$$|a^n| = \frac{1}{\left(1 + \left(\frac{1}{|a|} - 1\right)\right)^n} \leqq \frac{1}{n\left(\frac{1}{|a|} - 1\right)}$$

2] 一見, 命題 2.4 の (2) から (1) を証明することの難しさがわかりにくいかもしれない. 大きな違いは命題 2.4 の (2) の主張には極限に関するデータがまったく含まれていないのに, その存在を証明しなければならないことである.

つまり, 上に挙げた命題 2.4 の (1) から (2) を示すことは z_n や z_∞ が有理数であっても同じ議論である. しかし, すべての実数は有理数の極限として表されることからわかるように, 一般に有理数からなる数列の極限が有理数である保証はどこにも無い (たとえば, 与えられた実数の 10 進法展開を途中で切ることにより構成される数列を考えてみよ. しかし, これは想像するための説明であり, そのように作られた数列が収束することもまったく自明ではない). つまり, 有理数の範囲では命題 2.4 の (1) から (2) は示すことはできるが, 命題 2.4 の (2) から (1) を示すことができないのである. しかし, 命題 2.4 は実数の範囲ではそれが可能であるということを主張している. このように, 命題 2.4 の (2) から (1) が導かれることを証明する際には, 有理数と実数の本質的な違いを用いるはずである. これがここでいう難しさである.

である．したがって任意の ε に対して自然数 N を $N > |a|(\varepsilon(1-|a|))^{-1}$ を満たすようにとると[3]，$n \geqq N$ であれば $|a^n| < \varepsilon$ が成立する．したがって主張を得る．

2.2 級数の収束

2.2.1 無限級数

複素数列 $\{a_k\}_{k=1}^{\infty}$ の無限和

$$\sum_{k=1}^{\infty} a_k \tag{2.6}$$

で表された記号を**無限級数**もしくは簡単に**級数**と呼ぶ．ただし，このままでは形式的な記号のため，ほとんど意味を持たない．そこで以下のように収束の概念を定義する．

部分和

$$S_n = \sum_{k=1}^{n} a_k \tag{2.7}$$

を考える．

定義 2.5（無限級数の収束） 部分和により構成された複素数列 $\{S_n\}_{n=1}^{\infty}$ が収束するとき，級数 (2.6) は**収束**するという．そしてこのとき

$$\sum_{k=1}^{\infty} a_k = \lim_{n\to\infty} \sum_{k=1}^{n} a_k \tag{2.8}$$

と左辺を定義して，無限級数 (2.6) は式 (2.8) の右辺の極限値に収束するという．級数が収束しないとき，その級数は**発散**するという．

次のような収束の概念も考える．

定義 2.6（無限級数の絶対収束） 絶対値により定義された無限級数

$$\sum_{k=1}^{\infty} |a_k| \tag{2.9}$$

が収束するとき，級数 (2.6) は**絶対収束**するという．無限級数 (2.9) を級数 (2.6) の**絶対値級数**と呼ぶ．

3] このような N がとれることは「実数のアルキメデス性」と呼ばれる．

次が成立する．

命題 2.7（無限級数が収束するための必要条件） 無限級数 (2.6) が収束すれば，$\lim_{n\to\infty} a_n = 0$ が成立する．

証明　級数 (2.6) の極限値を α とする．$a_n = S_n - S_{n-1}$ であるので

$$\lim_{n\to\infty} a_n = \lim_{n\to\infty} (S_n - S_{n-1}) = \lim_{n\to\infty} S_n - \lim_{n\to\infty} S_{n-1} = \alpha - \alpha = 0$$

を得る．■

逆は成り立たない（練習問題の問 2.2）．命題 2.4 により次のことが成立する．

命題 2.8（収束の言い換え）

(1)　次は同値である．
- 無限級数 $\sum_{k=1}^{\infty} a_k$ が収束する．
- 任意の $\varepsilon > 0$ に対して，
$$\left|\sum_{k=1}^{n_1} a_k - \sum_{k=1}^{n_2} a_k\right| = \left|\sum_{k=n_1+1}^{n_2} a_k\right| < \varepsilon$$
が任意の $n_1, n_2 \geqq N$ に対して成立するように $N \in \mathbb{N}$ を取ることができる．

(2)　次は同値である．
- 無限級数 $\sum_{k=1}^{\infty} a_k$ が絶対収束する．
- 任意の $\varepsilon > 0$ に対して，
$$\left|\sum_{k=1}^{n_1} |a_k| - \sum_{k=1}^{n_2} |a_k|\right| = \sum_{k=n_1+1}^{n_2} |a_k| < \varepsilon$$
が任意の $n_1, n_2 \geqq N$ に対して成立するように $N \in \mathbb{N}$ を取ることができる．

例題 2.2　複素数 $a \in \mathbb{C}$ に対して $|a| < 1$ を満たすとき，

$$\sum_{n=0}^{\infty} a^n = \frac{1}{1-a}$$

が成立する．この級数は絶対収束する．また $|a| \geqq 1$ のときは収束しない．

解 (2.7) より $|a| \geqq 1$ のときは収束しない．$|a| < 1$ のとき実際，例題 2.1 より

$$\left| \sum_{n=0}^{m} |a|^n - \frac{1}{1-|a|} \right| = \frac{|a|^{m+1}}{1-|a|} \to 0 \quad (m \to \infty)$$

であるので $\left\{ \sum_{n=0}^{m} |a^n| \right\}_{m=1}^{\infty}$ は収束する．

例題 2.3 $z \in \mathbb{C}$ と $0 < r < 1$ を固定する．複素数列 $\{a_n\}_{n=0}^{\infty}$ を $0 \leqq |a_n|^{1/n}|z| \leqq r$ を満たすものをとる．このとき無限級数

$$S = \sum_{k=0}^{\infty} a_k z^k = a_0 + a_1 z + \cdots + a_n z^k + \cdots \tag{2.10}$$

は絶対収束する．

解 絶対値級数の部分和

$$S_n = \sum_{k=0}^{n} |a_k||z|^k = |a_0| + |a_1||z| + \cdots + |a_n||z|^n$$

を考える．$n > m$ のとき

$$\begin{aligned} |S_n - S_m| &= |a_{m+1}||z|^{m+1} + \cdots + |a_n||z|^n \\ &< r^{m+1}(1 + r + r^2 \cdots) = \frac{r^{m+1}}{1-r} \end{aligned}$$

が成立する．ゆえに，例題 2.1 より $\{S_n\}_{n=1}^{\infty}$ はコーシー列である．したがって命題 2.4 より極限が存在する．これは (2.10) が絶対収束することを言っていることに他ならない．

次が知られている．

命題 2.9 次の 2 つは同値である．

(1) 無限級数 (2.6) が絶対収束する．

(2) 無限級数 (2.6) について，

$$\sum_{k=1}^{n} |a_k| \leqq M$$

が成立するような n によらない正数 M が存在する．

実際，定義から，命題 2.9 の (2) は (1) からわかる．$M = \sum_{k=1}^{\infty} |a_k|$ とすればよい．命題 2.9 の (2) から (1) は，「上に有界な単調増加数列は収束する」という実数の性質（公理）を用いて証明される．

命題 2.10（級数の収束と絶対収束） 次が成立する．

(1) 無限級数 (2.6) が絶対収束するとき，無限級数 (2.6) は収束する．

(2) 無限級数 (2.6) が絶対収束するとき，無限級数 (2.6) は和の順序を入れ替えても絶対収束して，もとの級数と同じ値に収束する．

証明　(1) 命題 2.8 からすぐに従うことであるが，ここでは確認のために ε–N 論法を用いて丁寧に証明してみよう．命題 2.4 より，部分和 (2.7) を用いて定義された数列 $\{S_n\}_{n=1}^{\infty}$ がコーシー列であることを示せばよい．

任意の $\varepsilon > 0$ を取る．ここで仮定より，絶対値級数の部分和

$$S'_n = \sum_{k=1}^{n} |a_k|$$

が収束する．ゆえに，命題 2.4 により非負値数列 $\{S'_n\}_{n=1}^{\infty}$ はコーシー列である．したがって，$n_2 > n_1 \geqq N$ であれば $|S'_{n_1} - S'_{n_2}| < \varepsilon$ が成立するような $N \in \mathbb{N}$ を取ることができる．ここで

$$|S'_{n_1} - S'_{n_2}| = \sum_{k=n_1+1}^{n_2} |a_k|$$

であることに注意すると，$n_2 > n_1 \geqq N$ であれば

$$|S_{n_1} - S_{n_2}| = \left| \sum_{k=n_1+1}^{n_2} a_k \right| \leqq \sum_{k=n_1+1}^{n_2} |a_k| = |S'_{n_1} - S'_{n_2}| < \varepsilon$$

となる．これは $\{S_n\}_{n=1}^{\infty}$ がコーシー列であることを意味している．

(2) 主張が意味することは次の通りである：全単射 $m\colon \mathbb{N} \to \mathbb{N}$ を任意に取り固定する．このとき，無限級数

$$\sum_{k=1}^{\infty} z_{m(k)} \tag{2.11}$$

は絶対収束して，かつ $\sum_{k=1}^{\infty} z_k$ に収束する．

任意 $\varepsilon > 0$ を固定する．仮定より無限級数 $\sum_{k=1}^{\infty} z_k$ は絶対収束するので，

$$\left| \sum_{k=1}^{n_1'} |z_k| - \sum_{k=1}^{n_2'} |z_k| \right| = \sum_{k=n_1'+1}^{n_2'} |z_k| < \varepsilon \tag{2.12}$$

が $n_2' > n_1' \geqq N'$ であれば成立するような $N' \in \mathbb{N}$ を取ることができる．このとき $N = \max\{k \mid m(k) \leqq N'\}$ とする．ここで $n_2 > n_1 \geqq N$ に対して

$$l_1 = \min\{m(k) \mid n_1 \leqq k \leqq n_2\}$$
$$l_2 = \max\{m(k) \mid n_1 \leqq k \leqq n_2\}$$

とするとき，定義から $l_2 > l_1 \leqq N$ であるので

$$\left| \sum_{k=1}^{n_1} |z_{m(k)}| - \sum_{k=1}^{n_2} |z_{m(k)}| \right| \leqq \sum_{k=l_1+1}^{l_2} |z_{m(k)}| < \varepsilon$$

が成立する．これは無限級数（2.11）が絶対収束することを示す．

最後に

$$\sum_{k=1}^{\infty} z_{m(k)} = \sum_{k=1}^{\infty} z_k$$

を示す．ここで簡単のため $\alpha = \sum_{k=1}^{\infty} z_k$ とする．正数 $\varepsilon > 0$ に対して，上のように N, N' をとる．$N'' = \max\{N, N'\}$ とする．このとき $\{1, \cdots, N\} \subset m(\{1, \cdots, N'\})$ であるので，$n_2 > n_1 > N''$ であれば $\sum_{k=1}^{n_1} z_{m(k)}$ と $\sum_{k=1}^{n_2} z_k$ は両方とも $\sum_{k=1}^{N} z_k$ と一致する部分を含む．ゆえに，

$$\begin{aligned} \left| \sum_{k=1}^{n_1} z_{m(k)} - \sum_{k=1}^{n_2} z_k \right| &\leqq \sum_{k \leqq n_1, m(k) \geqq N+1} |z_{m(k)}| + \sum_{k=N+1}^{n_2} |z_k| \\ &\leqq \sum_{k=N+1}^{l_3} |z_k| + \sum_{k=N+1}^{n_2} |z_k| < 2\varepsilon \end{aligned} \tag{2.13}$$

となる．ただし $l_3 = \max\{m(k) \mid 1 \leqq k \leqq n_1\}$（$\geqq n_1 > N''$）である．式（2.13）において $n_2 \to \infty$ とすると

$$\left|\sum_{k=1}^{n_1} z_{m(k)} - \alpha\right| \leqq 2\varepsilon$$

となる．これは式（2.11）が α に収束することを示す．■

2.2.2　コーシーの積公式

いま，2つの級数の積について考えてみる．2つの有限和の積を考えた場合，

$$\begin{aligned}
(a_0+a_1)(b_0+b_1) &= a_0b_0 + (a_0b_1 + a_1b_0) + a_1b_1 \\
&= \sum_{n=0}^{2}\left(\sum_{i+j=n, i,j\leqq 1} a_ib_j\right) \\
(a_0+a_1+a_2)(b_0+b_1+b_2) &= a_0b_0 + (a_0b_1 + a_1b_0) + (a_2b_0 + a_1b_1 + a_0b_2) \\
&\quad + (a_1a_2 + a_2b_1) + a_2b_2 \\
&= \sum_{n=0}^{4}\left(\sum_{i+j=n, i,j\leqq 2} a_ib_j\right)
\end{aligned}$$

になり，一般には

$$\left(\sum_{n=0}^{m} a_n\right)\left(\sum_{n=0}^{m} b_n\right) = \sum_{n=0}^{2m}\left(\sum_{i+j=n, i,j\leqq m} a_ib_j\right)$$

が成立することがわかる（図2.2）．この積を無限級数について考えて得られた公

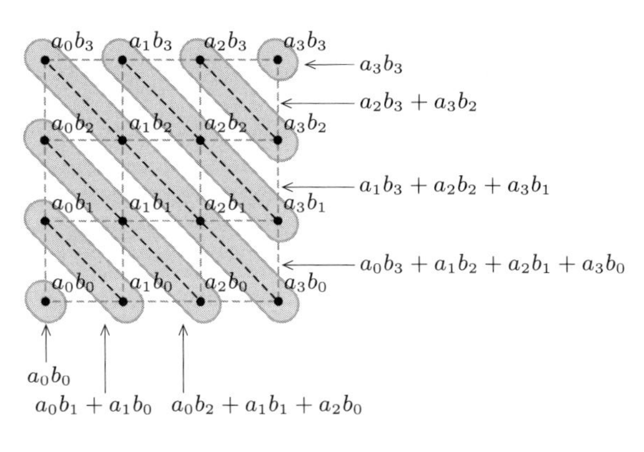

図2.2　有限和に関するコーシーの積公式（$m = 3$ の場合）

式がコーシーの積公式である.

定理 2.11（コーシーの積公式） 絶対収束する無限級数 $\sum_{n=0}^{\infty} a_n$ と $\sum_{n=0}^{\infty} b_n$ に対して

$$c_n = \sum_{i+j=n} a_i b_j$$

とするとき，無限級数

$$\sum_{n=0}^{\infty} c_n \tag{2.14}$$

は絶対収束して

$$\left(\sum_{m=0}^{\infty} a_m\right)\left(\sum_{m=0}^{\infty} b_m\right) = \sum_{n=0}^{\infty} c_n = \sum_{n=0}^{\infty}\left(\sum_{i+j=n} a_i b_j\right) \tag{2.15}$$

が成立する.

証明 まず，無限級数 (2.14) が絶対収束することを示す．下記の計算は図 2.3 を

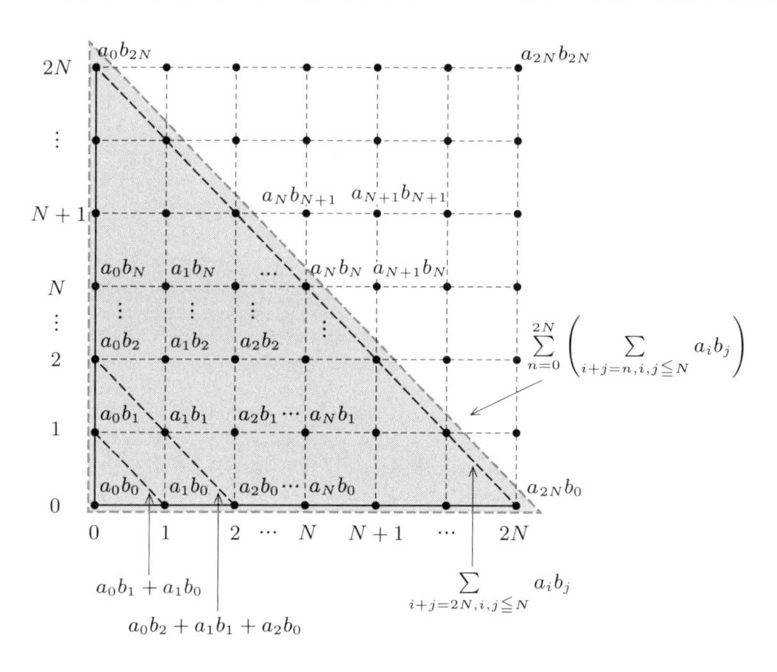

図 2.3 定理 2.11 における計算（その 1）

見てじっくり考えてほしい．仮定より

$$M_1 = \sum_{n=0}^{\infty} |a_n|, \quad M_2 = \sum_{n=0}^{\infty} |b_n|$$

が定義される．このとき，任意の $N > 0$ に対して，

$$\begin{aligned}\sum_{n=0}^{N} |c_n| &= \sum_{n=0}^{N} \left| \sum_{i+j=n} a_i b_j \right| \leqq \sum_{n=0}^{N} \sum_{i+j=n} |a_i||b_j| \\ &\leqq \left(\sum_{n=0}^{N} |a_n| \right) \left(\sum_{n=0}^{N} |b_n| \right) \leqq M_1 M_2\end{aligned}$$

である．上記の式において積 $M_1 M_2$ は N によらないので，命題 2.9 より無限級数（2.14）は絶対収束する．

次に（2.15）を示す．図 2.4 を見てじっくり考えてほしい．

$$\left| \left(\sum_{m=0}^{2N} a_m \right) \left(\sum_{m=0}^{2N} b_m \right) - \sum_{n=0}^{2N} c_n \right|$$

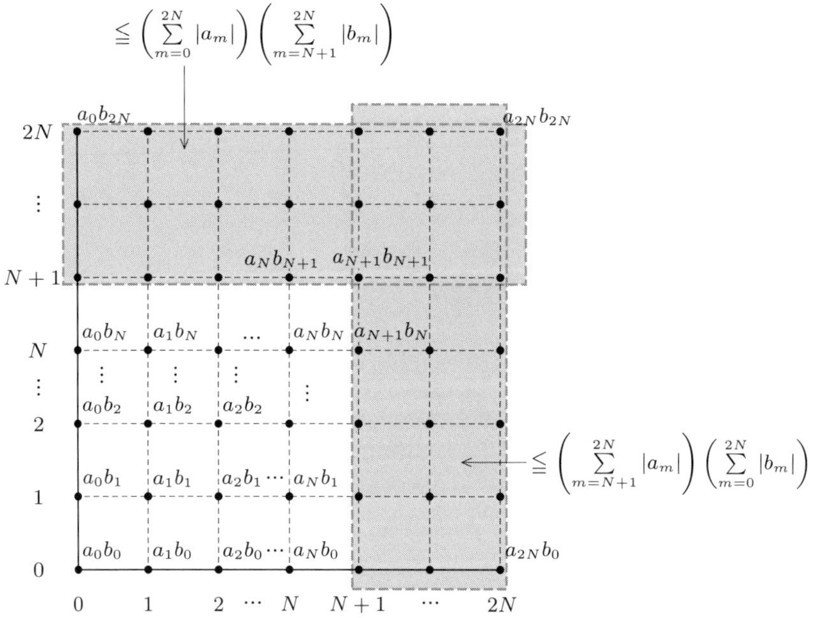

図 2.4　定理 2.11 における計算（その 2）

$$= \left| \sum_{n=N+1}^{2N} \left(\sum_{i+j=n, i,j \leqq 2N} a_i b_j \right) \right| \leqq \sum_{n=N+1}^{2N} \left(\sum_{i+j=n, i,j \leqq 2N} |a_i| |b_j| \right)$$

$$\leqq \left(\sum_{m=N+1}^{2N} |a_m| \right) \left(\sum_{m=0}^{2N} |b_m| \right) + \left(\sum_{m=0}^{2N} |a_m| \right) \left(\sum_{m=N+1}^{2N} |b_m| \right)$$

$$\leqq M_2 \sum_{m=N+1}^{2N} |a_m| + M_1 \sum_{m=N+1}^{2N} |b_m| \tag{2.16}$$

である．いま，無限級数 $\sum_{m=0}^{\infty} a_m$ と $\sum_{m=0}^{\infty} b_m$ は絶対収束するので，命題 2.8 より，任意の $\varepsilon > 0$ に対して，$n_2 > n_1 \geqq N_0$ であれば

$$\sum_{m=n_1}^{n_2} |a_m| < \varepsilon, \quad \sum_{m=n_1}^{n_2} |b_m| < \varepsilon$$

が成立するような $N_0 > 0$ を取ることができる．したがって，$N \geqq N_0$ であれば (2.16) より

$$\left| \left(\sum_{m=0}^{2N} a_m \right) \left(\sum_{m=0}^{2N} b_m \right) - \sum_{n=0}^{2N} c_n \right| \leqq M_2 \varepsilon + M_1 \varepsilon = (M_1 + M_2) \varepsilon$$

である．したがって (2.15) が成立する．■

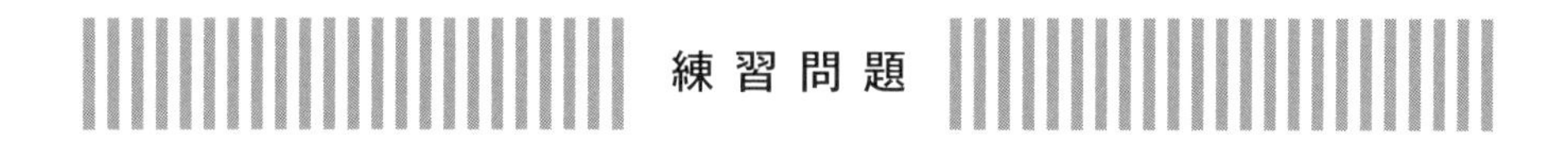

練習問題

問 2.1　次の極限を証明せよ．

(1) $\displaystyle \lim_{n \to \infty} \frac{1}{(n!)^{1/n}} = 0.$

(2) $|a| < 1$ および $k \in \mathbb{N}$ に対して $\displaystyle \lim_{n \to \infty} n^k a^n = 0.$

問 2.2　命題 2.7 の逆が成り立たないような数列 $\{a_n\}_{n=1}^{\infty}$ の例を構成せよ．

問 2.3　数列 $\{a_n\}_{n=0}^{\infty}$ の定義する無限級数の部分和を $s_n = a_1 + a_2 + \cdots + a_n$ とする．

(1) 無限級数 $\sum_{n=0}^{\infty} a_n$ が収束してその極限値が A であるとする．このとき，

$$\lim_{n \to \infty} \frac{s_1 + s_2 + \cdots + s_n}{n} = A \tag{2.17}$$

が成立することを示せ．

(2)　(2.17) が収束するが，無限級数 $\sum_{n=0}^{\infty} a_n$ が収束しない数列の例 $\{a_n\}_{n=1}^{\infty}$ を構成せよ．

問 2.4　次の級数の収束発散を判定せよ．

(1)　$\displaystyle\sum_{n=0}^{\infty} \frac{1}{(n+3)^2}$

(2)　$\displaystyle\sum_{n=2}^{\infty} \frac{1}{n(\log n)^s} \qquad (s > 0)$

(3)　$\displaystyle\sum_{n=0}^{\infty} \frac{1}{(\log n)^n}$

(4)　$\displaystyle\sum_{n=0}^{\infty} \tan^s \frac{1}{n} \qquad (s > 0)$

問 2.5　任意の実数 $s \in \mathbb{R}$ と $|a| < 1$ を満たす複素数 $a \in \mathbb{C}$ について，無限級数

$$\sum_{n=0}^{\infty} n^s a^n$$

が絶対収束することを示せ．

問 2.6　実数列 $\{a_n\}_{n=0}^{\infty}$ により定義される無限級数 $\sum_{n=0}^{\infty} a_n^2$ が収束すれば，任意の $s > 1/2$ に対して無限級数

$$\sum_{n=1}^{\infty} \frac{a_n}{n^s}$$

は絶対収束することを示せ．

問 2.7　すべての a_n が 0 でない複素数列 $\{a_n\}_{n=0}^{\infty}$ について次の問題に答えよ．

(1)　$\displaystyle\limsup_{n\to\infty} \left|\frac{a_{n+1}}{a_n}\right| < 1$ であれば，無限級数 $\sum_{n=0}^{\infty} a_n$ は絶対収束する．

(2)　$\displaystyle\liminf_{n\to\infty} \left|\frac{a_{n+1}}{a_n}\right| > 1$ であれば，無限級数 $\sum_{n=0}^{\infty} a_n$ は発散する．

ただし，数列 $\{A_n\}_{n=1}^{\infty}$ に対して，$\displaystyle\limsup_{n\to\infty} A_n = \lim_{n\to\infty}\left\{\sup_{k\geqq n} A_k\right\}$ および $\displaystyle\liminf_{n\to\infty} A_n = \lim_{n\to\infty}\left\{\inf_{k\geqq n} A_k\right\}$ を数列 $\{A_n\}_{n=1}^{\infty}$ の上極限と下極限と呼ぶ．また，$\alpha_n = \sup_{k\geqq n} A_k$ と $\beta_n = \inf_{k\geqq n} A_k$ は $\{A_k\}_{k\geqq n}$ の上限および下限と呼ばれる実数であり，次の性質を満たすような唯一つの実数である：

1. 任意の $k \geqq n$ について $\beta_n \leqq A_k \leqq \alpha_n$ である．
2. 任意の ε に対して $A_{k_1} < \beta_n + \varepsilon$ および $\alpha_n - \varepsilon < A_{k_2}$ を満たすような $k_1, k_2 \geqq n$ が存在する．

問 2.8　コーシーの積級数を用いて，次の等式を証明せよ．

(1)　$|z| < 1$ であれば $\sum_{n=0}^{\infty}(n+1)z^n = \dfrac{1}{(1-z)^2}$ が成立する．

(2)　$|z| < 1$ であれば $\sum_{n=0}^{\infty}\dfrac{(n+1)(n+2)(n+3)}{6}z^n = \dfrac{1}{(1-z)^4}$ が成立する．

(3)　上記の等式を用いて, 任意の n について

$$\sum_{k+l=n,k,l\geqq 0}(k+1)(l+1) = \frac{1}{6}(n+1)(n+2)(n+3)$$

が成立することを示せ.

第3章
平面の集合と位相

この章では位相について復習しておく．**位相**とは集合の各点のご近所（周り）を定めるための数学的な言葉である．下記に開集合を定義するが，開集合とは位相の構成要素，つまり，それに含まれる点のご近所を表すものである．たとえば，我々の住む世界を考えてみよう．ある人もしくは地点の近く（周り）を表すためには，普通はその人もしくは地点から距離が R 以下の範囲を考える．たとえば，彼はこの木から 10 m 以内にいる，とか，彼女は私から 1 km 以上離れたところに住んでいる，という言い方をする（図 3.1）．また，ある会社の Wi-Fi ポイントの電波の届く範囲がそのポイントから 20 m 以内であるとすると，いずれかの Wi-Fi ポイントのカバーする範囲（20 m 以内）の和集合に入っている人は，その会社の Wi-Fi のポイントから電波が届く．これらのご近所の概念を数学的に抽象化したものが位相である（図 3.2）．

3.1 平面の位相

3.1.1 開集合，領域

複素平面 $\mathbb{C}$ 内の集合 E をとる．点 $a \in E$ に対して，$\Delta(a,R) \subset E$ を満たす $R > 0$ が存在するとき a を E の**内点**という．つまり D の内点とは，その点のご近所もまた D に含まれるような点である．

例 3.1 集合 E を

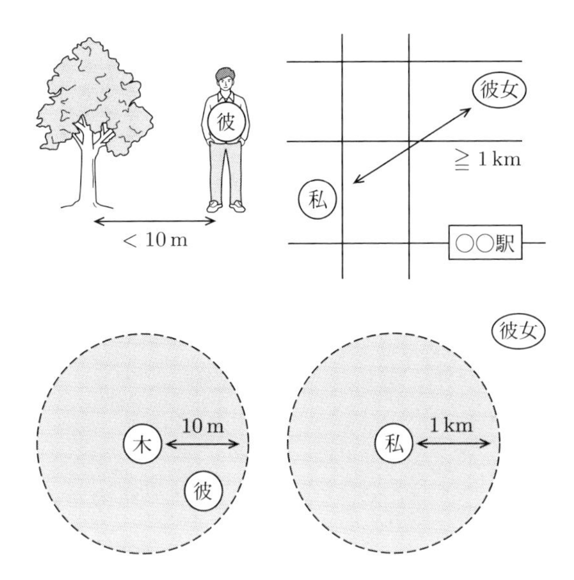

図 3.1　日常での範囲とその抽象化．右上図の抽象化（右下図）において駅の場所は気にしなくて良い（私と彼女との間の距離が問題である）．

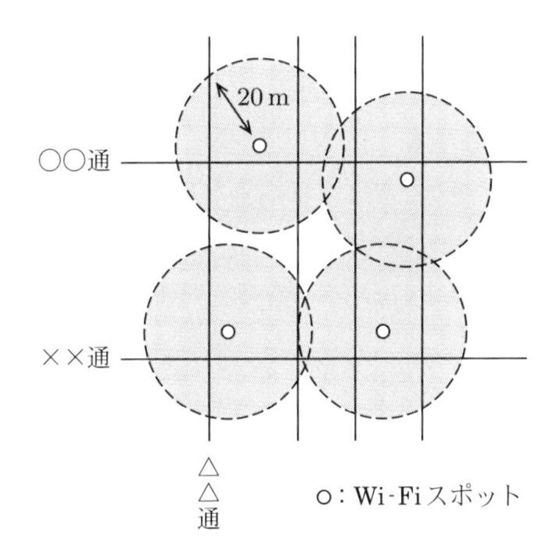

図 3.2　Wi-Fi スポットの分布から見る日常と数学の関連．ある程度抽象化すると，電波が届かないところが際立ってよくわかる．

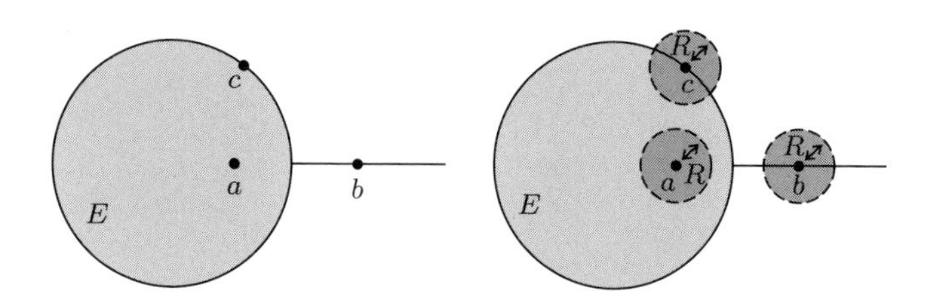

図 3.3　集合 E の内点 a と内点ではない点 b と c

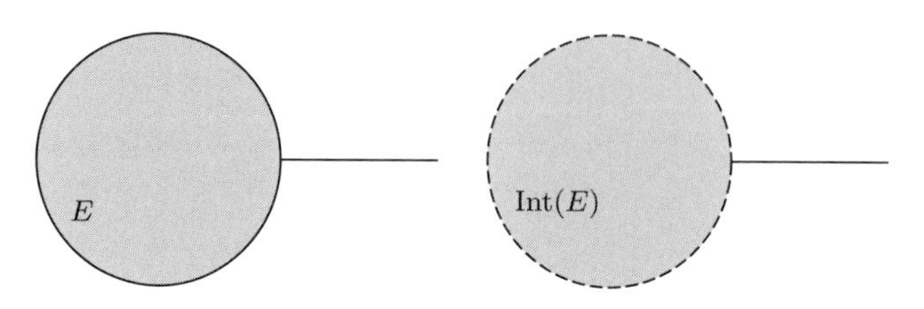

図 3.4　集合 E とその内点集合 $\mathrm{Int}(E)$ の概念図．この場合 $\mathrm{Int}(E) = \mathbb{D}$ である．

$$E = \overline{\mathbb{D}} \cup I$$

とする．ただし $I = \{z \in \mathbb{C} \mid \mathrm{Im}\,(z) = 0, 1 \leqq \mathrm{Re}\,(z) \leqq 2\}$ である（図 3.3）．図 3.3 では $a = 1/2$, $b = 3/2$. $c = (1+i)/\sqrt{2}$ とする．a は $\Delta(a, R) \subset E$ となる R が見つかるので a は内点である．たとえば R を $0 < R < 1/2$ を満たすようにとればよい．b と c については，どのように R を取っても $\Delta(b, R) \subset E$ および $\Delta(c, R) \subset E$ を満たすようにできないので b と c は内点ではない．

集合 E の内点のなす集合を $\mathrm{Int}(E)$ と書く．つまり，

$$\mathrm{Int}(E) = \{a \in E \mid a \text{ は } E \text{ の内点}\}$$

である（図 3.4）．集合 D の各点が D の内点であるとき（つまり $D = \mathrm{Int}(D)$ のとき），D は**開集合**であるという．任意の集合 $E \subset \mathbb{C}$ に対して

$$\mathrm{Int}(\mathrm{Int}(E)) = \mathrm{Int}(E)$$

が成立するので，特に $\mathrm{Int}(E)$ は開集合である．空集合 $\varnothing$ も開集合であると考える．開集合 $D \subset \mathbb{C}$ の任意の 2 点が D 内の折れ線で結ぶことができるとき，D は

領域であるという．次が知られている．

定理 3.1（開集合の性質）

(1) 空集合 $\varnothing$ と複素平面 $\mathbb{C}$ は開集合である．

(2) 開集合の族 $\{D_\lambda\}_{\lambda\in\Lambda}$（$\Lambda$ は任意の集合）に対して，和集合 $\bigcup_{\lambda\in\Lambda} D_\lambda$ は開集合である．

(3) 2 つの開集合 D_1, D_2 に対して共通部分 $D_1\cap D_2$ は開集合である．

注意 定理 3.1 は開集合の公理と呼ばれるものである．そして，領域は本来は「連結な開集合」と定義される．これは上記の条件と同じ条件である．ここではそれらの詳細には触れない(たとえば［ ］を見よ)．

3.1.2 閉集合，閉包

集合 E の補集合が開集合であるとき E は**閉集合**であるという．特に空集合 $\varnothing$ と複素平面 $\mathbb{C}$ は閉集合である．定理 3.1 より，有限個の閉集合の和集合は閉集合であり，任意個の閉集合の族 $\{E_\lambda\}_{\lambda\in\Lambda}$ の共通部分 $\bigcap_{\lambda\in\Lambda} E_\lambda$ は閉集合である．

集合 $E\subset\mathbb{C}$ に対して，E を含むすべての閉集合の交わりを E の**閉包**と呼び，$\overline{E}$ と書く．つまり，

$$\overline{E}=\cap\{A \mid A \text{ は閉集合であって } E\subset A\}$$

である．特に，$\overline{E}$ は E を含む最小の閉集合である．

命題 3.2（閉包の点の特徴付け） $a\in\mathbb{C}$ に対して，次が同値である．

(1) $a\in\overline{E}$ である．

(2) 任意の $R>0$ に対して $\Delta(a,R)\cap E\neq\varnothing$ である．

証明 はじめに『(1) ならば (2) であること』を示す．いま $A=(\mathrm{Int}(E^c))^c$ を考える．$\mathrm{Int}(E^c)$ は開集合であるので，A は閉集合である．また $E\subset A$ であることは容易にわかるので，結局 $\overline{E}\subset A$ となる．したがって $a\in\overline{E}$ について $\Delta(a,R)\cap E=\varnothing$ をみたすような $R>0$ が存在する．このとき内点の定義から $a\in\mathrm{Int}(E^c)$ であるので $a\notin A$ である．これは上記の $E\subset A$ であることに反する．

つぎに『(2) ならば (1) であること』を示す. (2) を満たすような $a \in \mathbb{C}$ を取る. A を $E \subset A$ を満たすような閉集合とする. このとき, もし $a \notin A$ であるとすると, $a \in A^c$ となる. 一方で, A は閉集合であるので A^c は開集合. したがって, $\Delta(a, R) \subset A^c$ を満たす $R > 0$ が存在する. ゆえに,

$$\varnothing \neq E \cap \Delta(a, R) \subset A \cap A^c = \varnothing$$

となるので矛盾である. ゆえに $a \in A$ である. ここで A は E を含む任意の閉集合であったので, 閉包の定義から $a \in \overline{E}$ となる. ■

例 3.2 単位円板 $\mathbb{D} = \{|z| < 1\}$ の閉包は $\overline{\mathbb{D}} = \{|z| \leqq 1\}$ である. 一般に開円板 $\Delta(a, R)$ の閉包は閉円板 $\overline{\Delta}(a, R)$ である.

例 3.3 穴あき閉円板 $\overline{\Delta}^*(z_0, R)$ は閉集合ではない. 実際, $\overline{\Delta}^*(z_0, R)$ の閉包は閉円板 $\overline{\Delta}(z_0, R)$ である.

例 3.4 図 3.3 において $a, c \in \overline{\mathrm{Int}(E)}$ ではあるが, $b \notin \overline{\mathrm{Int}(E)}$ である. 実際, a について $\Delta(a, R) \subset E$ となる $R > 0$ が存在するので, 任意の $\varepsilon > 0$ について ε と R の小さい方を r とすると,

$$\Delta(a, R) \cap \Delta(a, \varepsilon) = \Delta(a, r) \neq \varnothing$$

であるから

$$\Delta(a, \varepsilon) \cap E \supset \Delta(a, \varepsilon) \cap \Delta(a, R) = \Delta(a, r) \neq \varnothing$$

が成立する. したがって $a \in \overline{E}$ である. b と c については各自確かめてほしい.

3.1.3 集合の境界

また集合 $E \subset \mathbb{C}$ に対して

$$\partial E = \overline{E} \cap \overline{(\mathbb{C} - E)}$$

を E の**境界**と呼ぶ. 特に E が開集合の場合には, 次のようになる:

$$\partial E = \overline{E} - E.$$

例 3.5 単位円板 $\mathbb{D} = \{|z| < 1\}$ の境界は単位円周 $\partial\mathbb{D} = \{|z| = 1\}$ である．一般に開円板 $\Delta(a, R)$ の境界は $\partial\Delta(a, R)$ である．

3.2 領域と境界の滑らかさと向き

3.2.1 曲線と曲線の向き

区間 $[a, b]$ から複素平面 $\mathbb{C}$ への連続写像 $\gamma\colon [a, b] \to \mathbb{C}$，もしくはその像を $\mathbb{C}$ 上の**曲線**もしくは**平面曲線**と呼ぶ．$p = \gamma(a)$ および $q = \gamma(b)$ を曲線の**始点**および**終点**と呼び，このとき γ もしくはその像は p **と** q **を結ぶ曲線**と呼ばれる．さらに始点と終点が一致する曲線を**閉曲線**であるという．任意の $a \leqq t_1 \neq t_2 \leqq b$ に対して $\gamma(t_1) = \gamma(t_2)$ であるとき $t_1 = t_2$ もしくは $\{t_1, t_2\} = \{a, b\}$ が成立するとき，曲線 $\gamma\colon [a, b] \to \mathbb{C}$ は**単純**であるといわれる．曲線 $\gamma\colon [a, b] \to \mathbb{C}$ は区間 $[a, b]$ から定まる自然な**向き**が定まる．つまり，$a \leqq t_1 < t_2 \leqq b$ について $\gamma(t_2)$ が $\gamma(t_1)$ の後に来るような向きを γ に定めることができる（図 3.5）．

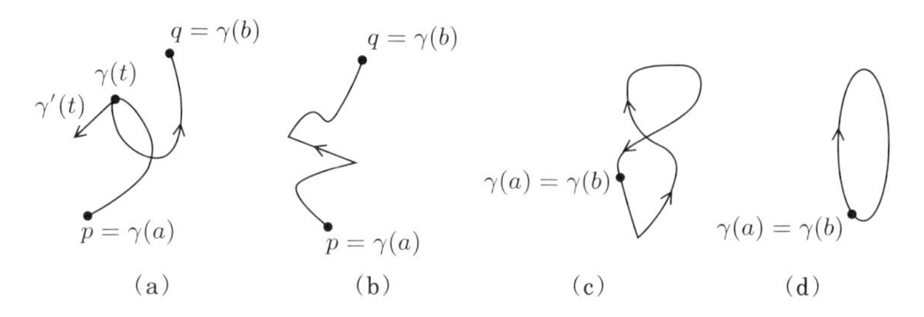

図 3.5　曲線，閉曲線と向きの例．(a) は単純ではない曲線，(b) は単純な曲線，(c) は単純ではない閉曲線，(d) は単純閉曲線である．

3.2.2 区分的に滑らかな曲線

曲線 $\gamma\colon [a, b] \to \mathbb{C}$ を $\gamma(t) = x(t) + iy(t)$ と表すとき，関数 $x(t)$ および $y(t)$ を曲線 γ の**実部**と**虚部**と呼ぶ．曲線 $\gamma(t)$ の実部 $x(t)$ と虚部 $y(t)$ の各々が連続な導関数を持ち，

$$|\gamma'(t)| = \sqrt{(x'(t))^2 + (y'(t))^2} \neq 0 \quad (a \leqq t \leqq b)$$

が成立するとき，γ もしくはその像を**滑らかな曲線**と呼ぶ[1]．滑らかな曲線 $\gamma\colon [a,b] \to \mathbb{C}$ と $a \leqq t \leqq b$ に対して，

$$\gamma'(t) = x'(t) + iy'(t) \tag{3.1}$$

は $\gamma(t)$ における**接ベクトル**となる（図3.5の (a)）．

さらに，曲線 $\gamma\colon [a,b] \to \mathbb{C}$ に対して，定義域の区間 $[a,b]$ の分解

$$a = a_0 < a_1 < \cdots < a_{n-1} < a_n = b$$

で各 $[a_i, a_{i+1}]$（$i = 0, 1, \cdots, n-1$）への γ の制限

$$\gamma\colon [a_i, a_{i+1}] \to \mathbb{C}$$

が滑らかな曲線であるとき，γ もしくはその像を**区分的に滑らかな曲線**と呼ぶ．各点 a_i およびその像 $\gamma(a_i)$（$i = 1, 2, \cdots, n-1$）を曲線 γ の**分点**と呼ぶ．

例 3.6　**（線分）** 異なる2点 $p, q \in \mathbb{C}$ と $t \in [a,b]$ に対して

$$\gamma(t) = \frac{b-t}{b-a}p + \frac{t-a}{b-a}q = \frac{t}{b-a}(q-p) + \frac{bp-aq}{b-a}$$

と定義する．このとき

$$|\gamma'(t)| = \frac{|q-p|}{b-a} \quad (a \leqq t \leqq b)$$

であるので $\gamma\colon [a,b] \to \mathbb{C}$ は p と q を結ぶ滑らかな単純曲線である．特に，その像は p と q を結ぶ線分である．今の場合，γ には p から q に向かう向きをつけられている（図3.6の (a)）．

例 3.7　**（円周）** $a \in \mathbb{C}$ および $R > 0$ を固定する．$t \in [0, 2\pi]$ に対して $\gamma(t) = a + Re^{it} = \cos t + i \sin t$ と定義する．このとき，

$$|\gamma'(t)| = \sqrt{(-R\sin t)^2 + R^2\cos^2 t} = R \quad (0 \leqq t \leqq 2\pi)$$

かつ $\gamma(0) = \gamma(2\pi) = 1$ であるので，γ は $[0, 2\pi]$ で定義された滑らかな単純閉曲線である．その像は円周 $\partial\Delta(a,R) = \{z \in \mathbb{C} \mid |z-a| = R\}$ である．今の場合，γ には a から見て左にまわる向き，つまり時計と反対周りの向きをつけられている（図3.6の (b)）

1] いわゆる，C^∞ 級曲線とは異なることに注意する．文献によっては正則曲線とも呼ばれている．

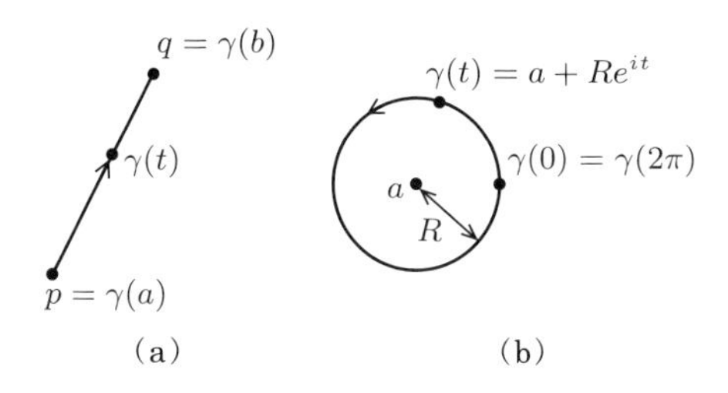

図 3.6 曲線，閉曲線と向きの例. (a) は例 3.6 の線分, (b) は例 3.7 の円周

例 3.8 (折れ線) $n \geqq 2$ を固定する．複素平面上の n 点 $\{p_k\}_{k=1}^n$ を取る．このとき $k=1,\cdots,n$ に対して

$$\begin{aligned}\gamma(t) &= (k-nt)p_k + (nt-(k-1))p_{k+1} \\ &= (k-nt)(p_k - p_{k+1}) + p_{k+1} \qquad \left(\frac{k-1}{n} \leqq t \leqq \frac{k}{n}\right)\end{aligned}$$

とする．

$$\gamma'(t) = n(p_{k+1}-p_k) \qquad \left(\frac{k-1}{n} < t < \frac{k}{n}\right)$$

であることに注意する．

(1) $\{p_k\}_{k=1}^n$ が互いに異なるとき，$\gamma\colon [0,1] \to \mathbb{C}$ は区分的に滑らかな曲線である．

(2) $n \geqq 4$, $p_i \neq p_j$ $(i \neq j,\ 1 \leqq i,j \leqq n-1)$ かつ $p_1 = p_n$ を満たす $\{p_k\}_{k=1}^n$ に関して上記の曲線を考えると，区分的に滑らかな閉曲線となる．

いずれの場合も，分点は $\{k/n\}_{k=1}^{n-1}$ および $\{p_k\}_{k=1}^n$ である．実際，γ の像は $\{p_k\}_{k=1}^n$ において折れる折れ線である（次ページの図 3.7）．

3.2.3 区分的に滑らかな境界をもつ領域

領域 $D \subset \mathbb{C}$ が有限個の区分的に滑らかな単純閉曲線で囲まれるとき，D は**区分的に滑らかな境界をもつ領域**と呼ぶ．

注意 区分的に滑らかな境界をもつ領域 D の境界 ∂D を構成する単純閉曲線を $\{C_i\}_{i=1}^m$ と書くとき，常に各 C_i には D を左側にみる**向き**を入れるものと約束する．

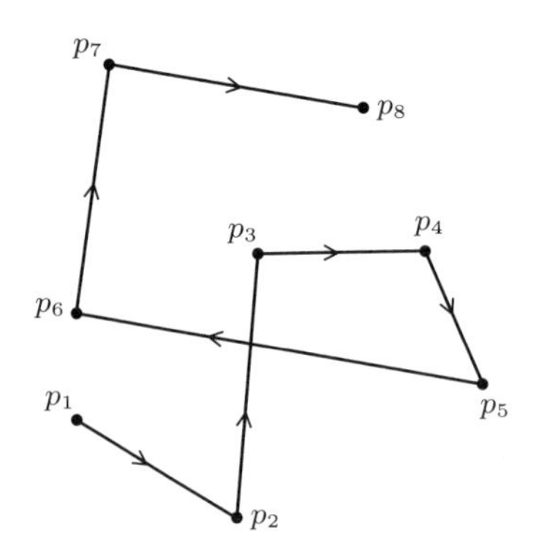

図 3.7 曲線，閉曲線と向きの例．例 3.8 の折れ線

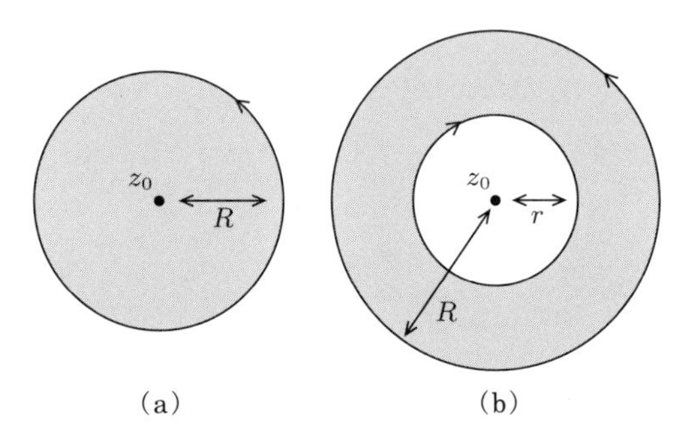

図 3.8 曲線，閉曲線と向きの例．(a) は例 3.9 の円板，(b) は例 3.10 の円環領域．円環領域の外境界には時計と反対周りの向きがつき，内境界には時計周りの向きがつく．

例 3.9 **（単位円板）** 例 3.7 より中心 z_0，半径 R をもつ円板 $\Delta(z_0, R) = \{z \in \mathbb{C} \mid |z - z_0| < R\}$ は区分的に滑らかな境界をもつ領域である．境界 $\partial\Delta(z_0, R)$ には時計と反対周りの向きが入る（図 3.8 の (a)）．

例 3.10 **（円環領域）** 例 3.9 と同様に，例 3.7 より円環領域 $A(z_0, r, R) = \{z \in \mathbb{C} \mid r < |z - z_0| < R\}$ は区分的に滑らかな境界をもつ領域である．**外境界** $\{z \in \mathbb{C} \mid |z - z_0| = R\}$ には時計と反対周りの向きが入る．そして，内境界 $\{z \in \mathbb{C} \mid |z - z_0| = r\}$ には時計周りの向きが入る（図 3.8 の (b)）．

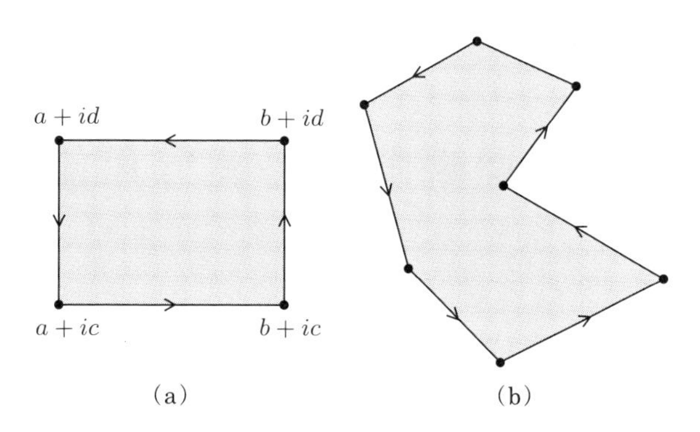

図 3.9　長方形と多角形．境界には図のような向きがつく．ポイントは領域を左に見るということである．

例 3.11　（長方形）　例 3.8 より長方形

$$\{z = x + iy \in \mathbb{C} \mid a \leqq x \leqq b, c \leqq y \leqq d\}$$

は区分的に滑らかな境界をもつ領域である（図 3.9 の (a)）．

例 3.12　（多角形）　例 3.11 と同様に例 3.8 より多角形は区分的に滑らかな境界をもつ領域である（図 3.9 の (b)）．

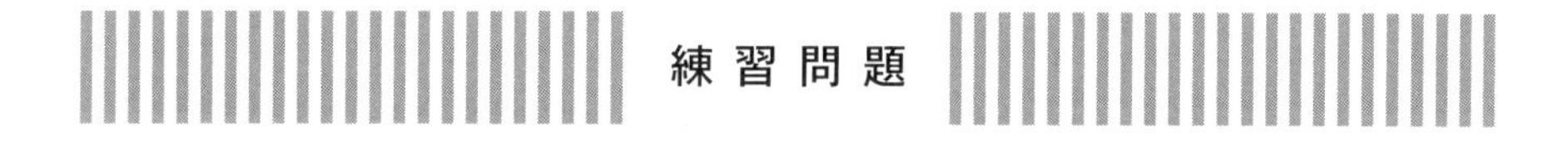

練習問題

問 3.1　開円板 $\Delta(z_0, r)$ および長方形 $R = \{z = x + iy \in \mathbb{C} \mid a < x < b, c < y < d\}$ は領域であることを示せ．

問 3.2　閉円環領域 $\overline{A}(z_0, r, R)$ は閉集合であることを示せ．

問 3.3　2 つの集合 A と B に対して次を示せ．

(1) $\overline{A \cup B} = \overline{A} \cup \overline{B}$ であることを示せ．

(2) $\mathrm{Int}(A \cap B) = \mathrm{Int}(A) \cap \mathrm{Int}(B)$ であることを示せ．

(3) $\mathrm{Int}(A \cup B) \supset \mathrm{Int}(A) \cup \mathrm{Int}(B)$ が成立することを示せ．さらに等号が成立しないような例を構成せよ．

第4章
複素関数・連続関数と微分可能関数

第6章からはじまる，正則関数について議論するための準備として，この章では一般的な複素関数の極限値および連続性を考える．実際に，この章は後の節での議論のために ε–δ 論法などによる定義を与える．関数の連続性は基本的には高校生のときに習った理解でもよいが，厳密に議論するときにそれでは間に合わないことがあるためである．

ただし，複素関数論をはじめて学ぶ人や，複素関数論の概略を理解したい人は，複素関数の定義（定義 4.1），極限の式（4.1）と連続性の定義の式（4.2）をざっと確認してから先に読み進み，わからなくなったら戻ってくれば良い．

この章を読むための注意　複素関数の定義域の多くは第3章で定義された「領域」とよばれる複素平面上の集合である．領域という言葉に難しく感じる読者は，複素関数や正則関数に慣れるまでは，領域を単位円板 $\mathbb{D} = \Delta(0,1)$ であると考えても良い．特に定義域の指定がない場合には，領域を単位円板 $\mathbb{D}$ と読み替えつつ，定義域については領域の定義の性質しか使われていないことを確認しながら読むことをお勧めする．

4.1　複素関数

4.1.1　複素関数

ここで複素関数を以下のように定義する．

定義 4.1（複素関数） 複素平面内の集合 E 上の点 z に対して，複素数 $f(z)$ を対応させる対応（関数）を E 上の**複素関数**という．

つまり複素関数とは「複素数値複素変数関数」のことである．集合 E 上で定義された複素関数 f は記号で，

$$f\colon E \to \mathbb{C}$$

と書く．矢印の左辺が f の定義域を意味して，右辺が値域を意味する．特に集合 E 上で定義された複素関数の値がすべて集合 E' に含まれるとき

$$f\colon E \to E'$$

と表す．たとえば複素関数

$$f\colon E \to \mathbb{R}$$

と書けば，E 上で定義された実数値関数を意味する．

集合 $E \subset \mathbb{C}$ 上で定義された複素関数 $f(z)$ と部分集合 $A \subset E$ に対して，

$$f(A) = \{f(a) \mid a \in A\}$$

と書いて，これを集合 A の関数 f による**像**と呼ぶ．

例 4.1 （2 乗関数 $f(z) = z^2$ （その 1）） 複素平面 $\mathbb{C}$ 上の複素関数 $f(z) = z^2$ を考える．これは複素数 $z \in \mathbb{C}$ に対して，その 2 乗 z^2 を対応させる複素関数である．たとえば，

$$f(0) = 0^2 = 0, \quad f(1) = 1^2 = 1,$$
$$f(i) = i^2 = -1, \quad f(1+i) = (1+i)^2 = 2i$$

である（図 4.1）．また，たとえば実軸 $\mathbb{R}$ の関数 f による像は

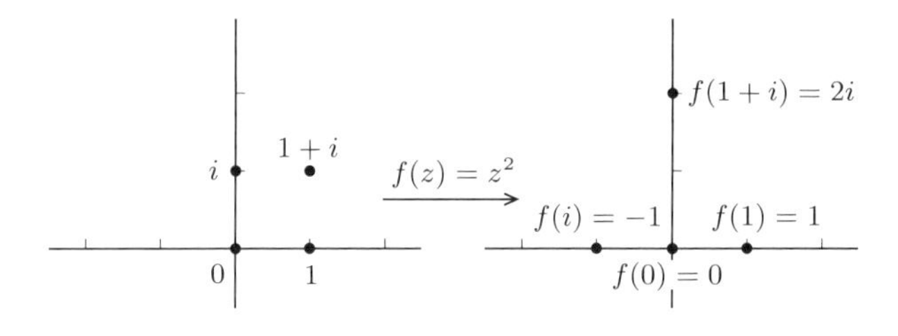

図 4.1　$f(z) = z^2$ による像（その 1）

$$f(\mathbb{R}) = \{f(z) \mid z \in \mathbb{R}\} = \{x^2 \mid x \in \mathbb{R}\} = \{x \geqq 0\}$$

であり，虚軸 $i\mathbb{R}$ の関数 f による像は

$$f(i\mathbb{R}) = \{f(z) \mid z \in i\mathbb{R}\} = \{(ix)^2 \mid x \in \mathbb{R}\} = \{x \leqq 0\}$$

である．

例 4.2（2 乗関数 $f(z) = z^2$（その 2））例 4.1 に引き続き，複素平面 $\mathbb{C}$ 上の複素関数 $f(z) = z^2$ を考える．虚軸上の点 $ai \in i\mathbb{R}$ に対して実軸に平行な直線

$$\mathbb{R} + ai = \{x + ai \mid x \in \mathbb{R}\}$$

を考える（図 4.2 の左図）．このとき集合 $\mathbb{R} + ai$ の f による像を求めてみよう．定義により

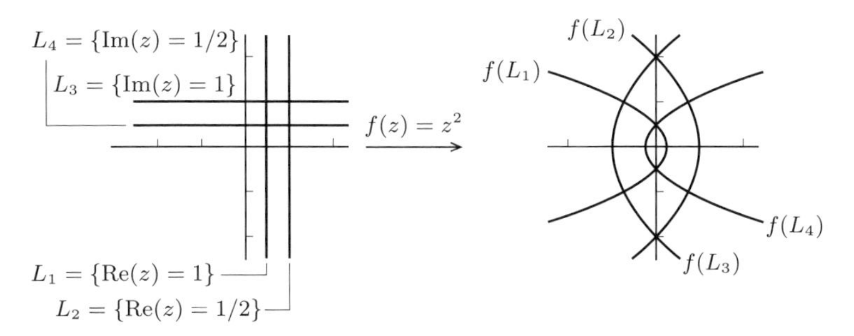

図 4.2　$f(z) = z^2$ による像（その 2）

$$\begin{aligned} f(\mathbb{R} + ai) &= \{f(x + ai) \mid x \in \mathbb{R}\} \\ &= \{(x + ai)^2 \mid x \in \mathbb{R}\} \\ &= \{x^2 - a^2 + (2xa)i \mid x \in \mathbb{R}\} \end{aligned}$$

である．したがって $u + iv = f(x + ai)$ とすると，$u = x^2 - a^2$ と $v = 2xa$ であるので，像 $f(\mathbb{R} + ai)$ は方程式

$$u = \frac{v^2}{4a^2} - a^2$$

により定義される放物線になる（図 4.2 の右図）．同様に，虚軸に平行な直線

$$a + i\mathbb{R} = \{a + xi \mid x \in \mathbb{R}\}$$

の像は

$$f(a+i\mathbb{R}) = \{a^2 - x^2 + (2xa)i \mid x \in \mathbb{R}\}$$

となるので，像 $f(a+i\mathbb{R})$ は方程式

$$u = -\frac{v^2}{4a^2} + a^2$$

により定義される放物線になる．

例 4.3 （2 乗関数 $f(z)=z^2$ （その 3）） 例 4.1 と例 4.2 に引き続き，複素平面 $\mathbb{C}$ 上の複素関数 $f(z)=z^2$ を考える．

円周 $S_1 = \{z \in \mathbb{C} \mid |z-1| = 1\}$ の像を求めてみよう．任意の $z \in S_1$ は極座標表示を用いると $z = 1 + e^{i\theta}$ （$\theta \in \mathbb{R}$）となる．

$$\begin{aligned} f(S_1) &= \{(1+e^{i\theta})^2 \mid 0 \leqq r \leqq 1, \theta \in \mathbb{R}\} \\ &= \{1 + 2e^{i\theta} + e^{2i\theta} \mid 0 \leqq r \leqq 1, \theta \in \mathbb{R}\} \end{aligned}$$

となる．したがって例 4.2 と同様に $u+iv$ に置き換えてみると

$$\begin{aligned} u+iv = f(1+e^{i\theta}) &= 1 + 2\cos\theta + \cos(2\theta) + i(2\sin\theta + \sin(2\theta)) \\ &= 2\cos\theta(1+\cos\theta) + i\cdot 2\sin\theta(1+\cos\theta) \end{aligned}$$

となる．このままではわかりにくいが，θ を媒介変数として u, v に関して絵を描いてみると，図 4.3 のようなハートの様な形の閉じた曲線となることがわかる．この内部は**心臓形**（カーディオイド, Cardioid）と呼ばれる．

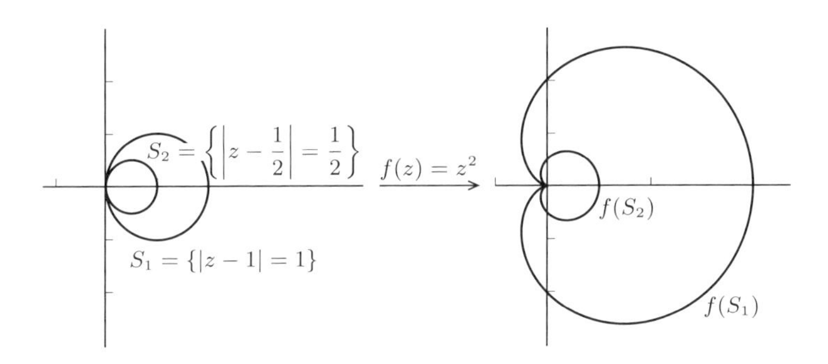

図 4.3 $f(z)=z^2$ による像（その 3）

4.2　関数の極限

集合 $E \subset \mathbb{C}$ 上で定義された複素関数 $f(z)$ を考える．$a \in \mathbb{C}$ をとる．任意の $\varepsilon > 0$ に対して $0 < |z-a| < \varepsilon$ であれば

$$|f(z) - \alpha| < \varepsilon$$

を満たすような $\delta > 0$ が存在するとき，

$$\lim_{z \to a} f(z) = \alpha \tag{4.1}$$

と書き，z が a に近づくとき $f(z)$ は α に**収束する**という．そして α を**極限値**と呼ぶ．

注意　収束 (4.1) のポイントは，z が a に近づくときに**どのような方向から近づいてもよい**ということである．つまり，条件『$0 < |z-a| < \delta$』は『z **と** a **の間の距離** $|z-a|$』**に関する条件であって，** $z-a$ **の偏角にはまったく依らない条件**である．つまり，高校生のときに学んだような言い方をすると，

> z と a の間の距離 $|z-a|$ が限りなく小さいとき，値 $f(z)$ と α の距離は限りなく小さい

となる．

したがって，z と a の間の距離 $|z-a|$ が小さくなれば良いのであるから，図 4.4 の (1) のように実軸と平行な方向から z は a に近づいても良いし，図 4.4 の (2) のようにグルグル周りながら z は a に近づいても良い．図 4.4 の (3) のように一度フェイントをかけてから近づいても良い．いずれにしても，どのように z は a に近づきかたを考えても，極限値が存在してかつ極限値は近づき方に依らずに変わらないということである．

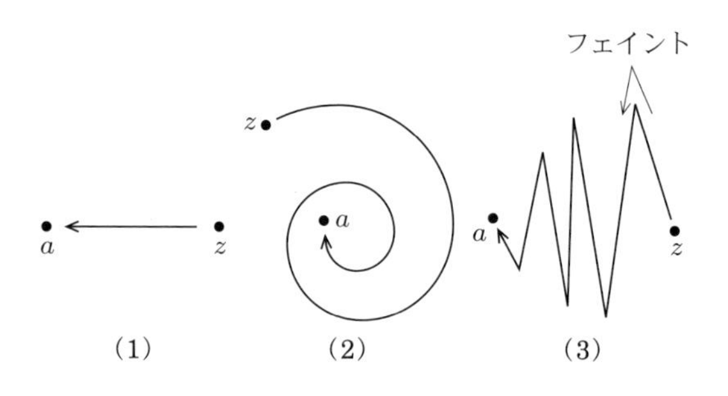

図 4.4　極限値を取る際の近づき方．どのように近づいても良い．

例 4.4 (2 乗関数 $f(z)=z^2$) 複素平面 $\mathbb{C}$ 上の複素関数 $f(z)=z^2$ を考える．任意の $a\in\mathbb{C}$ に対して

$$\lim_{z\to z_0} f(z)=a^2$$

であることを定義に基づいて示してみよう．ここでは，出てくる変数が決まる順番（ε を与えてから δ が決まっていること）などを確認しながら読んでほしい．

任意の $\varepsilon>0$ を固定する．ここで，天下り的に $M=|a|+1$ としておく．このとき $0<\delta<1$ について $|z-a|<\delta$ であれば $|z|<|a|+\delta<M$ であるので

$$|f(z)-a^2|=|z^2-a^2|=|z+a|\cdot|z-a|\leqq(|z|+|a|)|z-a|\leqq 2M\delta$$

である．したがって，$\delta>0$ を $\delta<\min\{\varepsilon/2M,1\}$ を満たすようにとれば，$0<|z-a|<\delta$ をみたす $z\in\mathbb{C}$ に対して

$$|f(z)-a^2|=|z^2-a^2|\leqq 2M\delta<\varepsilon$$

となる．これは

$$\lim_{z\to a} f(z)=a^2$$

を意味する．

例 4.5 (単項式) 複素平面 $\mathbb{C}$ 上の複素関数 $f(z)=z^n$ を考える．任意の $a\in\mathbb{C}$ に対して

$$\lim_{z\to z_0} f(z)=a^n$$

であることを例 4.4 と同様に定義に基づいて示してみよう．ここでは，例 4.4 と同様の議論により示されることを確認してほしい．

任意の $\varepsilon>0$ を固定する．ここで，天下り的に $M=|a|+1$ としておく．このとき $0<\delta<1$ について $|z-a|<\delta$ であれば $|z|<|a|+\delta<M$ であるので

$$\begin{aligned}|f(z)-a^n|=|z^n-a^n|&=\left|\sum_{k=0}^{n-1} z^k\cdot a^{n-1-k}\right|\cdot|z-a|\\&\leqq\left(\sum_{k=0}^{n-1}|z|^k\cdot|a|^{n-1-k}\right)\cdot|z-a|\\&\leqq(nM^{n-1})\delta\end{aligned}$$

である．したがって，$\delta > 0$ を $\delta < \min\{\varepsilon/(nM^{n-1}), 1\}$ を満たすようにとれば，$0 < |z-a| < \delta$ をみたす $z \in \mathbb{C}$ に対して

$$|f(z) - a^n| = |z^n - a^n| \leqq (nM^{n-1})\delta < \varepsilon$$

となる．これは

$$\lim_{z \to a} f(z) = a^n$$

を意味する．

4.3 連続関数

まずは連続性の定義から始めよう．

定義 4.2（関数の連続性） 集合 $E \subset \mathbb{C}$ 上で定義された複素関数 $f(z)$ が，点 $a \in E$ において

$$\lim_{z \to a} f(z) = f(a) \tag{4.2}$$

を満たすとき，関数 $f(z)$ は点 $a \in E$ において**連続**であるという．また，E 上の関数 $f(z)$ が E の各点で連続であるといい，関数 $f(z)$ は E 上で**連続**であるという．

例 4.6 例 4.5 から単項式 $f(z) = z^n$ は複素平面 $\mathbb{C}$ 上で連続である．

距離空間を学んだ読者は次のような言い換えがわかりやすいかもしれない．命題 4.3, 4.4 の証明は省略する．

命題 4.3（開円板を用いた連続性の言い換え） 集合 E 上で定義された複素関数 $f(z)$ について，次は同値である

(1) $f(z)$ は点 $a \in E$ で連続である．

(2) 任意の $\varepsilon > 0$ に対して

$$f(\Delta(a, \delta)) \subset \Delta(f(a), \varepsilon)$$

を満たすような $\delta > 0$ が存在する．

命題 4.3 より次がわかる.

命題 4.4（**連続関数の四則演算**） 集合 E 上で定義された複素関数 $f(z)$ と $g(z)$ が $a \in E$ において連続であるとする. このとき, 次が成立する.

(1) 和 $f(z)+g(z)$ は点 $a \in E$ で連続である.

(2) 差 $f(z)-g(z)$ は点 $a \in E$ で連続である.

(3) 積 $f(z)g(z)$ は点 $a \in E$ で連続である.

(4) $g(a) \neq 0$ のとき, 商 $\dfrac{f(z)}{g(z)}$ は点 $a \in E$ で連続である.

4.4 多項式と有理関数

複素数 a_0, a_1, $\cdots$, a_n を用いて, 単項式の線形和

$$P(z) = a_0 + a_1 z + \cdots + a_n z^n \tag{4.3}$$

の形で表される $\mathbb{C}$ 上の複素関数のことを**多項式**と呼ぶ[1]. 各 a_n を多項式 (4.3) の**係数**と呼ぶ. 多項式 (4.3) の最高次の係数 a_n が $a_n \neq 0$ を満たすとき, 自然数 $n = \deg(P)$ のことを**次数**と呼ぶ

多項式 $P(z)$ に対して $P(a)=0$ を満たす複素数 $a \in \mathbb{C}$ のことを, 多項式 $P(z)$ の**根**もしくは**零点**という. 点 $a \in \mathbb{C}$ が多項式 $P(z)$ の零点（根）であるとき, $Q(a) \neq 0$ を満たす多項式を用いて

$$P(z) = (z-a)^m Q(z)$$

と表すことができるとき, この m を多項式 $P(z)$ の**位数** と呼び,

$$m = \operatorname{ord}(P, a) \tag{4.4}$$

と書く. これは a が方程式 $P(z)=0$ の m 重根であることと同値である.

二つの多項式 $P(z)$ と $Q(z)$ について $P(a)=Q(a)=0$ を満たすような複素数 $a \in \mathbb{C}$ のことを多項式 $P(z)$ と $Q(z)$ の**共通根**もしくは**共通零点**という. 共通根を持たない二つの多項式の商を用いて表される関数

1] 本来は, 多項式と言えば z の共役複素数 $\bar{z}$ を含む項を考えるべきであるが, ここでは正則関数（第 6 章参照）として取り扱うので, 簡単のため (4.3) の形の関数のことを, 多項式と呼ぶことにする.

$$R(z) = \frac{P(z)}{Q(z)} = \frac{a_0 + a_1 z + \cdots + a_n z^n}{b_0 + b_1 z + \cdots + b_m z^m} \tag{4.5}$$

を**有理関数**と呼ぶ．有理関数 (4.5) において多項式 $P(z)$ と $Q(z)$ をそれぞれ有理関数 $R(z)$ の**分子** および**分母**と呼ぶ．有理関数は分母の零点ではない点からなる集合

$$\{z \in \mathbb{C} \mid Q(z) \neq 0\} \tag{4.6}$$

において定義される．例 4.6 と命題 4.4 より次がわかる．

命題 4.5 （多項式と有理関数の連続性） 多項式は $\mathbb{C}$ 上の連続関数である．また，有理関数 $R(z) = \dfrac{P(z)}{Q(z)}$ ($P(z)$, $Q(z)$ は多項式）は集合 (4.6) において連続である．

4.5 複素関数の滑らかさ

4.5.1 複素関数の実部と虚部

ここでは複素関数 $f(z) = f(x + iy)$ の実部と虚部にわけて考える．つまり，

$$f(x + iy) = u(x, y) + iv(x, y) \tag{4.7}$$

と書く．$u(x, y)$ および $v(x, y)$ を関数 $f(z)$ の**実部**および**虚部**と呼ぶ．ここでは，(1.2) による同一視 $\mathbb{R}^2 \cong \mathbb{C}$ を用いて $u(x, y)$ と $v(x, y)$ を $\mathbb{R}^2$ 上の実数値関数であると考える．

4.5.2 偏導関数

複素平面上の領域 D 上の複素関数 $f(z)$ の実部と虚部をそれぞれ $u(x, y)$, $v(x, y)$ と書く．u と v が偏微分可能である，つまり任意の $z \in D$ に対して，下記の極限

$$\frac{\partial u}{\partial x}(x, y) = \lim_{\Delta x \to 0} \frac{u(x + \Delta x, y) - u(x, y)}{\Delta x}$$

$$\frac{\partial u}{\partial y}(x, y) = \lim_{\Delta y \to 0} \frac{u(x, y + \Delta y) - u(x, y)}{\Delta y}$$

$$\frac{\partial v}{\partial x}(x, y) = \lim_{\Delta x \to 0} \frac{v(x + \Delta x, y) - v(x, y)}{\Delta x}$$

$$\frac{\partial v}{\partial y}(x,y)=\lim_{\Delta y\to 0}\frac{v(x,y+\Delta y)-v(x,y)}{\Delta y}$$

が存在するとき，複素関数 $f(z)$ は D 上**偏微分可能**であるという．簡単に

$$u_x=\frac{\partial u}{\partial x},\quad u_y=\frac{\partial u}{\partial y},\quad v_x=\frac{\partial v}{\partial x},\quad v_y=\frac{\partial v}{\partial y}$$

と書くこともある．さらに 2 次偏導関数は

$$\frac{\partial^2 u}{\partial x^2}=\frac{\partial}{\partial x}\left(\frac{\partial u}{\partial x}\right),\quad \frac{\partial^2 u}{\partial x\partial y}=\frac{\partial}{\partial x}\left(\frac{\partial u}{\partial y}\right)$$

のように定義される（定義できる場合のみ考える）．同様に，0 以上の整数 k に対して k 次偏導関数も定義される．ただし，0 次偏導関数はそれ自身であるとする．

4.5.3 C^n 級関数

0 以上の整数 n を固定する．$f(z)$ の実部と虚部 $u(x,y)$，$v(x,y)$ が n 回偏微分可能であり，かつ，任意の $k\leqq n$ に対して k 次偏導関数は D 上で連続であるとき，$f(z)$ は D 上の C^n **級関数**であると言われる．つまり，任意の $i+j=k\leqq n$ を満たす 0 以上の整数 i,j に対して，u と v の k 次偏導関数

$$\frac{\partial^k u}{\partial x^i\partial y^j},\quad \frac{\partial^k v}{\partial x^i\partial y^j}$$

が定義されて連続であるとする．たとえば,「$f(z)$ が C^0 級である」とは $f(z)$ がただ単に連続であることを意味する．特に，$f(z)$ が C^1 級であるとき，

(1) $f(z)$ が連続である．

(2) u と v の偏導関数 u_x，u_y，v_x，v_y はそれぞれ連続である．

が成立する．

4.6 C^1 級関数の全微分可能性とその幾何学的意味

4.6.1 全微分可能性

次の事実は第 7 節でコーシー–リーマンの方程式の幾何学的意味を説明する際に用いる．

命題 4.6（全微分可能性） 領域 D 上の複素関数 $f(z)$ が C^1 級であるとする．$f(z)$ の実部と虚部をそれぞれ $u(x,y)$，$v(x,y)$ と書く．このとき，$u(x,y)$，$v(x,y)$ は

$$\begin{aligned} u(x+\Delta x, y+\Delta y) &= u(x,y) + u_x(x,y)\Delta x + u_y(x,y)\Delta y \\ &\quad + o(\sqrt{\Delta x^2+\Delta y^2}) \end{aligned} \tag{4.8}$$

$$\begin{aligned} v(x+\Delta x, y+\Delta y) &= v(x,y) + v_x(x,y)\Delta x + v_y(x,y)\Delta y \\ &\quad + o(\sqrt{\Delta x^2+\Delta y^2}) \end{aligned} \tag{4.9}$$

$((\Delta x, \Delta y) \to (0,0))$ のように**全微分可能**である．

命題 4.6 内の（4.8）および（4.9）に現れる $o(\sqrt{\Delta x^2+\Delta y^2})$ は**ランダウの記号**と呼ばれる関数の誤差の大きさ（振る舞い）を表す記号である．ランダウの記号については 4.7 節で詳しく説明することとして，ここではそれを認めて命題 4.6 を解説する．

ランダウの記号の定義（4.23）によると（4.8），(4.9）はそれぞれ

$$\begin{cases} \dfrac{u(x+\Delta x, y+\Delta y) - (u(x,y) + u_x(x,y)\Delta x + u_y(x,y)\Delta y)}{\sqrt{\Delta x^2+\Delta y^2}} \to 0 \\ \dfrac{v(x+\Delta x, y+\Delta y) - (v(x,y) + v_x(x,y)\Delta x + v_y(x,y)\Delta y)}{\sqrt{\Delta x^2+\Delta y^2}} \to 0 \end{cases} \tag{4.10}$$

$(\sqrt{\Delta x^2+\Delta y^2} \to 0)$ を意味する．

注意 繰り返しになるが，確認のため（4.8）の意味をここに述べておこう．もちろん（4.9）も同様の意味を持つ．(4.8）によると $u(x+h, y+k)$ と $u(x,y)$ における真値 $u(x+\Delta x, y+\Delta y)$ と $u(x,y)$ の差

$$u(x+\Delta x, y+\Delta y) - u(x,y) \tag{4.11}$$

は $(\Delta x, \Delta y)$ に関する線形関数

$$u_x(x,y)\Delta x + u_y(x,y)\Delta y \tag{4.12}$$

に $\sqrt{\Delta x^2+\Delta y^2}$ に比べて非常に近いことを意味する．つまり（4.12）は（4.11）の近似値である．$u_x(x,y)$ もしくは $u_y(x,y)$ のどちらかが 0 でない場合には，$u_x(x,y)\Delta x + u_y(x,y)\Delta y$ は $\sqrt{\Delta x^2+\Delta y^2}$ に比例するので，$\sqrt{\Delta x^2+\Delta y^2} \to 0$ のとき誤差は $u_x(x,y)\Delta x + u_y(x,y)\Delta y$ に比べて非常に小さいのである（図 4.5）．

4.6.2 全微分の幾何学的意味

行列

$$\mathrm{Jac}_f(z) = \begin{pmatrix} u_x(x,y) & u_y(x,y) \\ v_x(x,y) & v_y(x,y) \end{pmatrix} \tag{4.13}$$

を $z = x + iy \in D$ における $f(z)$ の**ヤコビ行列**と呼ぶ.

ヤコビ行列を用いて，命題 4.6 を幾何学的な側面から直観的に理解しよう．これは図 4.5 をたてと横に考えたものをかけ合せることにより説明する.

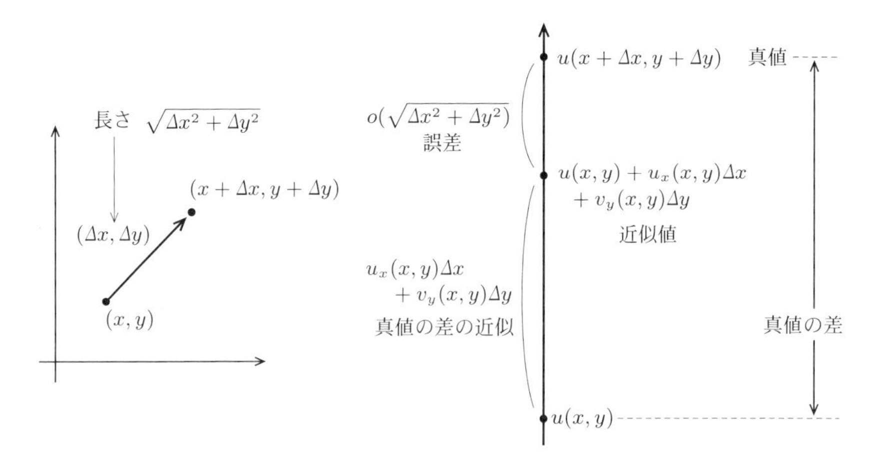

図 4.5　全微分のイメージ：像となる実軸を縦に書く．定義域の 2 点はベクトル $(\Delta x, \Delta y)$ 分だけ離れていると，真値の差 $u(x+\Delta x, y+\Delta y) - u(x,y)$ は $u_x(x,y)\Delta x + u_y(x,y)\Delta y$ に $o(\sqrt{\Delta x^2 + \Delta y^2})$ ぐらいの無視できる誤差を足したものであることを意味する．この「無視できる」という感覚は非常に重要である.

記号の簡略化のため u_x の (x,y) での値 $u_x(x,y)$ などを u_x と書くことにする．(4.8) と (4.9) を並べてベクトルのように表示してみると

$$\begin{pmatrix} u(x+\Delta x, y+\Delta y) - u(x,y) \\ v(x+\Delta x, y+\Delta y) - v(x,y) \end{pmatrix} = \begin{pmatrix} u_x & u_y \\ v_x & v_y \end{pmatrix} \begin{pmatrix} \Delta x \\ \Delta y \end{pmatrix} + o(\sqrt{\Delta x^2 + \Delta y^2}) \tag{4.14}$$

($(\Delta x, \Delta y) \to (0,0)$) を得る．このような状況を (4.14) の左辺と右辺は**無限小の意味で近い**という（次ページの図 4.6）.

このことをもう少し視覚的に捉えてみる．ここで $(\Delta x, \Delta y) = (\varepsilon\cos\theta, \varepsilon\sin\theta)$ と

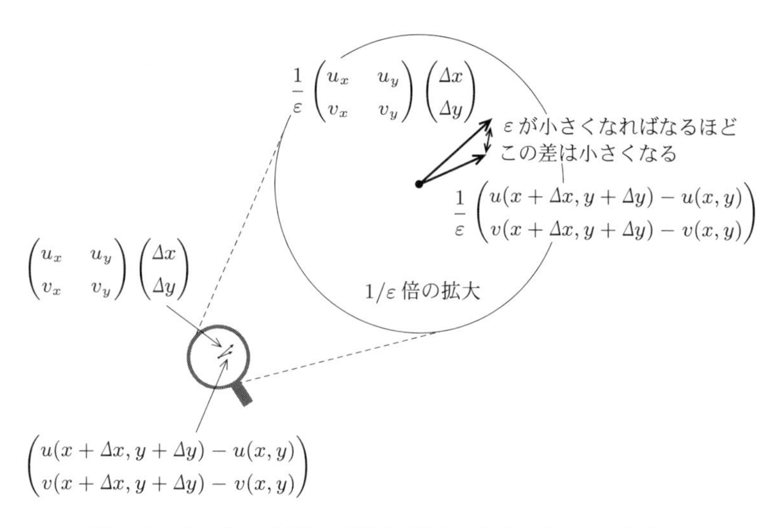

図 4.6　(4.14) の左辺と右辺は無限小の意味で近い．たとえば，$\varepsilon = \sqrt{h^2 + k^2} \to 0$ のとき，これらのベクトルの間の角度は 0 に収束し，ベクトルもほとんど見分けがつかなくなる．つまり，(h, k) が十分小さいとき，関数はほぼ線形写像と思っても良い．

して，(4.8) と (4.9) を並べて両辺を ε で割ると ε が十分小さければ

$$\frac{1}{\varepsilon}\begin{pmatrix} u(x+\varepsilon\cos\theta, y+\varepsilon\sin\theta) - u(x,y) \\ v(x+\varepsilon\cos\theta, y+\varepsilon\sin\theta) - v(x,y) \end{pmatrix} \approx \begin{pmatrix} u_x & u_y \\ v_x & v_y \end{pmatrix}\begin{pmatrix} \cos\theta \\ \sin\theta \end{pmatrix} \tag{4.15}$$

と書くことができる．ただし，$\approx$ は「非常に近い」ことを意味する記号である．ε が 0 に近ければ近いほど近くなる.『両辺を ε で割る』ことは像領域（(u, v)-平面）において $1/\varepsilon$-倍の拡大をすることを意味する．顕微鏡で $(u(x, y), v(x, y))$ のまわりをどんどん拡大していくことを考えてみると良い．つまり，(4.15) によりわかることは，ベクトル

$$\frac{1}{\varepsilon}\begin{pmatrix} u(x+\Delta x, y+\Delta y) - u(x,y) \\ v(x+\Delta x, y+\Delta y) - v(x,y) \end{pmatrix}$$

は，ε が十分小さければ小さいほど（言い換えると $1/\varepsilon$ のような非常に大きな拡大率により像領域を拡大すると），(4.15) の右辺のようにヤコビ行列を用いて定義された線形変換による像

$$\frac{1}{\varepsilon}\begin{pmatrix} u_x & u_y \\ v_x & v_y \end{pmatrix}\begin{pmatrix} \Delta x \\ \Delta y \end{pmatrix} = \begin{pmatrix} u_x & u_y \\ v_x & v_y \end{pmatrix}\begin{pmatrix} \cos\theta \\ \sin\theta \end{pmatrix}$$

と非常に近い振る舞いをすることがわかる（図 4.6）.

4.6.3 接ベクトルの対応

$p=(x,y)$ において交わるような 2 つの滑らかな曲線 γ を考える. $\mathbb{R}^2$ と複素平面 $\mathbb{C}$ との同一視により

$$\gamma_i(t)=(x(t),y(t)) \quad (i=1,2)$$

と書く. 簡単のため $\gamma_1(0)=\gamma_2(0)=p$ としておく. このとき, (3.1) のように, ベクトル

$$\gamma'(t)=(x'(t),y'(t))$$

は曲線 γ の $\gamma(0)=p$ における接ベクトルとなる. 上記のように無限小の意味で考えてみると $\gamma(t)$ は

$$\gamma(h)-\gamma(0)=\begin{pmatrix}x(h)\\y(h)\end{pmatrix}-\begin{pmatrix}x(0)\\y(0)\end{pmatrix}\approx t\begin{pmatrix}x'(0)\\y'(0)\end{pmatrix} \tag{4.16}$$

と書くことができる. ここで (4.16) の $\approx$ は,「左辺と右辺の差が $|t|$ に比べて非常に小さい」ことを意味する.

ここで

$$\varGamma(t)=(u(\gamma(t)),v(\gamma(t)))=(u(x(t),y(t)),v(x(t),y(t)))$$

は写像 $(u(x,y),v(x,y))$ による曲線 γ の像とする. したがって, (4.14) と (4.16) から

$$\begin{aligned}\varGamma(h)-\varGamma(t)&=\begin{pmatrix}u(x(\Delta t),y(\Delta t))-u(x(0),y(0))\\v(x(\Delta t),y(\Delta t))-v(x(0),y(0))\end{pmatrix}\\&\approx \Delta t\begin{pmatrix}u_x & u_y\\v_x & v_y\end{pmatrix}\begin{pmatrix}x'(0)\\y'(0)\end{pmatrix}\end{aligned} \tag{4.17}$$

となる[2]. これは曲線 $\varGamma$ の $t=0$ での接ベクトルが, $\gamma(t)$ の $t=0$ での接ベクトルのヤコビ行列から定まる線形写像による像

$$\varGamma'(t)=\begin{pmatrix}u_x & u_y\\v_x & v_y\end{pmatrix}\begin{pmatrix}x'(t)\\y'(t)\end{pmatrix}$$

2] きちんと計算すれば, (4.17) の「近さ」はちゃんと正当化できる. ここでは接ベクトルが対応することを理解してほしい.

であることを意味する（図 4.7）.

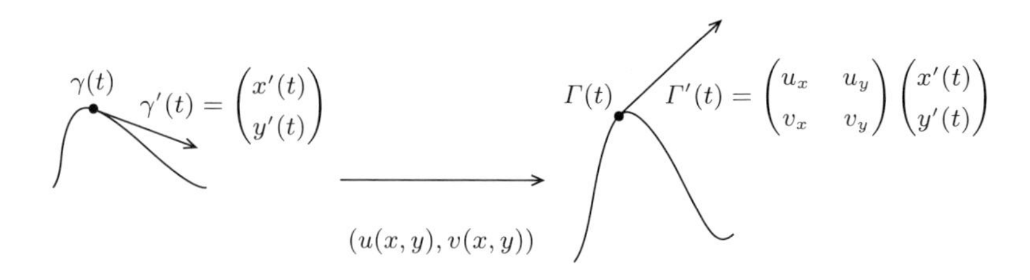

図 4.7　接ベクトルの対応. 写像はヤコビ行列で近似される.

4.7　ランダウの記号

命題 4.6 内の（4.8）および（4.9）に現れる $o(\sqrt{h^2+k^2})$ は**ランダウの記号**と呼ばれる無限小を表す記号である. この記号は慣れれば便利である.

4.7.1　動機

はじめに一般的な状況を交えて記号を導入する動機を説明する. $t=a$ のまわり（もしくはまわりの部分集合）で定義された関数 $g(t)$ があるとする. 一般に与えられた関数 $g(t)$ はよくわからないので, よくわかっている関数もしくは我々がよく知っている関数と比べることで, 与えられた関数がだいたいどのような関数であるかを理解したいと考えるのは自然である.

具体的な関数を用いて考えてみる. $t>0$ で関数

$$g(t) = \sinh(e^{-1/t^2})$$

を考える. 関数 $g(t)$ は $t=0$ では定義されてはいない. そして $g(t) \to 0$ （$t \to 0$）であることはわかるものの, $g(t)$ 自身がどのような関数かはまったくわからない. そこで,

問題　$g(t)$ がどのように 0 に収束するのか?

という問題を考える.

たとえば, 同じように $t \to 0$ のときに 0 に収束する関数 $g_1(t) = t^{1000}$ と $g_2(t) =$

表 4.1 $g(t) = \sinh(e^{-1/t^2})$，$g_1(t) = t^{1000}$ と $g_2(t) = t^{100000}$ の $t \to 0$ のときの振る舞い．ただし，指数表記において仮数部は小数点第 2 位を四捨五入している．

t	$1/500$	$1/1000$	$1/1500$	$1/2000$
$g(t)$	2.4×10^{-108574}	3.3×10^{-434295}	2.6×10^{-977163}	1.2×10^{-1737178}
$g_1(t)$	1.1×10^{-2699}	10^{-3000}	8.1×10^{-3177}	9.3×10^{-3302}
$g_2(t)$	1.0×10^{-269898}	$10^{-300000}$	7.5×10^{-317610}	1.0×10^{-330103}
$\dfrac{g(t)}{g_1(t)}$	2.2×10^{-105875}	3.3×10^{-431295}	3.2×10^{-973987}	1.3×10^{-1733877}
$\dfrac{g(t)}{g_2(t)}$	2.4×10^{161323}	3.3×10^{-134295}	3.5×10^{-659554}	1.2×10^{-1407075}

t^{100000} とを比べてみる（表 4.1）．表 4.1 によれば $g(t)$ は $g_1(t) = t^{1000}$ よりも，はるかに速く 0 に収束していることがわかる．厳密には

$$\frac{g(t)}{g_1(t)} = \frac{g(t)}{t^{1000}} \to 0 \quad (t \to 0) \tag{4.18}$$

が成立することがわかる．また $g_2(t)$ についても，$g_2(1/500) < g(1/500)$ であるものの，

$$\frac{g(t)}{g_2(t)} = \frac{g(t)}{t^{100000}} \to 0 \quad (t \to 0) \tag{4.19}$$

が成立という意味で比べ物にならないくらい $g(t)$ の方が速く 0 に収束することがわかる．実は，任意の $m \in \mathbb{N}$ について，$t \to 0$ のとき，$g(t)$ は t^m よりも速く 0 に収束することが証明できる．つまり，

$$\frac{g(t)}{t^m} \to 0 \quad (t \to 0) \tag{4.20}$$

が成立する．(4.20) を

$$g(t) = o(t^m) \quad (t \to 0) \tag{4.21}$$

と書く．これがランダウの記号の意味であり定義である．

4.7.2 ランダウの記号の定義

ここで定義される記号は**ランダウの o（リトルオー）**呼ばれる．実は，漸近的振る舞いを記述する記号として他に**ランダウの O（ビックオー）**もあるがここでは定義しない．

定義 4.7（ランダウの記号 o） 複素平面もしくは平面 $\mathbb{R}^2$ 内の集合 E と $a \in \overline{E}$ を取る[3]. E 上の関数 $f(x)$ と正値関数 $g(x)$ に対して

$$\frac{f(x)}{g(x)} \to 0 \quad (x \to a)$$

のとき,

$$f(x) = o(g(x)) \quad (x \to a)$$

と書き, a **のまわりが無限小のとき** $f(x)$ **は** $g(x)$ **より小さい位数**を持つという.

注意 次は同値である.

(1) $f(x) = o(g(x))$ $(x \to a)$

(2) $|f(x)| = o(|g(x)|)$ $(x \to a)$

例 4.7 集合 E と $a \in \overline{E}$ と E 上の関数 $f(x)$ に対して,

$$f(x) = o(1) \quad (x \to a)$$

は

$$\lim_{x \to a} f(x) = 0$$

を意味する.

命題 4.8（位数の加法と積） 複素平面もしくは平面 $\mathbb{R}^2$ 内の集合 E と $a \in \overline{E}$ を取る. E 上の関数 $f_1(x)$, $f_2(x)$ と正値関数 $g_1(x)$, $g_2(x)$ をとる. $f_1(x) = o(g_1(x))$ $(x \to a)$ および $f_2(x) = o(g_2(x))$ $(x \to a)$ であるとすると次が成立する.

(1) 和と積について次が成立する.

$$f_1(x) + f_2(x) = o(g_1(x) + g_2(x)) \quad (x \to a)$$
$$f_1(x)f_2(x) = o(g_1(x)g_2(x)) \quad (x \to a)$$

3] 本当は位相空間内の集合 E および E 上の関数に対してランダウの記号は意味がある.

(2) E 上の有界関数 $h(x)$ に対して

$$h(x)f_1(x) = o(g_1(x)) \quad (x \to a)$$

が成立する.

証明 (1) 各 g_i は正値関数であるので, $g_1(x)$, $g_2(x) \leqq g_1(x) + g_2(x)$ である. したがって,

$$\frac{|f_1(x) + f_2(x)|}{g_1(x) + g_2(x)} \leqq \frac{|f_1(x)|}{g_1(x)} + \frac{|f_2(x)|}{g_2(x)} \to 0 \quad (x \to a)$$

$$\frac{|f_1(x) f_2(x)|}{g_1(x) g_2(x)} = \frac{|f_1(x)|}{g_1(x)} \frac{|f_2(x)|}{g_2(x)} \to 0 \quad (x \to a)$$

を得る.

(2) 関数 $h(x)$ は有界であるので $|h(x)| \leqq M$ ($x \in E$) を満たすような $M > 0$ が存在する. したがって,

$$|h(x)f_1(x)| \leqq M|f_1(x)| = o(Mg_1(x)) = o(g_1(x))$$

を得る. ■

すこし定義を拡張してランダウの o を用いる. たとえば E が平面 $\mathbb{R}^2$ 上の集合で $(0,0) \in \overline{E}$ を満たすものとする. E 上の 2 つの関数 $g_1(x,y)$, $g_2(x,y)$ に対して

$$g_1(x,y) = g_2(x,y) + o((\sqrt{x^2+y^2})^m) \quad (\sqrt{x^2+y^2} \to 0)$$

は

$$\lim_{\sqrt{x^2+y^2} \to 0} \frac{g_1(x,y) - g_2(x,y)}{(\sqrt{x^2+y^2})^m} = 0 \tag{4.22}$$

を意味するとする. ここで『$\sqrt{x^2+y^2} \to 0$』は『$(x,y) \to (0,0)$』と書いても良い.

同様に E が複素平面 $\mathbb{C}$ 上の集合として $0 \in E$ であるとする. E 上の 2 つの関数 $h_1(z)$, $h_2(z)$ に対して

$$h_1(z) = h_2(z) + o(|z|^m) \quad (z \to 0)$$

は

$$\lim_{z\to 0}\frac{h_1(z)-h_2(z)}{|z|^m}=0 \tag{4.23}$$

を意味するとする．

例題 4.1 3以上の自然数 $m\in\mathbb{N}$ に対して，

$$(1+z)^m = 1+mz+o(|z|) \quad (z\to 0) \tag{4.24}$$

$$(1+z)^m = 1+mz+\frac{m(m-1)}{2}z^2+o(|z|^2) \quad (z\to 0) \tag{4.25}$$

が成立する．

解 2項定理から

$$(1+z)^m = 1+mz+z^2\sum_{k=2}^{m}{}_mC_k z^{k-2}$$

となるので

$$\frac{|(1+z)^m-(1+mz)|}{|z|} = |z|\left|\sum_{k=2}^{m}{}_mC_k z^{k-2}\right| \to 0 \quad (|z|\to 0)$$

である．ランダウの記号の定義 (4.23) により，これは (4.24) を意味する．

再び2項定理から

$$(1+z)^m = 1+mz+\frac{m(m-1)}{2}z^2+z^3\sum_{k=3}^{m}{}_mC_k z^{k-3}$$

となるので

$$\frac{\left|(1+z)^m-\left(1+mz+\frac{m(m-1)}{2}z^2\right)\right|}{|z|^2} = |z|\left|\sum_{k=3}^{m}{}_mC_k z^{k-3}\right| \to 0$$
$$(|z|\to 0)$$

である．ランダウの記号の定義 (4.23) により，これは (4.25) を意味する．

練習問題

問 4.1　複素関数 $f(z) = z^2$ による次の像を求めよ．

(1)　直線 $L = \left\{ z = x + iy \in \mathbb{C} \mid \mathrm{Im}\left(\dfrac{z-b}{a}\right) = 0 \right\}$ $(a, b \in \mathbb{C},\ a \neq 0)$

(2)　半平面 $H = \left\{ z \in \mathbb{C} \mid \mathrm{Im}\left(\dfrac{z-b}{a}\right) \geqq 0 \right\}$　$(a, b \in \mathbb{C}, a \neq 0)$

(3)　半円の境界 $C = \partial \left\{ z \in \mathbb{C} \mid |z| \leqq R,\ \mathrm{Im}\left(\dfrac{z}{a}\right) \geqq 0 \right\}$　$(a \neq 0)$

問 4.2　複素平面 $\mathbb{C}$ 上の関数

$$f(z) = \begin{cases} \dfrac{\mathrm{Im}\left(z^2\right)}{|z|^2} & (z \neq 0) \\ 0 & (z = 0) \end{cases}$$

は原点 $z = 0$ において連続ではないが偏微分可能であることを示せ．

問 4.3　$Q(z)$ が互いに異なる零点 $\alpha_1, \cdots, \alpha_m$ を持つ m 次多項式とする．このとき任意の次数が m 未満の多項式 $P(z)$ に対して

$$\frac{P(z)}{Q(z)} = \sum_{k=1}^{m} \frac{P(\alpha_k)}{Q'(\alpha_k)(z - \alpha_k)}$$

が成立することを示せ．

問 4.4　関数 $f(x)$ が $x = x_0$ で微分可能であるとする．このとき

$$f(x) - f(x_0) - f'(x_0)(x - x_0) = o(|x - x_0|) \quad (x \to x_0)$$

を示せ．

問 4.5　$\dfrac{1}{(1-z)^n} = 1 + nz + o(|z|)$　$(|z| \to 0)$ を示せ．

問 4.6　多項式 $P(z)$ とその零点 α をとる．もし $|P(z)| = o(|z - \alpha|)$ であれば α は方程式 $P(z) = 0$ の単根ではないことを示せ．

第5章

関数の収束そして関数項級数

この章では複素関数のなす列の収束と関数により定義される級数（関数項級数）の収束について学ぶ．特にベキ級数の収束とその収束半径についても学ぶ．ベキ級数展開は正則関数を構成するための基本的な手法である．ただし，この章の内容を鬼門と感じる人も多いので，複素関数論をはじめて学ぶ人や，複素関数論の概略を理解したい人は，初めに読む場合にはこの章の結果を認めて，次章から先に進むとよい．

この章を読むための注意　この章において「コンパクト集合」と呼ばれる集合が出てくる．一般にコンパクト集合とは「有界な閉集合」のことであるが，定義域を円板 $\Delta(z_0, R)$ と考える場合，この章に限り，定義域内のコンパクト集合を閉円板 $\overline{\Delta}(z_0, r)$（$r < R$）と言い換えながら読むことも可能である．

5.1　関数列の収束

5.1.1　関数列に対する3つの収束概念

集合 E 上の複素関数からなる列 $\{f_n(z)\}_{n=1}^{\infty}$ を E 上の**関数列**と呼ぶ．関数列の収束について厳密な議論をするときには ε–N 論法を必要とするため，下記の通りに定義をまとめておく．

定義 5.1（関数列の各点収束）集合 E 上の関数列 $\{f_n(z)\}_{n=1}^{\infty}$ と集合 E 上の複素関数 $f(z)$ を考える．任意の $\varepsilon > 0$ と任意の $z \in E$ に対して，

$$|f_n(z) - f(z)| < \varepsilon$$

が任意の $n \geqq N$ に対して成立するような $N \in \mathbb{N}$ が存在するとき，関数列 $\{f_n(z)\}_{n=1}^{\infty}$ は $f(z)$ に E 上**各点収束**するという．

定義 5.1 では N は ε と点 z に依存しても良いということがポイントとなる．実際，N が点 z に依らないようにとれる場合が特に重要である．

定義 5.2（関数列の一様収束） 集合 E 上の関数列 $\{f_n(z)\}_{n=1}^{\infty}$ と集合 E 上の複素関数 $f(z)$ を考える．任意の $\varepsilon > 0$ に対して，

$$|f_n(z) - f(z)| < \varepsilon \tag{5.1}$$

が任意の $n \geqq N$ と任意の $z \in E$ に対して成立するような $N \in \mathbb{N}$ が存在するとき，関数列 $\{f_n(z)\}_{n=1}^{\infty}$ は $f(z)$ に E 上**一様収束**するという．

例題 5.1 区間 $[0,1]$ 上で定義された関数 $f_n(x) = n \sin \dfrac{x}{n}$ のなす関数列 $\{f_n(x)\}_{n=1}^{\infty}$ は $f(x) = x$ に $[0,1]$ 上一様収束する．

解 $\sin y = y + o(|y|)$ $(y \to 0)$ であるので，任意の $\varepsilon > 0$ に対して $|y| < \delta$ であれば

$$|\sin y - y| \leqq \varepsilon |y|$$

を満たすような $\delta > 0$ が存在する．ゆえに $N > 1/\delta$ を満たす自然数 N をとるとき $n \geqq N$ であれば任意の $x \in [0,1]$ に対して

$$\left|\sin \frac{x}{n} - \frac{x}{n}\right| \leqq \varepsilon \left|\frac{x}{n}\right| \leqq \frac{\varepsilon}{n}$$

が成立する．つまり

$$|f_n(x) - x| \leqq \varepsilon \quad (n \geqq N, 0 \leqq x \leqq 1)$$

が成立する．これは $f_n(x)$ が $f(x) = x$ に一様収束することを示す．

例 5.1 一様収束を理解するために，(5.1) の状況を閉区間上で定義された実数値連続関数のグラフを用いて説明しよう．$f_n(x)$ と $f(x)$ を区間 $[a,b]$ 上の実数値

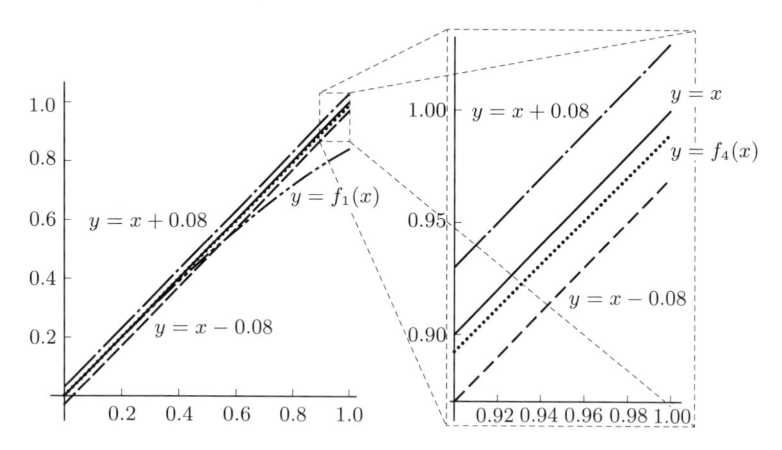

図 5.1 例 5.1 の状況．$\varepsilon = 0.08$ で考えている．$x = 1$ に近いところでは $f_1(x)$ は関数 $y = x$ のグラフの近くに入らない．しかし，$y = f_4(x)$ のグラフは入っている．

連続関数と考えて (5.1) を書き直すと

$$f(x) - \varepsilon < f_n(x) < f(x) + \varepsilon \quad (x \in [a, b])$$

となる．これは $y = f_n(x)$ のグラフが2つの関数 $y = f(x) - \varepsilon$，$y = f(x) + \varepsilon$ の間に挟まれることを意味する．関数 $y = f(x) - \varepsilon$ と $y = f(x) + \varepsilon$ のグラフは $y = f(x)$ のグラフをそれぞれ下に ε，上に ε だけずらしたものとなる．

具体例を用いて説明する．閉区間 $[0, 1]$ 上の連続関数列 $\{f_n(x)\}_{n=1}^{\infty}$ を

$$f_n(x) = n \sin \frac{x}{n}$$

と定義する．図 5.1 では $\varepsilon = 0.08$ で考えてみる．$y = f_1(x)$ のグラフは $y = x - 0.08$ のグラフと $y = x + 0.08$ のグラフの間に入らないが，$y = f_4(x)$ のグラフはそれらの直線の間に入る．例題 5.1 で見たように，関数列 $\{f_n(x)\}_{n=1}^{\infty}$ は閉区間 $[0, 1]$ 上で $f(x) = x$ に一様収束している．

注意 実は，応用上では，各点収束の概念は弱すぎ（たとえば，極限の連続性が保証されない），一様収束の概念は非常に強すぎる（たとえば，点に依らない N を取ることが非常に難しい）．したがって，各点収束と一様収束の間にある概念が要求される．それが下記に定義する局所一様収束（コンパクト一様収束）の概念である．

定義 5.3（関数列の局所一様収束（コンパクト一様収束）） 集合 E 上の関数列 $\{f_n(z)\}_{n=1}^{\infty}$ と集合 E 上の複素関数 $f(z)$ を考える．任意の $\varepsilon > 0$ と任意の E 内のコンパクト集合 K に対して，

$$|f_n(z) - f(z)| < \varepsilon$$

が任意の $n \geqq N$ と任意の $z \in K$ に対して成立するような $N \in \mathbb{N}$ が存在するとき，関数列 $\{f_n(z)\}_{n=1}^{\infty}$ は $f(z)$ に E 上**局所一様収束**する，もしくは，E 上**コンパクト一様収束**する，という．

5.1.2 関数列の収束の概念の関係

3つの収束の概念が出てきたので，違いを以下にまとめておこう．特にここでは N の依存性に関する違いを与える．

収束の概念	N の依存性
各点収束	ε と E の点 z
局所一様収束	ε と E の内のコンパクト集合 K
一様収束	ε のみ

この表は，たとえば，『各点収束では ε と点 z を取れば N が決まる』もしくは『各点収束では ε と点 z に対して N が決まる』と読んでいただきたい．

例 5.2 複素関数ではないが，収束性の違いを理解するために $f_n(x) = x^n$ $(n \in \mathbb{N})$ として，半開区間 $[0, 1)$ 上の関数の列 $\{f_n(x)\}_{n=1}^{\infty}$ を考える．関数列 $\{f_n(x)\}_{n=1}^{\infty}$ は半開区間 $[0, 1)$ 上で定数関数 $y = 0$ はコンパクト一様収束するが

$$f_n\left(\frac{1}{2^{1/n}}\right) = \frac{1}{2}$$

であるので，半開区間 $[0, 1)$ 上で定数関数 $y = 0$ には一様収束しない（次ページの図 5.2）．

5.1.3 コンパクト一様収束する関数列の極限関数の連続性

コンパクト一様収束の長所は次のように極限の連続性が保証されることである．

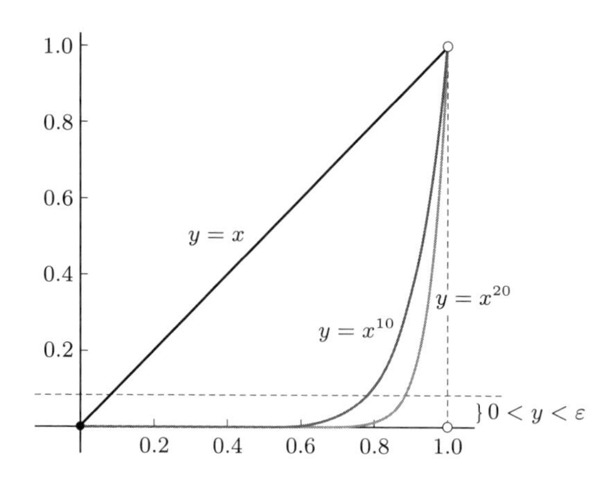

図 5.2　例 5.2 の状況．$x = 1$ に近いところではどの $f_n(x)$ も 1 に近い値をとることができるので，定数関数 $y = 0$ に近くにならない．つまりグラフが $\{0 < y < \varepsilon\}$ の範囲に入らない．このことは一様収束しないことを意味している．一方で $r < 1$ を固定する．閉区間 $[0, r]$ へ $f_n(x)$ を制限すると $f_n(x)$ の $[0, r]$ 上のグラフは $\{0 < y < \varepsilon\}$ の範囲に含まれる．ゆえに $\{f_n(x)\}_{n=1}^{\infty}$ が定数関数 $y = 0$ に一様収束する．つまり，$\{f_n(x)\}_{n=1}^{\infty}$ は半開区間 $[0, 1)$ 上でコンパクト一様収束することを示す．

命題 5.4　領域 D 上で定義された連続関数列 $\{f_n(z)\}_{n=1}^{\infty}$ が D 上の関数 $f(z)$ にコンパクト一様収束するとする．このとき，極限関数 $f(z)$ は連続関数である．

証明　任意の $\varepsilon > 0$ および $z_0 \in E$ を固定する．そして正数 R を $\overline{\Delta}(z_0, R) \subset D$ を満たすものをとる．仮定から f_n は f に $\overline{\Delta}(z_0, R)$ 上で一様収束するので，$n \geqq N$ であれば，

$$|f_n(z) - f(z)| < \frac{\varepsilon}{3}$$

が任意の $z \in \overline{\Delta}(z_0, R)$ に対して成立するような $N > 0$ をとることができる．

ここで $n_0 \geqq N$ を満たす n_0 を固定する．仮定から f_{n_0} は連続であるので，$z \in \overline{\Delta}(z_0, R)$ かつ $|z - z_0| < \delta_1$ であれば

$$|f_{n_0}(z) - f_{n_0}(z_0)| < \frac{\varepsilon}{3}$$

が成立するような $\delta_1 > 0$ をとることができる．以上より，$\delta = \min\{R, \delta_1\}$ とする

と，$|z-z_0|<\delta$であれば

$$
\begin{aligned}
|f(z)-f(z_0)| &\leqq |f(z)-f_{n_0}(z)|+|f_{n_0}(z)-f_{n_0}(z_0)|+|f_{n_0}(z_0)-f(z_0)| \\
&\leqq \frac{\varepsilon}{3}+\frac{\varepsilon}{3}+\frac{\varepsilon}{3}=\varepsilon
\end{aligned}
$$

となるので$f(z)$は連続である．■

5.1.4 まとめ：関数列の収束の概念の関係

一点集合はコンパクト集合であるので，関数列がコンパクト一様収束すれば，その関数列は各点収束する．また，関数列が一様収束すれば，それらをコンパクト集合に制限しても一様収束するので，その関数列はコンパクト一様収束する．極限関数の関係（命題 5.4）を付記してまとめると，領域上の関数列については次のようなことがわかる．

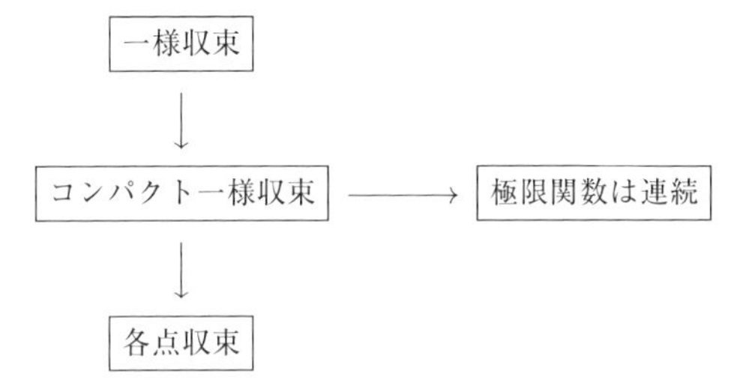

上の図はたとえば，

- 領域上で定義された関数列は，『一様収束』すれば『コンパクト一様収束』する
- 「領域上で定義された関数列は，『コンパクト一様収束』すれば『各点収束』して，そして『極限関数が連続』である

などと読んでほしい．特に，2 段論法から，

- 領域上で定義された関数列は，『一様収束』すれば『極限関数が連続』であること

がわかる．一般には，これらの逆は成立しない．たとえば，各点収束する関数列の極限関数の連続性は，一般論としては何も言えない．

例 5.3 閉区間 $[0,1]$ 上の関数 $f_n(x)=x^n$ による関数列 $\{f_n(x)\}_{n=1}^{\infty}$ は不連続

関数

$$f(x) = \begin{cases} 0 & (0 \leqq x < 1) \\ 1 & (x = 1) \end{cases}$$

に各点収束する．

次の例 5.4 から，これから学ぶ正則関数（もしくは正則関数の族）が非常に特別な関数であることがわかる（定理 11.3 と比較せよ）．

例 5.4 一般に，関数列の一様収束性と導関数の収束性は無関係である．閉区間 $[0,1]$ 上の関数 $f_n(x) = f_n(x) = \dfrac{1}{4\pi n}\sin(4\pi nx)$ による関数列 $\{f_n(x)\}_{n=1}^{\infty}$ を考える．

$$|f_n(x)| = \left|\frac{1}{4\pi n}\sin(4\pi nx)\right| \leqq \frac{1}{4\pi n} \quad (0 \leqq x \leqq 1)$$

であるので，関数列 $\{f_n(x)\}_{n=1}^{\infty}$ は定数関数 $f(x) = 0$ に一様収束する．しかし，任意の $n \in \mathbb{N}$ に対して，

$$f_n'\left(\frac{1}{2}\right) = \cos\left(4\pi n \times \frac{1}{2}\right) = 1$$

であるので，導関数により定義された関数列 $\{f_n'(x)\}_{n=1}^{\infty}$ は $f(x)$ の導関数 $f'(x) = 0$ に各点収束しない．

5.2 関数項級数

関数列 $\{f_k(z)\}_{k=1}^{\infty}$ に対して，無限和

$$\sum_{k=1}^{\infty} f_k(z) \tag{5.2}$$

を**関数項級数**と呼ぶ．無限級数の場合と同様に式 (5.2) は形式的な無限和であってこのままでは関数としての意味を持たない．

5.2.1 関数項級数の収束に関する 5 つの概念

前節と同様に，関数項級数の収束はいくつかの概念がある．ここにまとめて書いておこう．ここで部分和により定義される関数を

$$S_n(z) = \sum_{k=1}^{n} f_k(z) \tag{5.3}$$

と書く．はじめに各点収束を定義する．

定義 5.5（関数項級数の各点収束） 関数項級数（5.2）が複素関数 $f(z)$ に E 上収束（各点収束）するとは，部分和（5.3）により定義される関数列 $\{S_n(z)\}_{n=1}^{\infty}$ が E 上で各点収束するときにいう．つまり，任意の $z \in E$ に対して，極限

$$\lim_{n\to\infty} S_n(z) = \lim_{n\to\infty} \sum_{k=1}^{n} f_k(z)$$

が存在することである．

次に一様収束を定義する．

定義 5.6（関数項級数の一様収束） 関数項級数（5.2）が E 上一様収束するとは，部分和（5.3）により定義される関数列 $\{S_n(z)\}_{n=1}^{\infty}$ が E 上で一様収束するときにいう．

続いて，コンパクト一様収束を定義する．

定義 5.7（関数項級数のコンパクト一様収束） 関数項級数（5.2）が E 上コンパクト一様収束するとは，部分和（5.3）により定義される関数列 $\{S_n(z)\}_{n=1}^{\infty}$ が E 上でコンパクト一様収束するときにいう．

数列の場合と同様に，絶対収束の概念を定義する．

定義 5.8（関数項級数の一様絶対収束） 絶対値を用いて定義される関数項級数

$$T_n(z) = \sum_{k=1}^{n} |f_k(z)|$$

により定義される関数列 $\{T_n(z)\}_{n=1}^{\infty}$ が一様収束するとき，関数項級数（5.2）は E 上一様絶対収束するという．

最後にコンパクト一様絶対収束を定義する．

定義 5.9（関数項級数のコンパクト一様絶対収束） 関数項級数（5.2）が E 内の任意のコンパクト集合上で一様絶対収束するとき，関数項級数（5.2）は E 上コンパクト一様絶対収束するという．

5.2.2 関数項級数の収束の概念の関係

ここでは5.2.1節で与えた収束概念の間の関係を述べる.

命題 5.10（コンパクト絶対一様収束はコンパクト一様収束） E 上で定義された関数項級数 (5.2) が E 上でコンパクト絶対一様収束するとき，関数項級数 (5.2) はコンパクト一様収束する.

証明 はじめに各点収束することを示す．そのためには，任意の点 $z \in E$ に対して，

$$\lim_{n\to\infty} \sum_{k=1}^{n} f_k(z) \tag{5.4}$$

が存在することを示せばよい．ここで点 $z \in E$ を固定したときには，$\{f_k(z)\}_{k=1}^{\infty}$ は $\mathbb{C}$ 内の点列と見なすことができることに注意する．一点集合はコンパクト集合であるので，定義から級数

$$\sum_{k=1}^{\infty} f_k(z)$$

は絶対収束する．したがって命題2.10より極限 (5.4) は存在する．このときの極限値を $f(z)$ と書くと，$f(z)$ は E 上の関数とみなすことができる.

E 内のコンパクト集合 K を任意に取り固定する．そして $\varepsilon > 0$ を任意に取り固定する．このとき定義により絶対値で定義される部分和 $\sum_{k=1}^{n} |f_k(z)|$ は K 上の関数 $g(z)$ に K 上で一様収束するので，$n \geqq N$ であれば

$$\left| \sum_{k=1}^{n} |f_k(z)| - g(z) \right| < \frac{\varepsilon}{2} \quad (z \in K)$$

となるような $N > 0$ を取ることができる．このとき，$m > n \geqq N$ であれば

$$\begin{aligned}
\left| \sum_{k=1}^{n} f_k(z) - \sum_{k=1}^{m} f_k(z) \right| &= \left| \sum_{k=n+1}^{m} f_k(z) \right| \leqq \sum_{k=n+1}^{m} |f_k(z)| \\
&= \left| \sum_{k=1}^{m} |f_k(z)| - \sum_{k=1}^{n} |f_k(z)| + g(z) - g(z) \right| \\
&\leqq \left| \sum_{k=1}^{n} |f_k(z)| - g(z) \right| + \left| \sum_{k=1}^{m} |f_k(z)| - g(z) \right|
\end{aligned} \tag{5.5}$$

$$< \frac{\varepsilon}{2} + \frac{\varepsilon}{2} = \varepsilon \quad (z \in K)$$

が成立する．ここで（5.5）内の m は $m > n$ であれば任意であるので，$m \to \infty$ とすることができて，結局

$$\left| \sum_{k=1}^{n} f_k(z) - f(z) \right| < \varepsilon \quad (z \in K)$$

が $n \geqq N$ であれば成立する．これは関数項級数（5.2）が K 上で一様収束することを意味する．K は E 内の任意のコンパクト集合であったので，結局，関数項級数（5.2）は E 上でコンパクト一様収束することがわかる．■

命題 5.4 と命題 5.10 により次がわかる．

命題 5.11（コンパクト一様絶対収束級数の極限） 領域 D 上の連続関数からなる関数列 $\{f_n(z)\}_{n=1}^{\infty}$ を考える．このとき，関数項級数（5.2）が D 上でコンパクト一様絶対収束するとするならば，関数項級数

$$f(z) = \sum_{k=1}^{\infty} f_k(z) \left(= \lim_{n \to \infty} \sum_{k=1}^{n} f_k(z) \right)$$

は D 上の連続関数を表す．さらに部分和 $S_n(z) = \sum_{k=1}^{n} f_k(z)$ により定義される関数列 $\{S_n(z)\}_{n=1}^{\infty}$ は $f(z)$ に D 上でコンパクト一様収束する．

5.2.3　まとめ：関数項級数の収束の概念の関係

領域上の関数項級数の収束の概念について，それらの関係は以下の通りである．

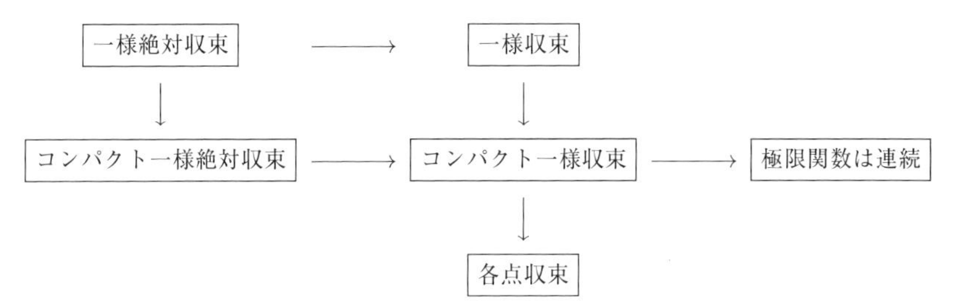

上の図はたとえば，「領域上で定義された関数項級数は『一様絶対収束』すれば，『コンパクト一様絶対収束』および『一様収束』する」と読んでほしい．

5.3 ワイエルストラスの M-判定法

ワイエルストラスの M-判定法とは，関数項級数が一様絶対収束するための十分条件である．

命題 5.12（ワイエルストラスの M-判定法） 集合 E 上の関数列 $\{f_n\}_{n=1}^{\infty}$ を考える．次のような $M_n \geqq 0$ が存在すると仮定する．

- $|f_n(z)| \leqq M_n$ が任意の $z \in E$ に対して成立する．
- $\sum\limits_{n=1}^{\infty} M_n < \infty$ である．

このとき関数項級数 $\sum\limits_{n=1}^{\infty} f_n(z)$ は E 上で一様絶対収束する．

証明 定義から任意の $z \in E$ を固定するとき，級数 $\sum\limits_{k=1}^{\infty} |f_k(z)|$ は絶対収束するので，命題 2.10 により，各点収束による E 上の極限関数 $g(z)$ が定まる．

任意の $\varepsilon > 0$ をとる．仮定から $n \geqq N$ であれば，

$$\sum_{k=n}^{\infty} M_k < \varepsilon$$

が成立するような N が存在する．いま，$n < m$ と $z \in E$ に対して

$$\begin{aligned}\left|\sum_{k=1}^{n} |f_n(z)| - \sum_{k=1}^{m} |f_n(z)|\right| &= \sum_{k=n+1}^{m} |f_n(z)| \\ &\leqq \sum_{k=n+1}^{m} M_k < \varepsilon \quad (z \in E)\end{aligned}$$

であるので，$m \to \infty$ とすれば，

$$\left|\sum_{k=1}^{n} |f_n(z)| - g(z)\right| < \varepsilon \quad (z \in E)$$

を得る．これは絶対値により定義された関数項級数 $\sum\limits_{n=1}^{\infty} |f_n(z)|$ が E 上の関数 $g(z)$ に E 上で一様収束することを示す．つまり，関数項級数 $\sum\limits_{n=1}^{\infty} f_n(z)$ は E 上一様絶対収束する．■

5.4 ベキ級数により定義された関数

前節までに準備した概念を用いて，この節ではベキ級数についてまとめる．

5.4.1 ベキ級数と収束半径

点 $z_0 \in \mathbb{C}$ と複素数列 $\{a_n\}_{n=0}^{\infty}$ に対して，単項式を用いて定義される関数項級数

$$\sum_{n=0}^{\infty} a_n(z-z_0)^n \tag{5.6}$$

をベキ級数と呼ぶ．

5.4.2 ベキ級数の収束半径

ここでは収束半径について述べる．定義内の上極限については問 2.7 を見よ．

命題 5.13（収束半径） ベキ級数 (5.6) に対して，R_0 ($0 \leqq R_0 \leqq \infty$) を

$$\frac{1}{R_0} = \limsup_{n\to\infty} |a_n|^{1/n} \tag{5.7}$$

のように定義する．このとき次が成立する．

(1) 任意の $R < R_0$ に対してベキ級数 (5.6) は閉円板 $\overline{\Delta}(z_0, R) = \{|z-z_0| \leqq R\}$ 上で一様絶対収束する．

(2) $|z| > R_0$ であれば級数 (5.6) は z において発散する．

ただし，$1/0 = \infty$, $1/\infty = 0$ と考える．

証明 証明は $0 < R_0 < \infty$ の場合を示せば，他の場合は同様に証明できるが，確認のためすべての場合において証明しておく．

(i) $0 < R_0 < \infty$ **の場合** はじめに (1) を示す．$0 < R < R_0$ を満たす正数 R を任意に取る．上極限の定義から $n \geqq N$ であれば

$$|a_n|^{1/n} \leqq \frac{2}{R+R_0}$$

を満たすような $N \geqq 0$ が存在する．$|z-z_0| \leqq R$ を満たす $z \in \mathbb{C}$ に対して

$$|a_n||z-z_0|^n \leqq \left(\frac{2R}{R+R_0}\right)^n \quad (n \geqq N)$$

および $2R < R + R_0$ であることと，

$$\sum_{n=0}^{\infty}\left(\frac{2R}{R+R_0}\right)^n = \frac{R_0+R}{R_0-R} < \infty$$

であることを考えると，ワイエルストラスの M-判定法（命題 5.12）よりベキ級数（5.6）は $\overline{\Delta}(z_0, R)$ 上で一様絶対収束することがわかる．

次に（2）を示す．ここで $|z - z_0| > R_0$ を満たす $z \in \mathbb{C}$ を取る．$R > 0$ を $|z - z_0| > R > R_0$ を満たすように取る．上極限の定義から $|a_{n_j}|^{1/n_j} \geqq 1/R$ かつ $n_j \to \infty$（$j \to \infty$）が成立するような $n_j \in \mathbb{N}$ が存在する．このとき，

$$|a_{n_j}||z - z_0|^{n_j} \geqq \frac{1}{R^{n_j}}|z - z_0|^{n_j} > 1$$

が成立する．したがって，命題 2.7 の対偶より，ベキ級数（5.6）は z において発散する．

(ii) $R_0 = \infty$ **の場合**　（1）のみを示す．任意の $R > 0$ を固定する．$|z - z_0| \leqq R$ を満たす $z \in \mathbb{C}$ を取る．このとき，上極限の定義から $n \geqq N$ であれば $|a_n|^{1/n} < \dfrac{1}{R+1}$ が成立するような $N \in \mathbb{N}$ が存在する．このとき，

$$|a_n||z - z_0|^n \leqq \frac{1}{(R+1)^n} \cdot R^n = \left(\frac{R}{R+1}\right)^n \quad (n \geqq N)$$

であるので，ワイエルストラスの M-判定法（命題 5.12）よりベキ級数（5.6）は $\overline{\Delta}(z_0, R)$ 上で一様絶対収束する．

(iii) $R_0 = 0$ **の場合**　（2）のみを示す．任意の $z \neq z_0$ を取る．そして $R > 0$ を $0 < R < |z - z_0|$ を満たすように取る．このとき，上極限の定義から $|a_{n_j}|^{1/n_j} \geqq 1/R$ かつ $n_j \to \infty$（$j \to \infty$）が成立するような $n_j \in \mathbb{N}$ が存在する．このとき，

$$|a_{n_j}||z - z_0|^{n_j} \geqq \frac{1}{R^{n_j}}|z - z_0|^{n_j} > 1$$

が成立する．したがって，命題 2.7 の対偶より，ベキ級数（5.6）は z において発散する．■

命題 5.13 における非負数 R_0 をベキ級数（5.6）の**収束半径**とよぶ．また $R_0 > 0$ のとき開円板 $\Delta(z_0, R_0)$ を**収束円**と呼ぶ．また便宜上 $\Delta(z_0, \infty) = \mathbb{C}$ とする．そして収束半径に関する公式（5.7）を**コーシー–アダマールの定理**もしくは**コー**

シー–アダマールの公式と呼ぶ．命題 5.11 により $0 < R_0 < \infty$ であれば，ベキ級数（5.6）は開円板 $\Delta(z_0, R_0)$ 上の連続関数を表す．また，$R_0 = \infty$ のときは $\mathbb{C}$ 上の連続関数を表す．

5.4.3 ベキ級数の演算

これから行う計算を安心して行うために２つのベキ級数の和と積についてまとめておく．点 $z = z_0$ を中心とする正の収束半径をもつ２つのベキ級数

$$f(z) = \sum_{n=0}^{\infty} a_n (z - z_0)^n$$

$$g(z) = \sum_{n=0}^{\infty} b_n (z - z_0)^n$$

とし，それぞれの収束半径を R_1 と R_2 とする．このとき，

$$\sum_{n=0}^{N} |a_n + b_n||z - z_0|^n \leqq \sum_{n=0}^{N} |a_n||z - z_0|^n + \sum_{n=0}^{N} |b_n||z - z_0|^n$$

$$\begin{aligned}\sum_{n=0}^{\infty} \left| \sum_{j+k=n} a_j b_k \right| |z - z_0|^n &\leqq \sum_{n=0}^{\infty} \left(\sum_{j+k=n} |a_j||b_k| \right) |z - z_0|^n \\ &\leqq \left(\sum_{n=0}^{N} |a_n||z - z_0|^n \right) \left(\sum_{n=0}^{N} |b_n||z - z_0|^n \right)\end{aligned}$$

であるので，コーシーの積公式（定理 2.11）より，ベキ級数

$$f(z) + g(z) = \sum_{n=0}^{\infty} (a_n + b_n)(z - z_0)^n$$

$$f(z)g(z) = \sum_{n=0}^{\infty} \left(\sum_{j+k=n} a_j b_k \right) (z - z_0)^n$$

は中心 z_0，半径 $\min\{R_1, R_2\}$ 内においてコンパクト絶対一様収束する．以上をまとめると次を得る．

命題 5.14（ベキ級数の演算） 点 $z = z_0$ を中心とする正の収束半径をもつ２つのベキ級数

$$f(z) = \sum_{n=0}^{\infty} a_n (z - z_0)^n$$

$$g(z) = \sum_{n=0}^{\infty} b_n (z - z_0)^n$$

とし，それぞれの収束半径を R_1 と R_2 とする．このとき和と積について

$$f(z)+g(z)=\sum_{n=0}^{\infty}(a_n+b_n)(z-z_0)^n$$

$$f(z)g(z)=\sum_{n=0}^{\infty}\left(\sum_{j+k=n}a_jb_k\right)(z-z_0)^n$$

が成立する．さらに，それぞれの収束半径は $\min\{R_1, R_2\}$ 以上である．

注意 きちんと計算すると，和 $f(z)+g(z)$ の収束半径 R_3 は $R_1 \neq R_2$ のとき $R_3 = \min\{R_1, R_2\}$，$R_1 = R_2$ のとき $R_3 \geqq R_1$ となることがわかる．

注意 積 $f(z)g(z)$ の収束半径は $\min\{R_1, R_2\}$ 以上であることしかわからない．実際，原点におけるベキ級数

$$f(z)=1-z$$

$$g(z)=1+z+z^2+\cdots=\sum_{n=0}^{\infty}z^n$$

を考える．$f(z)$ の収束半径は ∞ であり $g(z)$ の収束半径は 1 である．一方，$|z|<1$ に対して

$$f(z)g(z)=(1-z)\cdot\left(\sum_{n=0}^{\infty}z^n\right)=(1-z)\cdot\frac{1}{1-z}=1$$

であるので，積 $f(z)g(z)$ の収束半径は ∞ となる．

5.4.4 ベキ級数の導関数

ベキ級数 (5.6) に対して，

$$\sum_{n=1}^{\infty}na_n(z-z_0)^{n-1} \tag{5.8}$$

により定義されるベキ級数を，ベキ級数 (5.6) の**導関数**と呼ぶ．ここで

$$\lim_{n\to\infty}n^{1/n}=1$$

であるので

$$\limsup_{n\to\infty}|na_{n-1}|^{1/n}=\limsup_{n\to\infty}|a_n|^{1/n}$$

となる．したがって，次のことがわかる．

命題 5.15（ベキ級数の導関数の収束半径） ベキ級数 (5.6) の導関数の収束半径は，ベキ級数 (5.6) の収束半径と一致する．

以下，収束半径 R_0 が正であるベキ級数

$$f(z) = \sum_{n=0}^{\infty} a_n (z - z_0)^n \tag{5.9}$$

を考える．命題 5.13 により，$f(z)$ は $\Delta(z_0, R)$ 上の連続関数である．式 (5.8) のように定義されるようなベキ級数 (5.9) の導関数を $f'(z)$ と書く．つまり，

$$f'(z) = \sum_{n=1}^{\infty} n a_{n-1} (z - z_0)^{n-1} \tag{5.10}$$

である．命題 5.15 より，$f'(z)$ も $\Delta(z_0, R)$ 上の連続関数である．

次の命題は，収束半径 R_0 が正であるベキ級数は，収束円内で複素微分可能であることを示している．その詳細は 6.4 節で議論する．

命題 5.16（ベキ級数の項別微分可能性） ベキ級数 $f(z)$ および $f'(z)$ を上記のように取る．そしてそれらの収束半径を $R_0 > 0$ とする．このとき，任意の $z \in \Delta(z_0, R_0)$ に対して

$$\lim_{\Delta z \to 0} \frac{f(z + \Delta z) - f(z)}{\Delta z} = f'(z)$$

が成立する．

証明　簡単のため $z_0 = 0$ として示す．他の場合も同様である．部分和をそれぞれ

$$f_n(z) = \sum_{k=0}^{n} a_n z^n$$

$$f_n'(z) = \sum_{k=0}^{n} n a_n z^{n-1}$$

と置く．

ここで，$|\Delta z| \neq 0$ のとき，任意の $n \in \mathbb{N} \cup \{0\}$ に対して

$$\begin{aligned} \left| \frac{(z + \Delta z)^n - z^n}{\Delta z} - n z^{n-1} \right| &= \left| \frac{1}{\Delta z} \sum_{k=2}^{n} {}_nC_k z^{n-k} \Delta z^k \right| \\ &\leqq \frac{1}{|\Delta z|} \sum_{k=2}^{n} {}_nC_k |z|^{n-k} |\Delta z|^k \end{aligned}$$

$$
\begin{aligned}
&= |\Delta z| \sum_{k=0}^{n-2} {}_nC_{k+2} |z|^{n-k-2} |\Delta z|^k \\
&= |\Delta z| \sum_{k=0}^{n-2} \frac{n(n-1)}{k(k+1)} {}_{n-2}C_k |z|^{n-k-2} |\Delta z|^k \\
&\leqq n(n-1)|\Delta z| \sum_{k=0}^{n-2} {}_{n-2}C_k |z|^{n-k-2} |\Delta z|^k \\
&= n(n-1)|\Delta z|(|z|+|\Delta z|)^{n-2} \qquad (5.11)
\end{aligned}
$$

が成立することに注意する．ここで $z \in \Delta(z_0, R_0)$ をとる．そして $R_1 > 0$ と $\delta > 0$ を $|z| + \delta < R_1 < R_0$ を満たすように取る．収束半径の定義から，$k > N_0$ であれば

$$
|a_k|^{1/k} \leqq \frac{1}{R_1}
$$

を満たすような $N_0 > 0$ が存在する．このとき，$n \geqq N_0$ および $|\Delta z| < \delta$ であれば

$$
\begin{aligned}
&\left| \frac{f_n(z+\Delta z) - f_n(z)}{\Delta z} - f_n'(z) \right| \\
&\quad \leqq \sum_{k=0}^{n} \left| a_k \frac{(z+\Delta z)^k - z^k}{\Delta z} - k a_k z^{k-1} \right| \\
&\quad \leqq \sum_{k=0}^{n} k(k-1)|\Delta z||a_k|(|z|+|\Delta z|)^{k-2} \\
&\quad \leqq |\Delta z| \sum_{k=0}^{N_0} k(k-1)|a_k|(|z|+\delta)^{k-2} + |\Delta z| \sum_{k=N_0+1}^{n} k(k-1) \frac{(|z|+\delta)^{k-2}}{R_1^k} \\
&\quad \leqq |\Delta z| \sum_{k=0}^{N_0} k(k-1)|a_k| R_1^{k-2} + \frac{|\Delta z|}{R_1^2} \sum_{k=N_0+1}^{n} k(k-1) \left(\frac{|z|+\delta}{R_1} \right)^{k-2} \qquad (5.12)
\end{aligned}
$$

である．ここで $|z| + \delta < R_1$ であるので，式 (5.12) の第2項にある無限級数は収束する．つまり，

$$
\sum_{k=N_0+1}^{n} k(k-1) \left(\frac{|z|+\delta}{R_1} \right)^{k-2} \leqq \sum_{k=1}^{\infty} k(k-1) \left(\frac{|z|+\delta}{R_1} \right)^{k-2} \leqq M_0
$$

を満たすような n に依らない正数 $M_0 > 0$ が存在する．したがって

$$
\left| \frac{f_n(z+\Delta z) - f_n(z)}{\Delta z} - f_n'(z) \right| \leqq |\Delta z| \left(\sum_{k=0}^{N_0} k(k-1)|a_k| R_1^{k-2} + \frac{1}{R_1^2} M_0 \right)
$$

となる．この右辺は n に依らないので，左辺を $n \to \infty$ とすると

$$\left|\frac{f(z+\Delta z)-f(z)}{\Delta z}-f'(z)\right| \leqq |\Delta z|\left(\sum_{k=0}^{N_0} k(k-1)|a_k|R_1^{n-2}+\frac{1}{R_1^2}M_0\right)$$

を得る．以上より $\Delta z \to 0$ とすると主張を得る．■

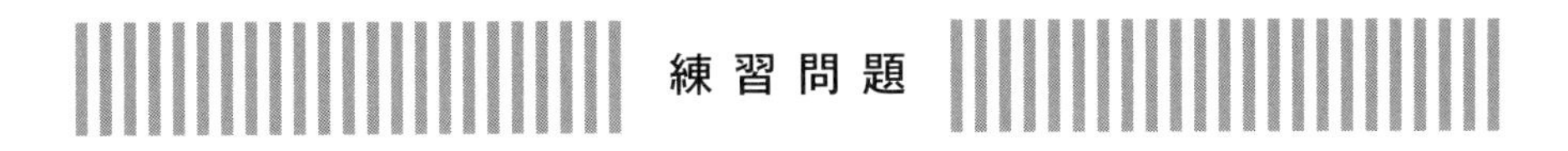

練習問題

問 5.1　例 5.4 により定義された関数列 $\{f_n(x)\}_{n=1}^{\infty}$ について，導関数 $f_n'(x)$ はどんな関数にも各点収束しないことを示せ．

問 5.2　$f_n(x) = \dfrac{1}{16\pi^2 n^2}\cos(4\pi n)$ により定義される，閉区間 $[0,1]$ 上の関数列 $\{f_n(x)\}_{n=1}^{\infty}$ について，$f_n(x)$ および導関数 $f_n'(x)$ は一様収束するが，2 階導関数 $f_n''(x)$ は各点収束しないことを示せ．

問 5.3　$a_n = \dfrac{n!}{n^n}$ とする．次の問いに答えよ．

(1)　恒等式

$$\frac{1}{n}\log a_n = \frac{1}{n}\left(\log\frac{1}{n}+\log\frac{2}{n}+\cdots+\log\frac{n}{n}\right)$$

を示せ．

(2)　極限値 $\lim\limits_{n\to\infty} a_n^{1/n}$ を求めよ．

問 5.4　次のベキ級数の収束半径を求めよ．

(1)　$\sum\limits_{n=0}^{\infty} n^2 z^n$

(2)　$\sum\limits_{n=0}^{\infty}\left(1+\dfrac{a}{n}\right)^{n^2} z^n \qquad (a>0)$

(3)　$\sum\limits_{n=0}^{\infty}\dfrac{n^n}{n!}z^n$

(4)　$\sum\limits_{n=0}^{\infty}(1+(-1)^n)^n z^n$

(5)　$\sum\limits_{n=0}^{\infty} 3^n z^{n!}$

問 5.5　整数 $k \geqq 0$ に対してベキ級数 $T_k(z) = \sum\limits_{n=0}^{\infty} n^k z^n$ を考える．

(1)　ベキ級数 $T_k(z)$ の収束半径を求めよ．

(2)　収束円内で $T_{k+1}(z) = zT_k'(z)$ $(k \geqq 0)$ が成立することを示せ．

(3) $T_k(z)=\dfrac{P_k(z)}{(1-z)^{k+1}}$ とするとき，多項式 $P_k(z)$ は漸化式

$$P_{k+1}(z)=z(1-z)P_k'(z)+(k+1)zP_k(z),\quad P_0(z)=1$$

を満たすことを示せ．さらに $k \geqq 1$ に対して $P_k(z)$ はモニック多項式[1]であることを示せ．

問 5.6 ベキ級数 $f(z)=\sum\limits_{n=1}^{\infty}\dfrac{z^n}{n^s}$ を考える．

(1) $f(z)$ の収束半径 R を求めよ．

(2) $s>1$ のとき，ベキ級数 $f(z)$ は関数項級数として閉円板 $\overline{\Delta}(0,R)$ 上で一様収束することを示せ．したがって，$f(z)$ は $\overline{\Delta}(0,R)$ 上の連続関数であることを示せ．

1] 最高次の係数が 1 である多項式を**モニック多項式**と呼ぶ．

第6章

正則関数

6.1　実数における微分の意味

6.1.1　はじめに：こころの準備

正則関数を考える際に複素数を用いた微分を考えるのだが，その前に，読者の皆さんが慣れ親しんでいる実数における微分の意味を確認しておこう．

いま開区間 (a,b) で定義された実数値関数 $f(x)$ を考える．点 $x_0 \in (a,b)$ に対して，極限

$$\lim_{\Delta x \to 0} \frac{f(x_0+\Delta x)-f(x_0)}{\Delta x} \tag{6.1}$$

が存在するとき，関数 $f(x)$ が $x=x_0 \in (a,b)$ において微分可能であるというのであった．関数 $f(x)$ が $x=c$ で微分可能であるとき，式 (6.1) で与えられた極限を $f'(c)$ と書き，これを $x=c$ における関数 $f(x)$ の微分係数と呼ぶ．このときよく知られているように，$x=x_0$ における接線のグラフが一次関数

$$y=f'(x_0)(x-x_0)+f(x_0)$$

である（次ページの図 6.1）．

もうすこし微分係数を幾何的に考えてみよう．はじめに $f(x)=2x$ を考えて見る．実数 x_1,x_2 に対して素朴に計算してみると，

$$f(x_1)-f(x_2)=2x_1-2x_2=2(x_1-x_2) \tag{6.2}$$

を得る．つまり，式 (6.2) は f が向きを保ったまま，距離を 2 倍に拡大すると理解できる．ここでいう向きというのは増加関数であるという意味に理解してほし

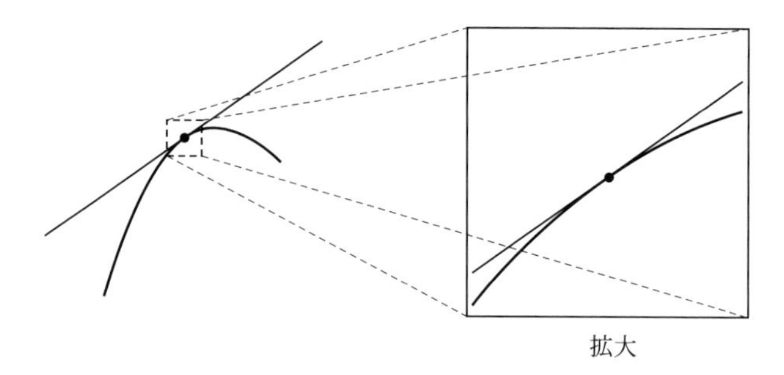

図 6.1　グラフと接線の関係．局所的には直線（接線）に非常に近い．

い．実際，$f(x) = -2x$ を考えて見ると，

$$f(x_1) - f(x_2) = -2x_1 - (-2x_2) = -2(x_1 - x_2) \tag{6.3}$$

であるので，上の意味での向きを逆にしている．

同様に，微分の意味を考えてみる．式 (6.1) により，$|\Delta x|$ が十分小さいときは，だいたい

$$f(x_0 + \Delta x) - f(x_0) \approx f'(x_0)\Delta x \tag{6.4}$$

が成り立っていると考えられる．これは f が x_0 の非常に近いところでは一次関数 $f(x_0) + f'(x)\Delta x$ と同じような振る舞いをすると考えることができる．

素朴に複素関数で同じように式 (6.1) を用いて微分を考えてみると，その関数はどのような性質を持つだろうか．上に書いたように拡大・縮小で説明できたことを複素数ではどのように理解することができるだろうか．

6.2　複素微分

実数関数と同じ式 (6.1) を用いて複素微分は次のように定義される．

定義 6.1（複素微分） 点 $z_0 \in \mathbb{C}$ のまわりで定義された複素関数 $f(z)$ について，極限

$$f'(z_0) = \lim_{\Delta z \to 0} \frac{f(z_0 + \Delta z) - f(z_0)}{\Delta z} \tag{6.5}$$

が存在するとき，複素関数 f は $z=z_0$ において**複素微分可能**であるという．そしてこのとき，極限値 $f'(z_0)$ を**微分係数**もしくは単に**微係数**と呼ぶ．

注意 4.6.1 節で学んだランダウの記号を用いると，(6.5) は

$$f(z_0+\Delta z)-f(z_0)=f'(z_0)\Delta z+o(|\Delta z|) \quad (\Delta z\to 0) \tag{6.6}$$

と書き直すことができる．

命題 6.2 （複素微分可能性と連続性） 点 $z_0\in\mathbb{C}$ のまわりで定義された複素関数 $f(z)$ が $z=z_0$ で複素微分可能であれば，f は $z=z_0$ で連続である．

証明 実際，

$$|f(z_0+\Delta z)-f(z_0)|=\left|\frac{f(z_0+\Delta z)-f(z_0)}{\Delta z}\right|\cdot|\Delta z|\to 0 \quad (\Delta z\to 0)$$

であるので連続である．■

下記の命題は実数値関数のときとまったく同じ議論により証明できるがランダウの記号を使う練習のため証明を与える．読者の皆さんには，命題 4.8 を参考にしながら，下記の計算がちゃんと意味のある計算であることを確認しながら読んでほしい．

命題 6.3 （四則演算） 点 $z_0\in\mathbb{C}$ の周りで定義された複素関数 f と g が点 $z=z_0$ において複素微分可能であるとする．このとき次が成立する．

(1) 和と差 $f\pm g$ は点 $z=z_0$ において複素微分可能であり

$$(f\pm g)'(z_0)=f'(z_0)\pm g'(z_0)$$

が成立する．

(2) 積 fg は点 $z=z_0$ において複素微分可能であり

$$(fg)'(z_0)=f'(z_0)g(z_0)+f(z_0)g'(z_0)$$

が成立する．

(3) $g(z_0) \neq 0$ であれば商 $\dfrac{f}{g}$ は点 $z = z_0$ において複素微分可能であり

$$\left(\frac{f}{g}\right)'(z_0) = \frac{f'(z_0)g(z_0) - f(z_0)g'(z_0)}{g(z_0)^2}$$

が成立する.

証明 複素関数 $f(z)$ と $g(z)$ は $z = z_0$ において複素微分可能であるので

$$f(z_0 + \Delta z) - f(z_0) = f'(z_0)\Delta z + o(|\Delta z|) \quad (\Delta z \to 0)$$
$$g(z_0 + \Delta z) - g(z_0) = g'(z_0)\Delta z + o(|\Delta z|) \quad (\Delta z \to 0)$$

とすることができることに注意する. 以下の計算における等号が, $\Delta z \to 0$ のもとで, つまり Δz が十分小さいときには $|\Delta z|$ よりも小さい誤差を無視すると等号が成立するという意味である[1].

(1) 計算により

$$\begin{aligned}(f \pm g)(z_0 + \Delta z) - (f \pm g)(z_0) &= (f(z_0 + \Delta z) - f(z_0)) \pm (g(z_0 + \Delta z) - g(z_0)) \\ &= (f'(z_0)\Delta z + o(|\Delta z|)) \pm (g'(z_0)\Delta z + o(|\Delta z|)) \\ &= (f'(z_0) \pm g'(z_0))\Delta z + o(|\Delta z|)\end{aligned}$$

であるので $(f \pm g)'(z_0) = f'(z_0) \pm g'(z_0)$ である.

(2) ここで $(\Delta z)^2 = o(|\Delta z|)$ であることに注意すると,

$$\begin{aligned}&(fg)(z_0 + \Delta z) - (fg)(z_0) \\ &= f(z_0 + \Delta z)g(z_0 + \Delta z) - f(z_0)g(z_0) \\ &= (f(z_0) + f'(z_0)\Delta z + o(|\Delta z|))(g(z_0) + g'(z_0)\Delta z + o(|\Delta z|)) - f(z_0)g(z_0) \\ &= (f'(z_0)g(z_0) + f(z_0)g'(z_0))\Delta z + f'(z_0)g'(z_0)(\Delta z)^2 + o(|\Delta z|) \\ &= (f'(z_0)g(z_0) + f(z_0)g'(z_0))\Delta z + o(|\Delta z|)\end{aligned}$$

であるので $(fg)'(z_0) = f'(z_0)g(z_0) + f(z_0)g'(z_0)$ である.

(3) 命題 6.2 によって, g は $z = z_0$ において連続であるので, $g(z_0) \neq 0$ であるか

1] これがランダウの記号のココロである.

ら $|\Delta z|$ が十分小さければ $g(z_0+\Delta z) \neq 0$ となる[2].

$$\begin{aligned}
&\left(\frac{f}{g}\right)(z_0+\Delta z) - \left(\frac{f}{g}\right)(z_0) = \frac{f(z_0+\Delta z)g(z_0) - f(z_0)g(z_0+\Delta z)}{g(z_0+\Delta z)g(z_0)} \\
&= \frac{(f(z_0)+f'(z_0)\Delta z + o(|\Delta z|))g(z_0) - f(z_0)(g(z_0)+g'(z_0)\Delta z + o(|\Delta z|))}{(g(z_0)+g'(z_0)\Delta z + o(|\Delta z|))g(z_0)} \\
&= \frac{1}{g(z_0)^2}\frac{(f'(z_0)g(z_0) - f(z_0)g'(z_0))\Delta z + o(|\Delta z|)}{1 + (g'(z_0)/g(z_0))\Delta z + o(|\Delta z|)} \\
&= \frac{f'(z_0)g(z_0) - f(z_0)g'(z_0)}{g(z_0)^2}\Delta z \\
&\quad + \frac{f'(z_0)g(z_0) - f(z_0)g'(z_0)}{g(z_0)^2}\frac{-g'(z_0)}{g(z_0)}(\Delta z^2) + o(|\Delta z|) \\
&= \frac{f'(z_0)g(z_0) - f(z_0)g'(z_0)}{g(z_0)^2}\Delta z + o(|\Delta z|)
\end{aligned}$$

であるので主張が成立する. ■

命題 6.4（合成関数の微分） 複素関数 $f(z)$ が $z = z_0$ において複素微分可能であり, 複素関数 $g(w)$ が $w = w_0 = f(z_0)$ において複素微分可能であるとする. このとき, 合成関数 $g \circ f(z) = g(f(z))$ は $z = z_0$ において複素微分可能であり,

$$(g \circ f)'(z_0) = g'(w_0)f'(z_0) = g'(f(z_0))f'(z_0)$$

が成立する.

証明 複素関数 $f(z)$ と $g(w)$ はそれぞれ $z = z_0$ と $w = w_0$ において複素微分可能であるので

$$\begin{aligned}
f(z_0+\Delta z) - f(z_0) &= f'(z_0)\Delta z + o(|\Delta z|) \quad (\Delta z \to 0) \\
g(w_0+\Delta w) - g(w_0) &= g'(w_0)\Delta w + o(|\Delta w|) \quad (\Delta w \to 0)
\end{aligned}$$

とすることができることに注意する. したがって, 以下の計算で $\Delta w = f'(z_0)\Delta z + o(|\Delta z|)$ とすると $\Delta z \to 0$ のとき $\Delta w \to 0$ であるので,

$$(g \circ f)(z_0+\Delta z) - (g \circ f)(z_0) = g(f(z_0+\Delta z)) - g(w_0)$$

2] このことは感覚的には当たり前であるが, きちんと証明しようとすると ε–δ 論法を用いるほうがよい.

$$
\begin{aligned}
&= g(w_0) + g'(w_0)f'(z_0)\Delta z + o(|\Delta z|)) - g(w_0) \\
&= g(w_0) + g'(w_0)(f'(z_0)\Delta z + o(|\Delta z|)) - g(w_0) \\
&= (g'(w_0)f'(z_0))\Delta z + o(|\Delta z|) \quad (\Delta z \to 0)
\end{aligned}
$$

となる．ゆえに主張が成立する．■

6.3 正則関数

6.3.1 正則関数

次がこの本の主人公である正則関数の定義である．

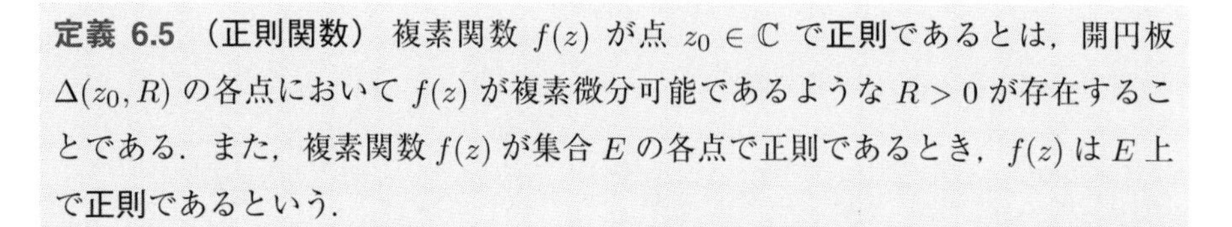

定義 6.5（正則関数）複素関数 $f(z)$ が点 $z_0 \in \mathbb{C}$ で**正則**であるとは，開円板 $\Delta(z_0, R)$ の各点において $f(z)$ が複素微分可能であるような $R > 0$ が存在することである．また，複素関数 $f(z)$ が集合 E の各点で正則であるとき，$f(z)$ は E 上で**正則**であるという．

次に導関数を定義する．

定義 6.6（正則関数の導関数）複素関数 $f(z)$ が集合 E 上で正則であるとき，E の各点における微分係数を対応させることにより E 上の複素関数 $f'(z)$ が定義される．この $f'(z)$ を $f(z)$ の**導関数**と呼ぶ．

続いて零点と a 点を定義する．

定義 6.7（正則関数の零点および a 点）領域 D 上の複素関数 $f(z)$ と複素数 $a \in \mathbb{C}$ に対して $f(z) = z_0$ を満たす $z \in D$ のことを，関数 $f(z)$ の a **点**と呼ぶ．$f(z) = 0$ を満たす $z \in D$ のことを，関数 $f(z)$ の**零点**と呼ぶ．

注意 定義だけではすぐに正則関数の導関数の連続性などについてはまったくわからないが，実は，導関数も正則関数であることがわかる．このことから帰納的に，正則関数は，複素微分可能性しか仮定していないのにも関わらず，無限回微分可能であることがわかる．このことは正則関数に関する非常に重要な事実である．10.1.3 節で解説する．

注意 複素関数 $f(z)$ が点 $z_0 \in \mathbb{C}$ において正則であれば，正則関数の定義から $f(z)$ の定義域は点 z_0 を中心とするような，ある開円板 $\Delta(z_0, R)$ を含む．つまり，**正則関数の定義域は常に開集合**となる．

命題 6.8（領域上の正則関数と複素微分可能性） 領域 D 上の複素関数 $f(z)$ について次は同値である．

(1) 関数 $f(z)$ は D 上で正則である．

(2) 関数 $f(z)$ は D の各点で複素微分可能である．

証明 (1) から (2) はすぐにわかるので，(2) から (1) を示す．

任意の $z_0 \in D$ をとる．D は領域であるので開集合である．ゆえに $\Delta(z_0, R) \subset D$ を満たす $R > 0$ を取ることができる．仮定から f は D の各点で複素微分可能であるので，特に $\Delta(z_0, R)$ の各点で複素微分可能である．ゆえに，f は z_0 で正則である．点 $z_0 \in D$ は任意に取っていたので結局 f は D 上で正則である．■

命題 6.9（正則関数の四則演算） 領域 D 上の正則関数の和，差，積は D 上の正則関数である．また，D から分母の零点を除いてできる領域上で，正則関数の商は正則関数である．

証明 $f(z), g(z)$ を領域 D 上の正則関数とする．命題 6.3 と命題 6.8 により，和 $f(z) + g(z)$，差 $f(z) - g(z)$，積 $f(z)g(z)$ は D 上の正則関数である．また，

$$D' = \{z \in D \mid g(z) \neq 0\}$$

とするとき，命題 6.3 より商で定義された関数 $\dfrac{f(z)}{g(z)}$ は D' の各点で複素微分可能である．関数 $g(z)$ は D 上の連続関数であるので，D' は開集合である．したがって，命題 6.8 より，商 $\dfrac{f(z)}{g(z)}$ は D' 上の正則関数である．■

例 6.1（単項式） 自然数 $n \in \mathbb{N}$ に対して $f(z) = z^n$ を考える．ここでは $f(z)$ が複素平面 $\mathbb{C}$ 上の正則関数であることを示す．

任意の $z \in \mathbb{C}$ について

$$\frac{f(z+\Delta z)-f(z)}{\Delta z}=\frac{(z+\Delta z)^n-z^n}{\Delta z}$$
$$=nz^{n-1}+\Delta z\left(\sum_{k=2}^{n}{}_nC_k z^{n-k}\Delta z^{k-2}\right)$$

であるので

$$\lim_{\Delta z\to 0}\frac{f(z+\Delta z)-f(z)}{\Delta z}=nz^{n-1}$$

となる．ゆえに $f(z)=z^n$ は $\mathbb{C}$ の各点で微分可能である．複素平面 $\mathbb{C}$ は領域であるので，命題 6.8 により $f(z)=z^n$ は $\mathbb{C}$ 上の正則関数である．

6.3.2 正則性に関する注意

正則性の定義を

> 集合 E 上の複素関数 $f(z)$ が各点 $z_0\in E$ で複素微分可能であるとき，
> 関数 $f(z)$ は集合 E で正則である

という人をよく見かける．これは**大間違い**である．しかし，命題 6.8 でみたように E が領域の場合には**正しい**.

例 6.2 **(典型的な反例)** 正則でないような典型的な関数を考えよう．複素平面上の複素関数 $f(z)=|z|^2$ を考える．$z=0$ において

$$\frac{f(0+\Delta z)-f(0)}{\Delta z}=\frac{|\Delta z|^2}{\Delta z}=\overline{\Delta z}$$

であるので

$$\lim_{\Delta z\to 0}\frac{f(0+\Delta z)-f(0)}{\Delta z}=0$$

となる．つまり $f(z)=|z|^2$ は原点で複素微分可能である．一方で，$z\neq 0$ について

$$\frac{f(z+\Delta z)-f(z)}{\Delta z}=\frac{|z+\Delta z|^2-|z|^2}{\Delta z}=\overline{z}+z\frac{\overline{\Delta z}}{\Delta z}+\overline{\Delta z}$$

である．ここで $\Delta z\in\mathbb{R}$ を満たしたまま $\Delta z\to 0$ とすると，$\overline{\Delta z}=\Delta z$ を満たしたまま Δz は 0 に近づくことから

$$\frac{f(z+\Delta z)-f(z)}{\Delta z}=\overline{z}+z+\overline{\Delta z}\to z+\overline{z}\quad(\Delta z\to 0,\ \Delta z\in\mathbb{R})\tag{6.7}$$

が成立する．一方，Δz が虚軸 $i\mathbb{R}$ に沿って 0 に近づいたとすると，このとき $\overline{\Delta z}=-\Delta z$ を満たしたまま Δz は 0 に近づくことから

$$\frac{f(z+\Delta z)-f(z)}{\Delta z}=\overline{z}-z+\overline{\Delta z}\to -z+\overline{z}\quad(\Delta z\to 0,\ \Delta z\in i\mathbb{R})\tag{6.8}$$

が成立する．つまり，近づき方により極限が異なるので，$z\neq 0$ のとき極限

$$\lim_{\Delta z\to 0}\frac{f(z+\Delta z)-f(z)}{\Delta z}$$

は存在しない．つまり $f(z)=|z|^2$ は $z\neq 0$ において複素微分可能ではない．したがって，$f(z)$ は複素平面上のどの点においても正則ではない．その**ココロ**は，原点において複素微分可能であるが，その周りでは複素微分可能ではないからである．

6.4 ベキ級数により定義された正則関数

正則関数の多くはベキ級数により定義される．命題 5.16 により，収束半径 R_0 が正であるようなベキ級数

$$f(z)=\sum_{n=0}^{\infty}a_n(z-z_0)^n$$

は収束円 $\Delta(z_0,R_0)$ 上の正則関数である．さらに，その導関数は

$$f'(z)=\sum_{n=1}^{\infty}na_{n-1}(z-z_0)^{n-1}$$

である．命題 5.15 と命題 5.16 により，導関数 $f'(z)$ もまた収束円内の正則関数となる．したがって，その導関数（$f(z)$ の 2 階導関数）は

$$f''(z)=\sum_{n=2}^{\infty}n(n-1)a_{n-2}(z-z_0)^{n-2}$$

のように与えられていて，$f''(z)$ もまた収束円内の正則関数となる．つまり，ベキ級数で定義された正則関数について，その導関数は項別に微分したものの形式的な和により計算される．そしてそれは無限回複素微分可能である．実際，簡単な計算により

$$f^{(n)}(z_0) = n!a_n \tag{6.9}$$

となる．ただし，$f^{(n)}(z)$ は F の n **次導関数**であり，次の漸化式により帰納的に定義されるものである．

$$\begin{cases} f^{(0)}(z) = f(z) \\ f^{(n)}(z) = (f^{(n-1)})'(z) \quad (n \geqq 1) \end{cases} \tag{6.10}$$

このように，形式的な計算ではあるが，収束円内では数学的にちゃんと意味があるのである．

注意 以下に出てくる，指数関数，三角関数，双曲三角関数の収束円はすべて複素平面であるので，複素平面のどこででもこのような形式的な計算および形式的な複素微分が意味を持つことがわかる．したがって，これらについては何も心配せずに計算できる．

6.5 初等関数

6.5.1 一次関数

零でない複素数 a と複素数 b を用いて定義される複素関数

$$f(z) = az + b \tag{6.11}$$

を**一次関数**という．複素数の和と積の定義から，$f(z)$ は拡大・縮小と回転の合成である

$$az$$

の部分と平行移動

$$z + b$$

の合成であると考えることができる．したがって $f(z)$ は図形を相似な図形に写す写像とみなすことができる．つまり $f(z)$ は**相似変換**である．相似変換については後の 7.3 節で詳しく述べる．

(6.4) と同じような言い方をすると，複素微分可能性は

$$f(z_0 + \Delta z) - f(z_0) \approx f'(z_0)\Delta z \tag{6.12}$$

と表すことができる．これは正則関数が無限小では相似変換に非常に似ているこ

とを主張するものである．この似ているということも 7.3 節において詳しく説明する．

6.5.2 多項式と有理関数

例 6.1 により単項式は複素平面 $\mathbb{C}$ 上の正則関数であるので，命題 6.9 より，その線形和により定義される多項式は $\mathbb{C}$ 上の正則関数である．

有理関数 $R(z) = \dfrac{P(z)}{Q(z)}$ は $Q(z) \neq 0$ となる点 $z \in \mathbb{C}$ において連続であった．多項式は連続であるので，$Q(z)$ の零点集合 $\{z \in \mathbb{C} \mid Q(z) = 0\}$ は閉集合である．ゆえに，その補集合は開集合である．このことから，有理関数は $R(z) = \dfrac{P(z)}{Q(z)}$ は $Q(z) \neq 0$ となる点 $z \in \mathbb{C}$ において正則であることがわかる．

6.5.3 指数関数

ベキ級数により

$$e^z = \sum_{n=0}^{\infty} \frac{z^n}{n!} \tag{6.13}$$

と定義される関数を**指数関数**と呼ぶ．

$$\lim_{n\to\infty} \left(\frac{1}{n!}\right)^{1/n} = 0$$

であるので，ベキ級数 (6.13) の収束半径は $1/0 = \infty$ である．したがって，指数関数は複素平面上の正則関数である．特に

$$e^0 = 1 \tag{6.14}$$

であることに注意する．

注意 よく知られているように，実数値関数の指数関数のテイラー展開（マクローリン展開）は (6.13) と一致する．ゆえに，実数 $x \in \mathbb{R}$ に対して複素関数としての e^x は実数値関数の指数関数と値が一致する．

(6.13) により定義された指数関数は，次の**指数法則**を満たす．

命題 6.10（指数法則）複素数 $z, w \in \mathbb{C}$ に対して

$$e^{z+w} = e^z e^w$$

が成立する．

証明　定理 2.11 で述べたコーシーの積公式により，

$$\begin{aligned} e^{z+w} &= \sum_{n=0}^{\infty} \frac{(z+w)^n}{n!} = \sum_{n=0}^{\infty} \frac{1}{n!} \sum_{k=0}^{n} {}_nC_k z^k w^{n-k} \\ &= \sum_{n=0}^{\infty} \sum_{k=0}^{n} \frac{z^k}{k!} \frac{w^{n-k}}{(n-k)!} = \left(\sum_{n=0}^{\infty} \frac{z^n}{n!} \right) \left(\sum_{n=0}^{\infty} \frac{w^n}{n!} \right) = e^z e^w \end{aligned}$$

が成立する．■

命題 6.11　次が成立する．

(1)　任意の複素数 $z \in \mathbb{C}$ に対して $e^z \neq 0$ である．特に指数法則の逆数により定義された関数

$$\frac{1}{e^z} = e^{-z}$$

は $\mathbb{C}$ 上の正則関数である．

(2)　任意の複素数 $z \in \mathbb{C}$ に対して

$$e^{\overline{z}} = \overline{e^z} \tag{6.15}$$

が成立する．特に $z = x + iy$ のとき，

$$|e^z| = e^x \tag{6.16}$$

が成立する．

証明　(1) 指数法則より，

$$1 = e^{z-z} = e^z e^{-z}$$

が成立するので $e^z \neq 0$ である．したがって，命題 6.9 より $e^{-z} = 1/e^z$ は $\mathbb{C}$ 上の正則関数である．

(2) 実際，e^z を定義するベキ級数の係数がすべて実数であるので[3]のとき

$$e^{\overline{z}} = \sum_{n=0}^{\infty} \frac{\overline{z}^n}{n!} = \overline{\sum_{n=0}^{\infty} \frac{z^n}{n!}} = \overline{e^z}$$

が成立する．また指数法則より $z = x + iy$ とすると，

$$|e^z|^2 = e^z\overline{e^z} = e^z e^{\overline{z}} = e^{z+\overline{z}} = e^{2x}$$

となる．$x \in \mathbb{R}$ のとき常に $e^x > 0$ であるので，(6.16) が従う．■

6.5.4 三角関数

ベキ級数により

$$\sin z = \frac{e^{iz} - e^{-iz}}{2i} = \sum_{n=0}^{\infty} \frac{(-1)^n}{(2n+1)!} z^{2n+1} \tag{6.17}$$

$$\cos z = \frac{e^{iz} + e^{-iz}}{2} = \sum_{n=0}^{\infty} \frac{(-1)^n}{(2n)!} z^{2n} \tag{6.18}$$

と定義される関数を**三角関数**と呼ぶ．$\sin z$ を**正弦関数**，$\cos z$ を**余弦関数**と呼ぶ．命題 6.11 により，指数関数およびその逆数により定義された関数は複素平面上の正則関数であるので，それらの線形和で表されている三角関数も $\mathbb{C}$ 上の正則関数である．

同様に**双曲線関数**を

$$\sinh z = \frac{e^z - e^{-z}}{2} = \sum_{n=0}^{\infty} \frac{1}{(2n+1)!} z^{2n+1} \tag{6.19}$$

$$\cosh z = \frac{e^z + e^{-z}}{2} = \sum_{n=0}^{\infty} \frac{1}{(2n)!} z^{2n} \tag{6.20}$$

と定義する．

注意 **実数の場合の三角関数との関係** $z \in \mathbb{R}$ のとき，(6.17) および (6.18) はよく知られている三角関数のマクローリン展開と一致するため，通常の正弦関数と余弦関数の複素関数としての拡張となっている．

また，$y \in \mathbb{R}$ のとき，

$$\sin(iy) = \frac{e^{-y} - e^y}{2i} = i \sinh y \tag{6.21}$$

3] 細かい話をすると複素共役を取る操作の連続性 $\lim_{n\to\infty} \overline{a_n} = \overline{\lim_{n\to\infty} a_n}$ も用いている．

$$\cos(iy) = \frac{e^{-y} + e^{y}}{2} = \cosh y \tag{6.22}$$

が成立する.

命題 6.12（**三角関数の加法定理**） 複素数 $z, w \in \mathbb{C}$ に対して

$$\sin(z+w) = \sin z \cos w + \cos z \sin w$$
$$\cos(z+w) = \cos z \cos w - \sin z \sin w$$

が成立する.

証明　実際,

$$\begin{aligned}
\sin z \cos w &= \frac{e^{iz} - e^{-iz}}{2i} \frac{e^{iw} + e^{-iw}}{2} \\
&= \frac{e^{i(z+w)} + e^{i(z-w)} - e^{-i(z-w)} - e^{-i(z+w)}}{4i} \\
\cos z \sin w &= \frac{e^{iz} + e^{-iz}}{2} \frac{e^{iw} - e^{-iw}}{2i} \\
&= \frac{e^{i(z+w)} + e^{-i(z-w)} - e^{i(z-w)} - e^{-i(z+w)}}{4i}
\end{aligned}$$

であるので,

$$\begin{aligned}
\sin z \cos w + \cos z \sin w &= \frac{e^{i(z+w)} + e^{i(z-w)} - e^{-i(z-w)} - e^{-i(z+w)}}{4i} \\
&\quad + \frac{e^{i(z+w)} + e^{-i(z-w)} - e^{i(z-w)} - e^{-i(z+w)}}{4i} \\
&= \frac{2e^{i(w+z)} - 2e^{-i(w+z)}}{4i} = \sin(z+w)
\end{aligned}$$

が成立する．余弦関数については同様なので省略する．■

注意　命題 6.12 より特に，任意の複素数 $z \in \mathbb{C}$ に対して,

$$1 = \cos 0 = \cos(z-z) = \cos z \cos(-z) - \sin z \sin(-z) = \cos^2 z + \sin^2 z \tag{6.23}$$

が成立する.

命題 6.13（**三角関数の零点**） 正弦関数 $\sin z$ の零点は $\{n\pi\}_{n\in\mathbb{Z}}$ である．そして，余弦関数 $\cos z$ の零点は $\{(2n+1)\pi/2\}_{n\in\mathbb{Z}}$ である.

証明 余弦関数も同様であるので正弦関数についてのみ調べる．

$$\frac{e^{iz}-e^{-iz}}{2i}=\sin z=0$$

とすると $e^{iz}=e^{-iz}$ であるので $e^{2iz}=1$ を得る．ゆえに，$2iz=2\pi in$ $(n\in\mathbb{Z})$ つまり

$$z=\pi n \quad (n\in\mathbb{Z})$$

となる．■

6.5.5 オイラーの公式再訪

定義から，(6.13) により定義された指数関数，および (6.17) と (6.18) により定義された三角関数は，任意の実数 $\theta\in\mathbb{R}$ に対して，オイラーの公式

$$e^{i\theta}=\cos\theta+i\sin\theta \tag{6.24}$$

を満たす．特に指数法則から，複素数 $z=x+iy\in\mathbb{C}$ に対して

$$e^{z}=e^{x+iy}=e^{x}e^{iy}=e^{x}(\cos y+i\sin y) \tag{6.25}$$

が成立する．

命題 6.14 任意の複素数 $z=x+iy\in\mathbb{C}$ に対して

$$|e^{z}|=e^{x} \tag{6.26}$$

$$\mathrm{Arg}(e^{z})=y \mod 2\pi \tag{6.27}$$

が成立する．

証明 実際，(6.25) より

$$|e^{z}|=\sqrt{(e^{x}\cos y)^2+(e^{x}\sin y)^2}=\sqrt{e^{2x}}=e^{x}$$

であるので (6.26) が成立する．また，e^{z} の偏角（の一つ）を θ とすると，偏角の定義 (1.16) と (6.26) および (6.25) とより

$$\begin{cases}\cos\theta &= \dfrac{\mathrm{Re}\,(e^{z})}{|e^{z}|}=\cos y\\ \sin\theta &= \dfrac{\mathrm{Im}\,(e^{z})}{|e^{z}|}=\sin y\end{cases}$$

であるので，

$$\theta = y \mod 2\pi$$

が成立する．したがって（6.27）が成立する．■

6.5.6　指数関数と三角関数の導関数

指数関数の導関数は，

$$(e^z)' = \sum_{n=1}^{\infty} n\frac{z^{n-1}}{n!} = \sum_{n=1}^{\infty} \frac{z^{n-1}}{(n-1)!} = e^z \tag{6.28}$$

が成立する．したがって，三角関数の導関数はそれぞれ，

$$(\sin z)' = \left(\frac{e^{iz} - e^{-iz}}{2i}\right)' = \frac{e^{iz} + e^{-iz}}{2} = \cos z \tag{6.29}$$

$$(\cos z)' = \left(\frac{e^{iz} + e^{-iz}}{2}\right)' = i\frac{e^{iz} - e^{-iz}}{2} = -\sin z \tag{6.30}$$

である．

6.5.7　対数関数

対数の主値

複素数 $z \neq 0$ に対して，**対数関数の主値** $\operatorname{Log} z$ を

$$\operatorname{Log} z = \log|z| + i\operatorname{Arg}(z) \tag{6.31}$$

と定義する．$z = 0$ に対しては対数を定義しない．このとき

$$\begin{aligned} e^{\operatorname{Log} z} &= e^{\log|z| + i\operatorname{Arg}(z)} = e^{\log|z|}e^{i\operatorname{Arg}(z)} \\ &= |z|e^{i\operatorname{Arg}(z)} = z \end{aligned}$$

である．

注意　1.5.2 節において議論したように，文献によっては偏角の主値は $0 \leqq \operatorname{Arg}(z) < 2\pi$ を満たすように定義されていることもある．他の文献を見られるときは注意してほしい．

対数の主値を複素関数としてみなした場合，$w = \operatorname{Log} z$ は原点を除いた複素平面 $\mathbb{C} - \{0\}$ で定義される（次ページの図 6.2）．像領域は $\{w \in \mathbb{C} \mid -\pi \leqq \operatorname{Im}(w) <$

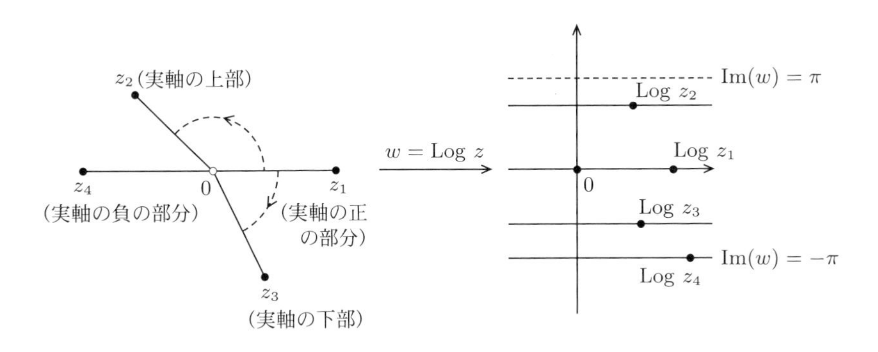

図 6.2 対数の主値は原点を除いた複素平面 $\mathbb{C} - \{0\}$ で定義される.

$\pi\}$ である. 実軸の負の部分では連続ではない. 原点を始点とする半直線上では偏角 $\mathrm{Arg}(z)$ は定数であるので, 複素関数 $w = \mathrm{Log}\, z$ において原点を始点とする半直線は実軸と平行な直線に写像される.

また $z = x + iy$ とすると, 命題 6.14 より,

$$\mathrm{Re}\,(\mathrm{Log}\, e^z) = \log|e^z| = \log|e^x| = x$$
$$\mathrm{Im}\,(\mathrm{Log}\, e^z) = \mathrm{Arg}(e^z) = y \mod 2\pi$$

が成立する. したがって, 対数関数は指数関数の逆関数とみなすことができる. 6.6 節で学ぶ定理 6.16 および例 6.6 により対数関数は $\mathbb{C} - (\infty, 0]$ において正則であり,

$$(\mathrm{Log}\, z)' = \frac{1}{z} \tag{6.32}$$

が成立する.

対数関数は多価関数

複素関数としての対数関数を, $z \neq 0$ に対して

$$\log z = \log|z| + i\arg(z) \tag{6.33}$$

のように定義する. しかし, 偏角は 2π の整数倍を法として定まるので (6.33) のように定義された対数関数の値は一つに定まらない. つまり,

$$\log z = \mathrm{Log}\, z + 2\pi ni \quad (n \in \mathbb{Z}) \tag{6.34}$$

が成立する. ここで (6.34) の右辺の "$+2\pi ni$ $(n \in \mathbb{Z})$" は "$2\pi i$ **を法にして定まる**" という意味である. このように対数関数は**多価関数**と呼ばれる関数である.

注意 正の実数 x に対して $\mathrm{Log}\, x$ は高校生のときに学んだ通常の意味の対数と一致する．複素数としては

$$\log x = \mathrm{Log}\, x + 2\pi ni \quad (n \in \mathbb{Z})$$

が成立する．しかしここでは，高校生のときに学んだ対数とのつながりを考慮して，正の実数 x に対して $\log x$ と書けば，通常の意味の x の対数を意味することもある．

例 6.3 複素数については次が成立する．

$$\mathrm{Log}\, i = \frac{\pi}{2} i$$
$$\mathrm{Log}(-2) = \log 2 - \pi i$$
$$\mathrm{Log}(-i) = -\frac{\pi}{2} i$$
$$\mathrm{Log}\, \sqrt{5} i = \frac{1}{2} \log 5 + \frac{\pi}{2} i$$
$$\log(1 - \sqrt{3} i) = \log 2 - \frac{\pi}{3} i + 2\pi ni \quad (n \in \mathbb{Z})$$

ここで上記の $\log 2$ と $\log 5$ は上記の注意に述べたように通常の意味の実数の対数である．

対数関数の性質

指数法則（命題 6.10）により次が成立する．

命題 6.15（対数法則） 複素数 $z, w \in \mathbb{C}$ に対して

$$\log zw = \log z + \log w + 2\pi ni \quad (n \in \mathbb{Z}) \tag{6.35}$$
$$\log \frac{z}{w} = \log z - \log w + 2\pi ni \quad (n \in \mathbb{Z}) \tag{6.36}$$

が成立する．

注意 $\log zw$，$\log z$ および $\log w$ は $2\pi i$ の整数倍を法にして定まるので，この自由度から (6.35) の等号の意味が漠然としているかもしれない．(6.35) は

> $\log zw$ と $\log z$，$\log w$ で表される複素数 α と β_1，β_2 に対して $\alpha - (\beta_1 + \beta_2)$ は $2\pi i$ の整数倍である．

のように読む．下記の証明を見ながら「なにが証明されているか」を確認してほしい．

証明 (6.36) は同様に示すことができるので，(6.35) のみを示す．定義より，

$$e^{\log zw} = e^{\mathrm{Log}\, zw + 2\pi ni} = e^{\mathrm{Log}\, zw} = zw \quad (n \in \mathbb{Z})$$

$$\begin{aligned} e^{\log z + \log w} &= e^{\mathrm{Log}\, z + \mathrm{Log}\, w + 2\pi ni} = e^{\mathrm{Log}\, z + \mathrm{Log}\, w} \\ &= e^{\mathrm{Log}\, z} e^{\mathrm{Log}\, w} = zw \end{aligned}$$

であるので

$$e^{\log zw} = e^{\log z + \log w}$$

が成立する．したがって $\log zw$ と $\log z + \log w$ により表される複素数は $2\pi i$ の整数倍を法にして一致する．■

6.5.8 ベキ関数

複素数 $z \neq 0$ および複素数 $w \in \mathbb{C}$ に対して **ベキ乗**を

$$z^w = e^{w \log z} \tag{6.37}$$

と定義する．まず例を与えよう．

例 6.4 (整数ベキ) 複素数 $z \neq 0$ の整数乗を定義通りに計算する．整数 $m \in \mathbb{Z}$ をとる．はじめに $m \geqq 0$ のとき

$$\begin{aligned} z^m &= e^{m \log z} = e^{m(\mathrm{Log}\, z + 2\pi ni)} \quad (n \in \mathbb{Z}) \\ &= e^{m(\mathrm{Log}\, z + 2\pi nmi)} \quad (n \in \mathbb{Z}) \\ &= e^{m\,\mathrm{Log}\, z} = e^{\mathrm{Log}\, z} \cdots e^{\mathrm{Log}\, z} \quad (m \text{ 回かける}) \\ &= z \cdots z = z^m \end{aligned}$$

である．また，$m < 0$ について同様の計算より

$$\begin{aligned} z^m &= e^{m \log z} = e^{m(\mathrm{Log}\, z + 2\pi ni)} \quad (n \in \mathbb{Z}) \\ &= e^{-|m|\,\mathrm{Log}\, z + 2\pi nmi} \quad (n \in \mathbb{Z}) \\ &= e^{-|m|\,\mathrm{Log}\, z} = e^{-\mathrm{Log}\, z} \cdots e^{-\mathrm{Log}\, z} \quad (|m| \text{ 回かける}) \\ &= \frac{1}{e^{\mathrm{Log}\, z}} \cdots \frac{1}{e^{\mathrm{Log}\, z}} = \frac{1}{z} \cdots \frac{1}{z} = \left(\frac{1}{z}\right)^{|m|} = z^m \end{aligned}$$

である．したがって上記の定義のベキ乗では，複素数の整数乗は通常の意味のベキ乗と一致する．

例 6.5 i の i 乗である i^i を定義通りに計算する．

$$\begin{aligned} i^i &= e^{i\log i} = e^{i(\mathrm{Log}\, i + 2\pi n i)} \quad (n \in \mathbb{Z}) \\ &= e^{i(\frac{\pi}{2}i + 2\pi n i)} \quad (n \in \mathbb{Z}) \\ &= e^{-\frac{\pi}{2}} e^{-2\pi n} \quad (n \in \mathbb{Z}) \end{aligned}$$

である．したがって i^i は一つに定まらない（多価）．しかし i^i により表される数をどれを選んでも実数である．

6.6　逆関数の導関数

ここの章では対数関数のように逆関数をもつ関数の導関数を求める定理を紹介する．

定理 6.16（逆関数の複素微分可能性） 複素数 $z_0, w_0 \in \mathbb{C}$ をとる．$f(w)$ を $w = w_0$ のまわりで正則な関数で $f'(w_0) \neq 0$ を満たすとする．そして $h(z)$ を $z = z_0$ のまわりで正則な関数とする．このとき $z = z_0$ のまわりの連続関数 $g(z)$ が $g(z_0) = w_0$ かつ $z = z_0$ のまわりで

$$f(g(z)) = h(z)$$

を満たすならば，関数 $g(z)$ は z_0 において複素微分可能であり，

$$g'(z_0) = \frac{h'(z_0)}{f'(w_0)}$$

が成立する．

この定理の証明は少々混み入っているので，証明のアイデアを述べるにとどめる[4]．Δz を $|\Delta z|$ を十分小さくとって，$\Delta w = g(z_0 + \Delta z) - g(z_0)$ とする．このとき仮定から

4］黒板の前で図を描きながらであれば説明するのは容易だが，きちんと文章で書くと長くなる．

$$
\begin{aligned}
h'(z_0)\Delta z + o(|\Delta z|) &= h(z_0+\Delta z) - h(z_0) = f(g(z_0+\Delta z)) - f(g(z_0)) \\
&= f'(w_0)\Delta w + o(|\Delta w|) \\
&= f'(w_0)(g(z_0+\Delta z) - g(z_0)) + o(|\Delta w|) \qquad (6.38)
\end{aligned}
$$

であり，そして $f'(w_0) \neq 0$ であるので，$|\Delta w| = |g(z_0+\Delta z) - g(z_0)|$ は $|\Delta z|$ に $\Delta z \to 0$ のときに比例する[5]．つまり $\Delta z \to 0$ のとき $o(|\Delta w|) = o(|\Delta z|)$ より

$$
\begin{aligned}
g(z_0+\Delta z) - g(z_0) &= \frac{h'(z_0)}{f'(w_0)}\Delta z + o(|\Delta z|) + o(|\Delta w|) \\
&= \frac{h'(z_0)}{f'(w_0)}\Delta z + o(|\Delta z|)
\end{aligned}
$$

を得る．これより定理 6.16 が成立する．

例 6.6 対数関数 $\mathrm{Log}\, z$ の導関数を求める．定理 6.16 において $f(w) = e^w$，$g(z) = \mathrm{Log}\, z$，$h(z) = z$ とすると命題 6.11 より $f'(w) = e^w \neq 0$ であるので，定理 6.16 が適用できて

$$
(\mathrm{Log}\, z)' = \frac{h'(z)}{f'(\mathrm{Log}\, z)} = \frac{1}{e^{\mathrm{Log}\, z}} = \frac{1}{z}
$$

となる．これは (6.32) に他ならない．

練習問題

問 6.1 次の等式を証明せよ．ただし以下では $z = x + iy$ とする．

(1) $\sin iz = i \sinh z$

(2) $\cos iz = \cosh z$

(3) $\sin z = \cosh y \sin x + i \sinh y \cos x$

(4) $\cos z = \cosh y \cos x - i \sinh y \sin x$

(5) $|\sin z|^2 = \sin^2 x + \sinh^2 y$

(6) $|\cos z|^2 = \cos^2 x + \sinh^2 y$

5] 証明においては『比例』の意味などをちゃんと説明をする必要がある．

(7) $\sinh(z_1+z_2)=\sinh z_1\cosh z_2+\cosh z_1\sinh z_2$

(8) $\cosh(z_1+z_2)=\cosh z_1\cosh z_2+\sinh z_1\sinh z_2$

(9) $|\sinh z|^2=\sinh^2 x+\sin^2 y$

(10) $|\cosh z|^2=\sinh^2 x+\cos^2 y$

(11) $\cosh^2 z-\sinh^2 z=1$

問 6.2 次の不等式を示せ．以下では $z=x+iy$ とする．

(1) $|e^z-1|\leqq e^{|z|}-1\leqq |z|e^{|z|}$

(2) $|e^z|\leqq e^{|z|}$

(3) $|y|\leqq|\sinh y|\leqq|\sin z|\leqq\cosh y$

問 6.3 正接関数 $\tan z$ と双曲線正接関数 $\tanh z$ を

$$\tan z=\frac{\sin z}{\cos z}$$

$$\tanh z=\frac{\sinh z}{\cosh z}$$

と定義する．

(1) $\tan z$ と $\tanh z$ はそれぞれ $\cos z$ および $\cosh z$ の零点以外のところで正則であることを示せ．

(2) $\tan z$ と $\tanh z$ の導関数を求めよ．

(3) 次の等式を示せ．

(a) $1+\tan^2 z=\dfrac{1}{\cos^2 z}$

(b) $1-\tanh^2 z=\dfrac{1}{\cosh^2 z}$

問 6.4 定理 6.16 の議論を正当化せよ．さらに，定理 6.16 の説明を参考にして，次を示せ：複素数 $z_0, w_0\in\mathbb{C}$ をとる．$f(z)$ と $h(z)$ を $z=z_0$ のまわりで正則な関数で $f'(z_0)\neq 0$ を満たすとする．このとき $w=w_0=f(z_0)$ のまわりの連続関数 $g(w)$ が $g(w_0)h(z_0)$ かつ $w=w_0$ のまわりで

$$g(f(z))=h(z)$$

を満たすならば，関数 $g(w)$ は w_0 において複素微分可能であり，

$$g'(w_0)=\frac{h'(z_0)}{f'(z_0)}$$

が成立する．

第7章

正則関数の幾何学的側面

—コーシー–リーマンの方程式—

7.1 実関数の対としての正則関数

この章の題名にある**コーシー–リーマンの方程式**とは，正則関数の実部と虚部の偏導関数が満たす偏微分方程式

$$\begin{cases} u_x = v_y \\ v_x = -u_y \end{cases} \tag{7.1}$$

のことである．ただし，ここでは u と v の変数 x, y に関する偏導関数をそれぞれ u_x, u_y および v_x, v_y と書く．

7.1.1 コーシー–リーマンの方程式に関する計算例

コーシー–リーマンの方程式を学ぶ前に，具体的な関数に関して，今まで例として学んだ正則関数の実部と虚部の偏導関数が（7.1）をみたすことを確認する．

例 7.1（2 乗関数） 複素平面 $\mathbb{C}$ 上の複素関数 $f(z) = z^2$ を（4.7）のように表示する．実際，

$$f(x+iy) = (x+iy)^2 = x^2 - y^2 + i(2xy)$$

であるので，

$$u(x,y) = x^2 - y^2$$
$$v(x,y) = 2xy$$

である．このとき，

$$\begin{cases} u_x = 2x & v_x = 2y \\ u_y = -2y & v_y = 2x \end{cases}$$

であるので（7.1）が成立する．

例 7.2（**指数関数**）複素平面 $\mathbb{C}$ 上の複素関数 $f(z) = e^z$ を（4.7）のように表示する．実際，(6.25）より

$$f(x+iy) = e^{x+iy} = e^x \cos y + ie^x \sin y$$

であるので，

$$u(x,y) = e^x \cos y$$
$$v(x,y) = e^x \sin y$$

である．このとき，

$$\begin{cases} u_x = e^x \cos y & v_x = e^x \sin y \\ u_y = -e^x \sin y & v_y = e^x \cos y \end{cases}$$

であるので（7.1）が成立する．

例 7.3（**正弦関数**）第 6 章の練習問題の問 6.1 により

$$\sin(x+iy) = \cosh y \sin x + i \sinh y \cos x$$

であるので，正弦関数に対しては

$$u(x,y) = \cosh y \sin x$$
$$v(x,y) = \sinh y \cos x$$

を得る．このとき，

$$\begin{cases} u_x = \cosh y \cos x & v_x = -\sinh y \sin x \\ u_y = \sinh y \sin x & v_y = \cosh y \cos x \end{cases}$$

であるので（7.1）が成立する．

例 7.4（**余弦関数**）（6.23）により

$$\cos(x+iy) = \cosh y \cos x - i \sinh y \sin x$$

であるので余弦関数に対しては

$$u(x,y) = \cosh y \cos x$$
$$v(x,y) = -\sinh y \sin x$$

である．このとき，

$$\begin{cases} u_x = -\cosh y \sin x & v_x = -\sinh y \cos x \\ u_y = \sinh y \cos x & v_y = -\cosh y \sin x \end{cases}$$

であるので（7.1）が成立する．

7.2　コーシー–リーマンの方程式

正則関数は次のコーシー–リーマンの方程式を満たす．

定理 7.1（コーシー–リーマンの方程式） 領域 D 上の正則関数 $f(z)$ の実部と虚部をそれぞれ $u(x,y)$ と $v(x,y)$ と書くとき，

$$\begin{cases} u_x = v_y \\ v_x = -u_y \end{cases}$$

が成立する．

証明　$z = x + iy \in D$ をとる．いま，$\Delta x, \Delta y \in \mathbb{R}$ とするとき

$$\frac{f(z+\Delta x) - f(z)}{\Delta x} = \frac{(u(x+\Delta x, y) - u(x,y)) + i(v(x+\Delta x, y) - v(x,y))}{\Delta x}$$
$$\to u_x(x,y) + iv_x(x,y) \quad (\Delta x \to 0) \tag{7.2}$$

であり，

$$\frac{f(z+i\Delta y) - f(z)}{i\Delta y} = -i\frac{(u(x, y+\Delta y) - u(x,y)) + i(v(x, y+\Delta y) - v(x,y))}{\Delta y}$$
$$\to -iu_y(x,y) + v_y(x,y) \quad (\Delta y \to 0) \tag{7.3}$$

である．正則関数は複素微分可能であるので微分を取る際の微小変分の近づき方によらない（次ページの図 7.1）．つまり，（7.2）の右辺と（7.3）の右辺は $f(z)$ の z における微分係数 $f'(z)$ と一致する．したがって，

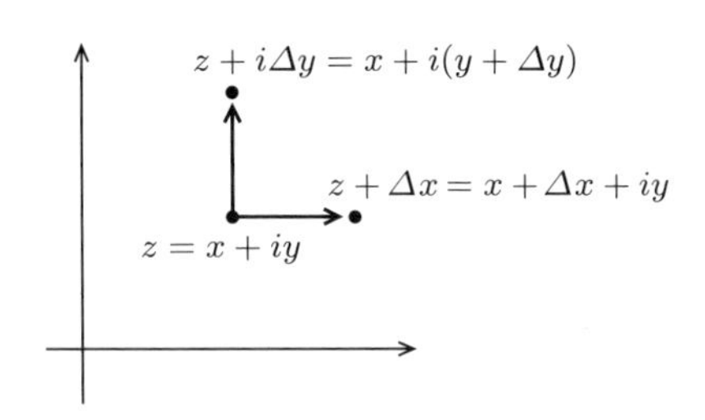

図 7.1　微小変分の近づき方

$$u_x(x,y) + iv_x(x,y) = f'(z) = -iu_y(x,y) + v_y(x,y)$$

であるので，実部と虚部を比較することにより

$$\begin{cases} u_x = v_y \\ v_x = -u_y \end{cases}$$

を得る．■

7.3　正則関数の幾何学的側面

この章では正則関数が無限小の意味で角度を保つ写像であることをコーシー–リーマンの方程式を用いて説明する．

7.3.1　相似行列

2×2 行列

$$A = \begin{pmatrix} a & b \\ c & d \end{pmatrix} \tag{7.4}$$

に対して $\mathbb{R}^2$ 上の線形変換

$$\begin{pmatrix} u \\ v \end{pmatrix} = A \begin{pmatrix} x \\ y \end{pmatrix} = \begin{pmatrix} a & b \\ c & d \end{pmatrix} \begin{pmatrix} x \\ y \end{pmatrix} = \begin{pmatrix} ax + by \\ cx + dy \end{pmatrix} \tag{7.5}$$

を考えることができる（図 7.2）．行列（7.4）が $d = a,\ c = -b$ を満たすとき，その行列を（向きを保つ）**相似行列**と呼ぶ．そして相似行列により定義される線形変換（7.5）を（向きを保つ）**相似変換**と呼ぶ．

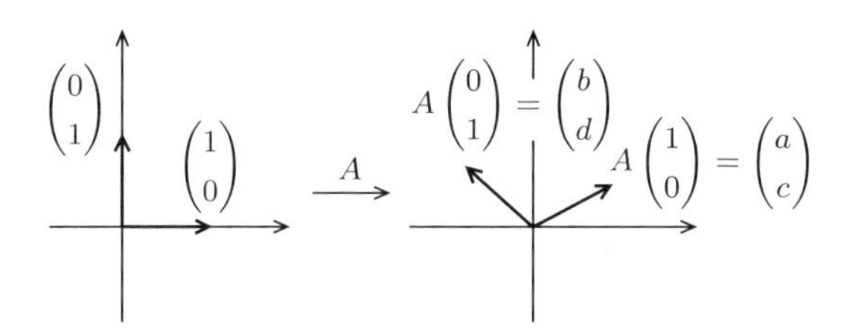

図 7.2　行列と線形変換（線形変換）

ここで $a^2+b^2\neq 0$ であるとき，

$$\begin{aligned}\begin{pmatrix}a & -b\\ b & a\end{pmatrix} &= \frac{1}{\sqrt{a^2+b^2}}\begin{pmatrix}\dfrac{a}{a^2+b^2} & -\dfrac{b}{a^2+b^2}\\ \dfrac{b}{a^2+b^2} & \dfrac{a}{a^2+b^2}\end{pmatrix}\\ &= \frac{1}{\sqrt{a^2+b^2}}\begin{pmatrix}\cos\theta & -\sin\theta\\ \sin\theta & \cos\theta\end{pmatrix}\end{aligned} \tag{7.6}$$

と表されることに注意すると，**相似変換は拡大縮小を表す線形変換と回転行列から定まる線形変換の合成**で書けることがわかる．つまり，相似変換により，図形は相似な図形に写る（図 7.3）．このことから以下の命題は直観的に明らかであるが，一応証明しておく．

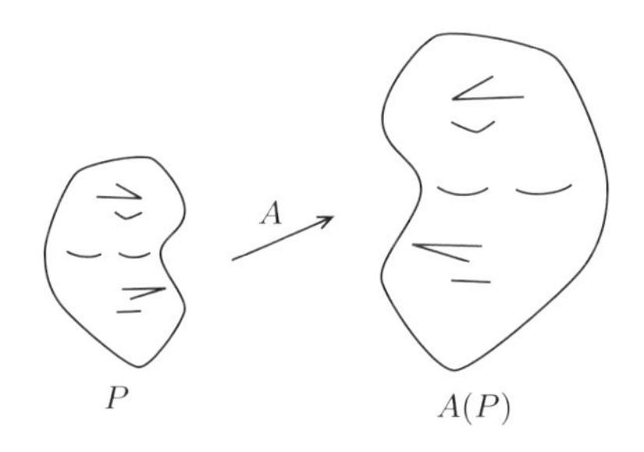

図 7.3　相似変換によって，図形は相似な図形に写る．図では P と $A(P)$ は相似である．

命題 7.2（相似変換と等角性） 零行列ではない 2×2 行列 A に対して，次は同値である．

(1)　A は相似行列である．

(1) 任意の零ではないベクトル $\boldsymbol{x}, \boldsymbol{y} \in \mathbb{R}^2$ に対して，$\boldsymbol{x}$ と $\boldsymbol{y}$ の間の角度 α $(0 \leqq \alpha \leqq \pi)$ と $A\boldsymbol{x}$ と $A\boldsymbol{y}$ の間の角度 β $(0 \leqq \beta \leqq \pi)$ は一致する．さらに，それらの角度は向きを込めて一致する（図 7.4）．

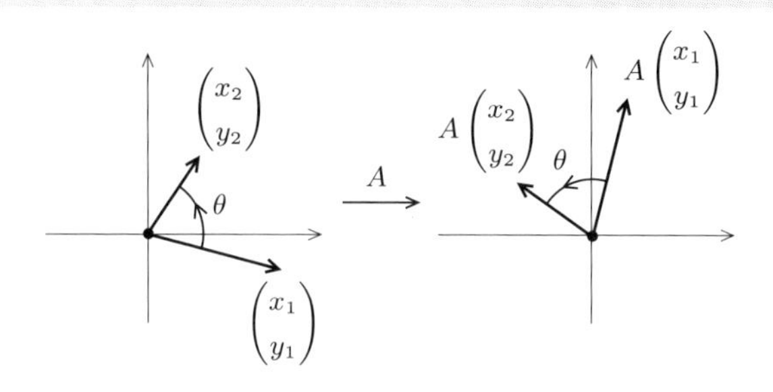

図 7.4　相似変換により，角度は向きも込めて保たれる．

証明　(1) ⇒ (1)　$A = \begin{pmatrix} a & -b \\ b & a \end{pmatrix}$ とする．このとき，$A\boldsymbol{x}$ と $A\boldsymbol{y}$ の内積は

$$^t(A\boldsymbol{x})A\boldsymbol{y} = {}^t\boldsymbol{x}{}^tAA\boldsymbol{y} = {}^t\boldsymbol{x}\begin{pmatrix} a & b \\ -b & a \end{pmatrix}\begin{pmatrix} a & -b \\ b & a \end{pmatrix}\boldsymbol{y} = (a^2+b^2){}^t\boldsymbol{x}\boldsymbol{y}$$

であり，同様の計算によりそれぞれのベクトルの長さは

$$\|A\boldsymbol{x}\| = \sqrt{a^2+b^2}\|\boldsymbol{x}\|, \quad \|A\boldsymbol{y}\| = \sqrt{a^2+b^2}\|\boldsymbol{y}\|$$

となることはわかる．したがって，

$$\cos\beta = \frac{^t(A\boldsymbol{x})A\boldsymbol{y}}{\|A\boldsymbol{x}\|\|A\boldsymbol{y}\|} = \frac{(a^2+b^2){}^t\boldsymbol{x}\boldsymbol{y}}{\sqrt{a^2+b^2}\|\boldsymbol{x}\|\sqrt{a^2+b^2}\|\boldsymbol{y}\|}$$
$$= \frac{^t\boldsymbol{x}\boldsymbol{y}}{\|\boldsymbol{x}\|\|\boldsymbol{y}\|} = \cos\alpha$$

となるので $\beta = \alpha$ を得る．また，$\det(A) = a^2 + b^2 > 0$ であることから向きを保つこともわかる．

(1) ⇒ (1)　任意の x, y に対して $\boldsymbol{e}_1 = \begin{pmatrix} x \\ y \end{pmatrix}$，$\boldsymbol{e}_2 = \begin{pmatrix} -y \\ x \end{pmatrix}$ の $A = \begin{pmatrix} a & b \\ c & d \end{pmatrix}$ による像はそれぞれ

$$A\boldsymbol{e}_1 = \begin{pmatrix} ax+by \\ cx+dy \end{pmatrix}, \quad A\boldsymbol{e}_2 = \begin{pmatrix} -ay+bx \\ -cy+dx \end{pmatrix}$$

となる．これからが直交するため

$$0=(ab+cd)x^2+(-a^2+b^2-c^2+d^2)xy-(ab+cd)y^2$$

を得る．任意の x,y について成立するので

$$ab+cd=0,\quad a^2+c^2=b^2+d^2$$

が成立するので $b=-tc,\ d=ta$ となる $t=\pm1$ が存在する．ここで角度の向きを保つことから $t>0$ でなければならないことに注意する．したがって，$A=\begin{pmatrix} a & -b \\ b & a \end{pmatrix}$ を得る．■

7.3.2 正則関数の等角性

4.6.2 節と 4.6.3 節において解説したように，接ベクトルはヤコビ行列により定義される線形写像により対応する．コーシー–リーマンの方程式により正則関数 $f(z)=f(x+iy)$ の実部 $u(x,y)$ と虚部 $v(x,y)$ で定義される写像

$$(x,y)\mapsto(u(x,y),v(x,y))$$

のヤコビ行列は

$$\begin{pmatrix} u_x & u_y \\ v_x & v_y \end{pmatrix}=\begin{pmatrix} u_x & -v_x \\ v_x & u_x \end{pmatrix}$$

を満たす．つまり，簡単に言うと**正則関数のヤコビ行列は相似行列である**[1]．したがって，接ベクトルのなす角度は保たれる．これを**正則関数の等角性**という．たとえば，実軸に平行な直線と虚軸に平行な直線の正則写像による像は，交点において互いに直交するような直線に写されることがわかる．

例 7.5 複素関数 $f(z)=z^2$ を考える．実軸および虚軸に平行な直線

$$L_1=\{z\in\mathbb{C}\mid \mathrm{Re}\,(z)=1/2\}$$
$$L_2=\{z\in\mathbb{C}\mid \mathrm{Re}\,(z)=1\}$$
$$L_3=\{z\in\mathbb{C}\mid \mathrm{Re}\,(z)=1\}$$
$$L_4=\{z\in\mathbb{C}\mid \mathrm{Re}\,(z)=1/2\}$$

1] 本当は複素微分係数が零でないところで，これが成立する．

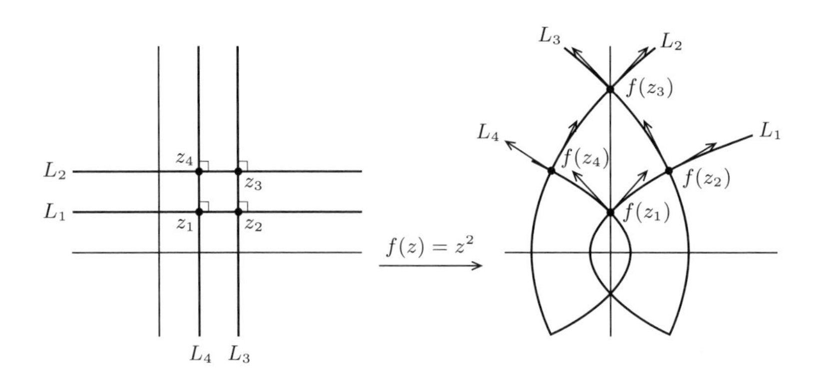

図 7.5　$f(z) = z^2$

を考える．交点は $z_1 = 1/2 + i/2$, $z_2 = 1 + i/2$, $z_3 = 1 + i$, $z_4 = 1/2 + i$ である．交点およびそれらの $f(z)$ による像を考える．各 z_i において上記の直線は直交している．図 4.6 のように非常に小さいレベルで考えるとわかるように正則関数は無限小の意味で相似変換であるから，それらの像も $f(z_i)$ で直交している（図 7.5）．

例 7.6　複素関数 $f(z) = e^z$ を考える．例 7.5 と同様に実軸および虚軸に平行な直線 L_1, L_2, L_3, L_4 の像および，それらの交点と $f(z)$ による像を考える．計算から

$$f(L_1) = \{w \in \mathbb{C} \mid |w| = e^{1/2}\}$$
$$f(L_2) = \{w \in \mathbb{C} \mid |w| = e\}$$
$$f(L_3) = \{z \in \mathbb{C} \mid \arg(z) = 1\}$$
$$f(L_4) = \{z \in \mathbb{C} \mid \arg(z) = 1/2\}$$

であるので，これらが $f(z_i)$ にて直交していることはよくわかる（図 7.6）．

7.4　複素偏微分とコーシー–リーマンの方程式

複素偏微分作用素を

$$\frac{\partial f}{\partial z} = \frac{1}{2}\left(\frac{\partial f}{\partial x} - i\frac{\partial f}{\partial y}\right) \tag{7.7}$$

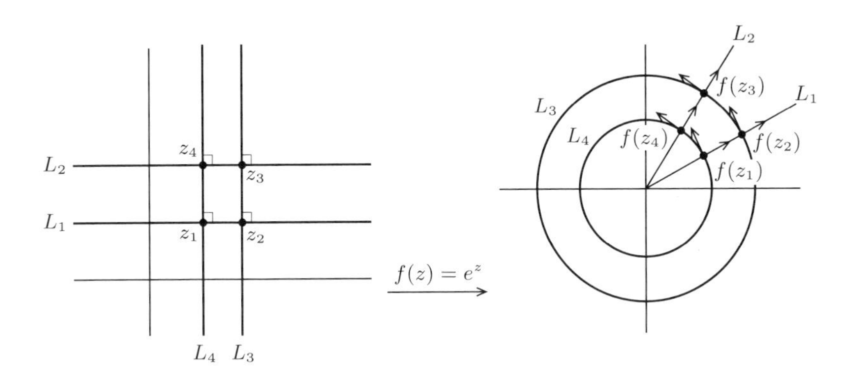

図 7.6 $f(z) = e^z$

$$\frac{\partial f}{\partial \overline{z}} = \frac{1}{2}\left(\frac{\partial f}{\partial x} + i\frac{\partial f}{\partial y}\right) \tag{7.8}$$

と定義する．$f_z = \dfrac{\partial f}{\partial z}$ や $f_{\overline{z}} = \dfrac{\partial f}{\partial \overline{z}}$ と書く．複素関数 $f(z) = f(x+iy) = u(x,y) + iv(x,y)$ とする．$f(z)$ の実部と虚部の偏微分で（7.7）と（7.8）を書きなおすと

$$\begin{aligned} f_z &= \frac{1}{2}(f_x - if_y) = \frac{1}{2}((u_x + iv_x) - i(u_y + iv_y)) \\ &= \frac{1}{2}((u_x + v_y) + i(v_x - u_y)) \end{aligned} \tag{7.9}$$

$$\begin{aligned} f_{\overline{z}} &= \frac{1}{2}(f_x + if_y) = \frac{1}{2}((u_x + iv_x) + i(u_y + iv_y)) \\ &= \frac{1}{2}((u_x - v_y) + i(v_x + u_y)) \end{aligned} \tag{7.10}$$

となる．したがって，領域 D 上の正則関数 $f(z)$ に対して

$$\frac{\partial f}{\partial z}(z) = f'(z) \tag{7.11}$$

$$\frac{\partial f}{\partial \overline{z}}(z) = 0 \tag{7.12}$$

が成立する．特に（7.12）はコーシー–リーマンの方程式（7.1）を複素偏微分作用素で書き直したものである．よく使われるのでここにまとめておこう．

命題 7.3（複素偏微分によるコーシー–リーマンの方程式の表記） 領域 D 上の複素関数 $f(z)$ に対して，$f(z)$ が正則であることと，$f(z)$ が C^1 級[2]であって，D 上で

$$\frac{\partial f}{\partial \overline{z}} = 0$$

が成立することは同値である．

実関数の場合と同様に次が成立する．

命題 7.4（複素偏微分と四則演算） 領域 D 上の複素関数 $f(z)$ および $g(z)$ に対して次が成立する．

$$f_x(z) = f_z(z) + f_{\overline{z}}(z) \tag{7.13}$$

$$f_y(z) = i(f_z(z) - f_{\overline{z}}(z)) \tag{7.14}$$

$$(f+g)_z(z) = f_z(z) + g_z(z) \tag{7.15}$$

$$(f+g)_{\overline{z}}(z) = f_{\overline{z}}(z) + g_{\overline{z}}(z) \tag{7.16}$$

$$(fg)_z(z) = f_z(z)g(z) + f(z)g_z(z) \tag{7.17}$$

$$(fg)_{\overline{z}}(z) = f_{\overline{z}}(z)g(z) + f(z)g_{\overline{z}}(z) \tag{7.18}$$

証明　実際，

$$f_z + f_{\overline{z}} = \frac{1}{2}(f_x - if_y) + \frac{1}{2}(f_x + if_y) = f_x$$
$$f_z - f_{\overline{z}} = \frac{1}{2}(f_x - if_y) - \frac{1}{2}(f_x + if_y) = -if_y$$

であるので（7.13）と（7.14）が成立する．z に関する偏微分作用素および $\overline{z}$ に関する偏微分作用素は x に関する偏微分作用素および y に関する偏微分作用素の線形和で書かれるため，(7.15）と（7.16）が成立する．

最後に積の偏微分の公式を証明する．(7.18）も同様に証明できるので，(7.17）のみを示す．実際，

$$\begin{aligned}(fg)_z &= \frac{1}{2}((fg)_x - i(fg)_y) \\ &= \frac{1}{2}(f_x g + f g_x - i(f_y g + f g_y))\end{aligned}$$

2]　実際は全微分可能であれば良い．

$$= \frac{1}{2}(f_x - if_y)g + f\frac{1}{2}(g_x - ig_y) = f_z g + f g_z$$

である. ■

例 7.7 次が成立する.

$$(z)_z = 1, \quad (z)_{\overline{z}} = 0, \quad (\overline{z})_z = 0, \quad (\overline{z})_{\overline{z}} = 1 \tag{7.19}$$

実際, (7.9) と (7.10) より

$$(z)_z = \frac{1}{2}((1+1) + i(0-0)) = 1$$
$$(z)_{\overline{z}} = \frac{1}{2}((1+(-1)) + i(0+0)) = 0$$
$$(\overline{z})_z = \frac{1}{2}((1-1) + i(0-0)) = 0$$
$$(\overline{z})_{\overline{z}} = \frac{1}{2}((1-(-1)) + i(0+0)) = 1$$

だからである.

例 7.8 したがって, 特に $m, n \in \mathbb{Z}$ に対して

$$(z^m \overline{z}^n)_z = m z^{m-1} \overline{z}^n$$
$$(z^m \overline{z}^n)_{\overline{z}} = n z^m \overline{z}^{n-1}$$

が成立する. この式から, たとえば, 複素関数

$$P(z) = \sum_{n,m=0}^{N} a_{n,m} z^n \overline{z}^m$$

が正則関数であるための必要十分条件は,

$$a_{n,m} = 0 \quad (m \neq 0)$$

であることがわかる.

練習問題

問 7.1　$\dfrac{\partial \arg(z)}{\partial x}$ および $\dfrac{\partial \arg(z)}{\partial y}$ を計算せよ.

問 7.2　実数 $a, b \in \mathbb{R}$ を $0 \leqq a \leqq \pi/2$ および $b \geqq 0$ を満たすようにとる．そして

$$L_a = \{z = x + iy \in \mathbb{C} \mid x = a, y \geqq 0\}$$
$$l_b = \{z = x + iy \in \mathbb{C} \mid |x| \leqq \pi/2, y = b\}$$

とする．正弦関数 $f(z) = \sin z$ による L_a と l_b の像を図示せよ.

問 7.3　C^1 級の複素関数 $w = f(z)$ と $\zeta = g(w)$ に対して次の等式を示せ[3].

(1)　$\overline{f}_z(z) = \overline{f_{\overline{z}}(z)}$ および $\overline{f}_{\overline{z}}(z) = \overline{f_z(z)}$．ただし，$\overline{f}(z)$ は z に対して $\overline{f(z)}$ を対応させる写像である.

(2)　$(g \circ f)_z(z) = g_w(f(z))f_z(z) + g_{\overline{w}}(f(z))\overline{f}_z(z)$

(3)　$(g \circ f)_{\overline{z}}(z) = g_w(f(z))f_{\overline{z}}(z) + g_{\overline{w}}(f(z))\overline{f}_{\overline{z}}(z)$

問 7.4　$z \neq 0$ のとき $\dfrac{\partial |z|}{\partial z} = \dfrac{\overline{z}}{2|z|}$，$\dfrac{\partial |z|}{\partial \overline{z}} = \dfrac{z}{2|z|}$ を示せ.

問 7.5　$f(z)$ が実数値であれば $\dfrac{\partial f}{\partial \overline{z}} = \overline{\dfrac{\partial f}{\partial z}}$ が成立することを示せ.

問 7.6　領域 D に対して $E = \{\overline{z} \in \mathbb{C} \mid z \in D\}$ と定義する．D 上の正則関数 $f(z)$ について，$g(z) = \overline{f(\overline{z})}$ は E 上の正則写像であることを示せ.

問 7.7　$z = re^{i\theta}$ のように極座標表示を用いるとき，コーシー–リーマンの方程式は

$$\begin{cases} \dfrac{\partial u}{\partial r} &= \dfrac{1}{r}\dfrac{\partial v}{\partial \theta} \\ \dfrac{\partial u}{\partial \theta} &= -r\dfrac{\partial v}{\partial r} \end{cases}$$

と表されることを示せ．このときさらに

$$f'(z) = (\cos\theta - i\sin\theta)\left(\frac{\partial u}{\partial r} + i\frac{\partial v}{\partial r}\right) = \frac{\cos\theta - i\sin\theta}{ir}\left(\frac{\partial u}{\partial \theta} + i\frac{\partial v}{\partial \theta}\right)$$

が成立することを示せ.

問 7.8　領域 D 上の C^2 級の関数 f に対して偏微分作用素 $\triangle$ を

$$\triangle f = \frac{\partial^2 f}{\partial x^2} + \frac{\partial^2 f}{\partial y^2}$$

3]　$f(z)$ と $g(w)$ は合成関数が定義できるように定義域が指定されているとする.

と定義する．偏微分作用素 $\triangle$ を**ラプラシアン**と呼ぶ．D 上の C^2 級の関数 f に対して複素偏導関数 $\triangle f = 4\dfrac{\partial^2 f}{\partial z \partial \overline{z}}$ であることを示せ．

問 7.9 領域 D 上の $\triangle f = 0$ を満たす C^2 級の関数 f を，D 上の**調和関数**と呼ぶ．D 上の調和関数 f に対して複素偏導関数 $\dfrac{\partial f}{\partial z}$ は D 上の正則関数であることを示せ．

問 7.10 領域 D_1 上の正値 C^2 級関数 ρ と，正則関数 $f\colon D_2 \to D_1$ を考える[4]．そして D_2 上の関数 $f^*\rho$ を

$$(f^*\rho)(z) = \rho(f(z))|f'(z)|^2$$

と定義する．もし D_2 上で f の導関数が 0 を取らなければ

$$K(\rho)(f(z)) = K(f^*\rho)(z) \quad (z \in D_2)$$

が成立することを示せ．ただし，後の命題 10.4 において証明される「f の導関数は正則であること」は断らずに用いてもよい．$K(\rho)$ は

$$K(\rho)(w) = -\frac{2}{\rho(w)}\left(\frac{\partial^2 \log \rho}{\partial z \partial \overline{z}}\right)(w)$$

により定義される関数である．$K(f^*\rho)$ も同様に定義される．

4]『正則関数 $f\colon D_2 \to D_1$』とは『f は D_2 上の正則関数であって，$f(D_2) \subset D_1$ を満たす』という意味である

第8章

複素関数の積分—線積分—

8.1 複素関数の積分

8.1.1 積分の定義

この章では複素関数の積分について述べる．はじめに定義を与えよう．

定義 8.1（複素関数の積分） $f(x)$ を区間 $[a,b]$ 上の複素数値連続関数とする．そして $f(x)=u(x)+iv(x)$ のように実部と虚部を用いて表示する．このとき $f(x)$ の区間 $[a,b]$ 上の**積分**（定積分）を

$$\int_a^b f(x)dx = \int_a^b u(x)dx + i\int_a^b v(x)dx \tag{8.1}$$

と定義する．

複素関数の積分（定積分）(8.1) の幾何学的な解釈の一つを説明しよう．区間 $[a,b]$ 上の（実数値）連続関数 $u(x)$ の積分は区分求積法

$$\int_a^b u(x)dx = \lim_{n\to\infty}\frac{b-a}{n}\sum_{k=1}^{n} u\left(a+\frac{k(b-a)}{n}\right) \tag{8.2}$$

を用いても定義できたことに注意しよう[1]．(8.2) の右辺の解釈は様々である．たとえば，長方形の面積の和と認識することにより定積分の幾何学的意味「x 軸とグラフが囲む面積」を得る．ここでは分点 $\{a+k(b-a)/n\}_{k=1}^{n}$ における値の平均値に区間 $[a,b]$ の長さをかけたもの

1］ 本来は，区間 $[a,b]$ のすべての分割を考えて，それらを用いた和の上限（もしくは下限）をとることによって定義される．

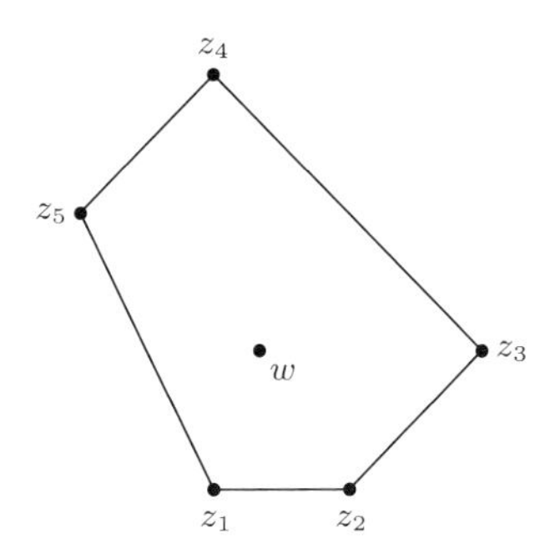

図 8.1　点列 $\{z_i\}_{i=1}^{5}$ と重心 $w = \dfrac{z_1 + z_2 + z_3 + z_4 + z_5}{5}$

$$
\begin{aligned}
&\frac{b-a}{n}\sum_{k=1}^{n} u\left(a + \frac{k(b-a)}{n}\right) \\
&= (b-a) \times \frac{u\left(a + \dfrac{(b-a)}{n}\right) + u\left(a + \dfrac{2(b-a)}{n}\right) + \cdots + u\,(b)}{n}
\end{aligned}
$$

と考えてみる．複素関数の値は複素数であるから平面の点である．したがって，複素関数に対しては上記の「平均値」

$$
\frac{f\left(a + \dfrac{(b-a)}{n}\right) + f\left(a + \dfrac{2(b-a)}{n}\right) + \cdots + f\,(b)}{n}
$$

は分点の値の「**重心**」と認識することができる（図 8.1）．このとき，

$$
\begin{aligned}
\frac{b-a}{n}\sum_{k=1}^{n} f\left(a + \frac{k(b-a)}{n}\right) &= \frac{b-a}{n}\sum_{k=1}^{n} u\left(a + \frac{k(b-a)}{n}\right) \\
&\quad + i\frac{b-a}{n}\sum_{k=1}^{n} v\left(a + \frac{k(b-a)}{n}\right)
\end{aligned}
$$

であることから

$$
\begin{aligned}
\lim_{n\to\infty}\frac{b-a}{n}\sum_{k=1}^{n} f\left(a + \frac{k(b-a)}{n}\right) &= \lim_{n\to\infty}\frac{b-a}{n}\sum_{k=1}^{n} u\left(a + \frac{k(b-a)}{n}\right) \\
&\quad + i\lim_{n\to\infty}\frac{b-a}{n}\sum_{k=1}^{n} v\left(a + \frac{k(b-a)}{n}\right) \\
&= \int_a^b u(x)dx + i\int_a^b v(x)dx
\end{aligned}
$$

$$= \int_a^b f(x)dx$$

を得る．このことにより，複素関数 $f(x) = u(x) + iv(x)$ が与えられたときに，区分求積法の式（8.2）内の関数 $u(x)$ を形式的に $f(x)$ に置き直して考えたものを複素関数の積分であるとしてもよい．そしてこのとき，積分（8.1）は**分点の値の重心の極限**として幾何学的に解釈される．

注意　後で述べる線積分の定義はこのような考え方ではなく，この本では置換積分の考え方を用いて定義する．しかし，本来は複素関数の線積分は，このように区分求積法の考え方を用いて定義される

例 8.1　複素関数 ixe^{-10ix} の区間 $[0,1]$ 上の積分を区分求積法の観点から考えてみる．積分は

$$\begin{aligned}\int_0^1 ixe^{-10ix}dx &= \int_0^1 (x\sin(10x) + ix\cos(10x))dx \\ &= \frac{(\cos 10 + 10\sin 10 - 1) + i(\sin 10 - 10\cos 10)}{100} \\ &= (0.0784669...) - (0.0727928...)i\end{aligned}$$

である．図 8.2 では分点の個数が 50 の場合（図（a））と分点の個数が 100 の場合（図（b））の場合を扱っている．分点の数が 50 の場合，重心は

$$\frac{1}{50}\sum_{k=1}^{50} i\left(\frac{k}{50}\right)e^{-10i\times\frac{k}{50}} = (0.0727287...) - (0.0810635...)i$$

であり，分点の数が 100 の場合，重心は

$$\frac{1}{100}\sum_{k=1}^{100} i\left(\frac{k}{100}\right)e^{-10i\times\frac{k}{100}} = (0.0756724...) - (0.0769582..)i$$

であるので収束している状況が見える（表 8.1）．

表 8.1　重心の振る舞い．n は分点の数である．小数点以下 5 位以降は切り捨てている．

n	500	1000	10000	100000
重心	$0.0779 - 0.0736i$	$0.0781 - 0.0732i$	$0.0784 - 0.0728i$	$0.0784 - 0.0727i$

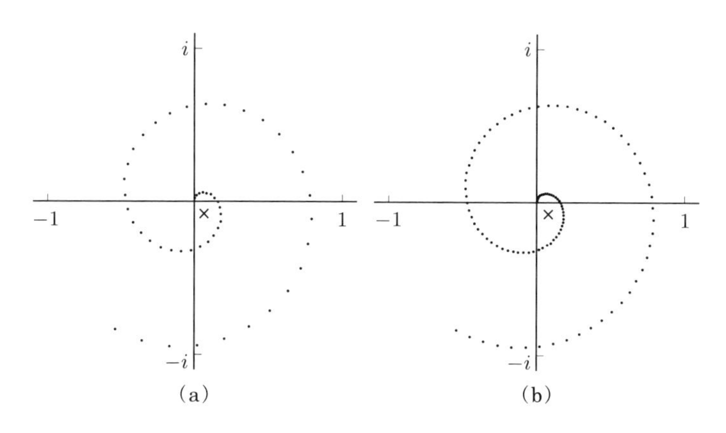

図 8.2 複素関数の区分求積法. × が重心である.

8.1.2 積分の基本性質

次は定義より明らかであるが計算に慣れるために証明を与えておこう.

命題 8.2 (積分の線形性) 区間 $[a, b]$ 上の連続な複素関数 $f(x)$ と $g(x)$ および, 複素数 $\alpha, \beta \in \mathbb{C}$ に対して

$$\int_a^b (\alpha f(x) + \beta g(x))dx = \alpha \int_a^b f(x)dx + \beta \int_a^b g(x)dx$$

が成立する.

証明 はじめに $\alpha = \beta = 1$ のときを示す. $f(x) = u(x) + iv(x)$ および $g(x) = U(x) + iV(x)$ とする. このとき

$$\begin{aligned}\int_a^b (f(x) + g(x))dx &= \int_a^b ((u(x) + U(x)) + i(v(x) + V(x))dx \\ &= \int_a^b (u(x) + U(x))dx + i \int_a^b (v(x) + V(x))dx \\ &= \int_a^b u(x)dx + \int_a^b U(x)dx + i \int_a^b v(x)dx + i \int_a^b V(x)dx \\ &= \int_a^b u(x)dx + i \int_a^b v(x)dx + \int_a^b U(x)dx + i \int_a^b V(x)dx\end{aligned}$$

$$= \int_a^b f(x)dx + \int_a^b g(x)dx$$

より成立する．

ここで $\alpha = \alpha_1 + i\alpha_2$ とすると，

$$\begin{aligned}\int_a^b (\alpha f(x))dx &= \int_a^b ((\alpha_1 + i\alpha_2)(u(x) + iv(x)))dx \\ &= \int_a^b ((\alpha_1 u(x) - \alpha_2 v(x)) + i(\alpha_2 u(x) + \alpha_1 v(x))dx \\ &= \alpha_1 \int_a^b u(x)dx - \alpha_2 \int_a^b v(x)dx \\ &\quad + i\alpha_2 \int_a^b v(x)dx + i\alpha_1 \int_a^b v(x)dx \\ &= (\alpha_1 + i\alpha_2) \int_a^b (u(x) + iv(x))dx = \alpha \int_a^b f(x)dx\end{aligned}$$

となる．以上より主張を得る．■

次は実関数に対してはよく知られていることである．しかし，複素関数の積分はここで初めて学ぶので確認しておこう．

命題 8.3（原始関数その 1） 区間 $[a, b]$ 上の C^1 級の複素関数 $F(t)$ に対して

$$F(b) - F(a) = \int_a^b \frac{d}{dt} F(t)dt$$

が成立する．

証明　ここで $F(t)$ を実部と虚部に分解して $F(t) = U(t) + iV(t)$ と書く．このとき

$$\begin{aligned}\int_a^b \frac{d}{dt} F(t)dt = \int_a^b \frac{d}{dt}(U(t) + iV(t))dt &= \int_a^b \frac{d}{dt} U(t)dt + i \int_a^b V(t)dt \\ &= U(b) - U(a) + i(V(b) - V(a)) = F(b) - F(a)\end{aligned}$$

であるので主張を得る．■

次の不等式は三角不等式

$$\frac{z_1 + z_2 + \cdots + z_n}{n} \leqq \frac{|z_1| + |z_2| + \cdots + |z_n|}{n}$$

と区分求積法からすぐにわかる.

命題 8.4 閉区間 $[a,b]$ 上の連続な複素関数 $f(x)$ に対して

$$\left|\int_a^b f(x)dz\right| \leqq \int_a^b |f(x)|dx$$

が成立する.

証明 前述したように，区分求積法（8.2）が複素関数にも成立したので，

$$\begin{aligned}\left|\int_a^b f(x)dx\right| &= \lim_{n\to\infty} \frac{b-a}{n}\left|\sum_{k=1}^n f\left(a + \frac{k(b-a)}{n}\right)\right| \\ &\leqq \lim_{n\to\infty} \frac{b-a}{n}\sum_{k=1}^n \left|f\left(a + \frac{k(b-a)}{n}\right)\right| \\ &= \int_a^b |f(x)|dx\end{aligned}$$

を得る. ■

8.2 線積分

8.2.1 導入：置換積分

この節では複素関数の積分を考えるのであるが，複素関数は複素平面上の集合（領域）で定義されているため，積分には基本的に

- 曲線に沿った積分
- 集合上の面積分

の 2 通りの方法がある．ここでは曲線に沿った積分について解説する.

区間 $[c,d]$ 上の C^1 級関数 $x(t)$ が $a \leqq x(t) \leqq b$, $x(c) = a$, $x(d) = b$ を満たすものとする．このとき，区間 $[a,b]$ 上の実数値連続関数 $u(x)$ に対して置換積分

$$\int_a^b u(x)dx = \int_c^d u(x(t))\frac{dx}{dt}(t)dt \tag{8.3}$$

が成立することはよく知られている．置換積分は積分を計算するときに計算しやすい状況に変更するためのテクニックである．

曲線に沿って積分する場合，積分を計算する領域，いわゆる積分領域である曲線は一般に複雑であるので，置換積分法の場合と同様に，それを「計算しやすい積分領域」に変更する必要がある．次の節から学ぶ線積分が，なぜそのように定義されるかについて，この視点から解釈すると理解しやすいだろう[2]．

8.2.2　線積分の定義

複素関数の線積分は置換積分を用いて定義される．

定義 8.5（複素関数の線積分） 領域 D 上の連続な複素関数 $f(z)$ を考える．D 内の滑らかな曲線 $z\colon [a,b] \to D$ とその像 C を考える．像 C は向きのついた曲線である．このとき複素関数 $f(z)$ の C に沿った**線積分**を

$$\int_C f(z)dz = \int_a^b f(z(t))\frac{dz}{dt}(t)dt \tag{8.4}$$

$$\int_C f(z)d\overline{z} = \int_a^b f(z(t))\overline{\frac{dz}{dt}(t)}dt \tag{8.5}$$

と定義する．区分的に滑らかな曲線 C が与えられたとする．C は滑らかな曲線の和 $C = C_1 + C_2 + \cdots + C_m$ に分解される．このとき，

$$\int_C f(z)dz = \sum_{j=1}^{m} \int_{C_j} f(z)dz \tag{8.6}$$

$$\int_C f(z)d\overline{z} = \sum_{j=1}^{m} \int_{C_j} f(z)d\overline{z} \tag{8.7}$$

と定義する．

8.2.3　線積分の例

計算例を与える．ここでは複素平面上の 3 つの曲線 $C_j\colon z_j\colon [0,1] \to \mathbb{C}$ を

$$C_1\colon z_1(t) = t + it \tag{8.8}$$

2］ここでは詳しく述べないが，線積分自身には，経路に沿った仕事として考える物理的な視点からの解釈も可能である．

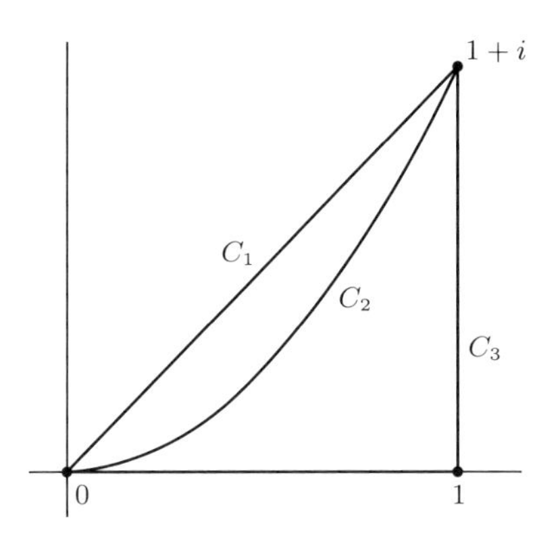

図 8.3　曲線 C_1, C_2, C_3

$$C_2 \colon z_2(t) = t + it^2 \tag{8.9}$$

$$C_3 \colon z_3(t) = \begin{cases} 2t & (0 \leqq t \leqq 1/2) \\ 1 + (2t-1)i & (1/2 \leqq t \leqq 1) \end{cases} \tag{8.10}$$

と定義する．ここで簡単のため $z_j(t) = x_j(t) + iy_j(t)$ （$j = 1, 2, 3$）とおく．各 C_j は 0 から $1+i$ を結ぶ区分的に滑らかな曲線である（図 8.3）．

例 8.2 複素平面 $\mathbb{C}$ 上の複素関数 $f(z) = x + iy^2$ の曲線(8.8), (8.9), (8.10) に沿った線積分を計算してみよう．定義により

$$\begin{aligned}
\int_{C_1} f(z)dz &= \int_0^1 (x_1(t) + iy_1(t)^2) \frac{dz_1}{dt}(t)dt \\
&= \int_0^1 (t + it^2)(1+i)dt = \frac{1}{6} + \frac{5i}{6} \\
\int_{C_2} f(z)dz &= \int_0^1 (x_2(t) + iy_2(t)^2) \frac{dz_2}{dt}(t)dt \\
&= \int_0^1 (t + it^4)(1+2it)dt = \frac{1}{6} + \frac{13}{15}i \\
\int_{C_3} f(z)dz &= \int_0^{1/2} (t+i)(1 + i \times 0)dt + \int_{1/2}^1 (1 + i(2t-1)) \cdot 2i \cdot dt = -\frac{5}{24} + i
\end{aligned}$$

を得る．

注意 一般には線積分の値は曲線の端点ではなく，曲線に依存した値になる．

例 8.3 複素平面 $\mathbb{C}$ 上の複素関数 $f(z) = z^2 = x^2 - y^2 + 2ixy$ の曲線(8.8), (8.9), (8.10) に沿った線積分を計算してみよう．定義により

$$
\begin{aligned}
\int_{C_1} f(z)dz &= \int_0^1 (x_1(t) + iy_1(t))^2 \frac{dz_1}{dt}(t)dt \\
&= \int_0^1 (t + it)^2(1+i)dt \\
&= \frac{(1+i)^3}{3} = -\frac{2}{3} + \frac{2}{3}i \\
\int_{C_2} f(z)dz &= \int_0^1 (x_2(t) + iy_2(t))^2 \frac{dz_2}{dt}(t)dt \\
&= \int_0^1 (t + it^2)^2(1+2it)dt = \int_0^1 (-2+2i)t^2 dt \\
&= -\frac{2}{3} + \frac{2}{3}i \\
\int_{C_3} f(z)dz &= \int_0^{1/2} (t+i)^2(1 + i \times 0)dt + \int_{1/2}^1 (1 + i(2t-1))^2 \cdot 2i \cdot dt \\
&= -\frac{2}{3} + \frac{2}{3}i
\end{aligned}
$$

を得る．

例 8.4 複素平面から原点を除いた集合 $\mathbb{C}^* = \mathbb{C} - \{0\}$ を考える．自然数 $m \in \mathbb{Z}$ を固定する．このとき複素関数 $f(z) = z^m$ を考える．$a > 0$ を固定して $\mathbb{C}^*$ 内の滑らかな曲線 C を

$$
C\colon z(t) = e^{iat} \quad (0 \leqq t \leqq 1)
$$

と定義する（図 8.4）．ここで

$$
\frac{dz}{dt}(t) = iae^{iat}
$$

であるので，複素関数 $f(z)$ の C に沿った積分は

$$
\int_C f(z)dz = \int_0^1 f(e^{iat})iae^{iat}dt = \int_0^1 e^{miat}iae^{iat}dt
$$

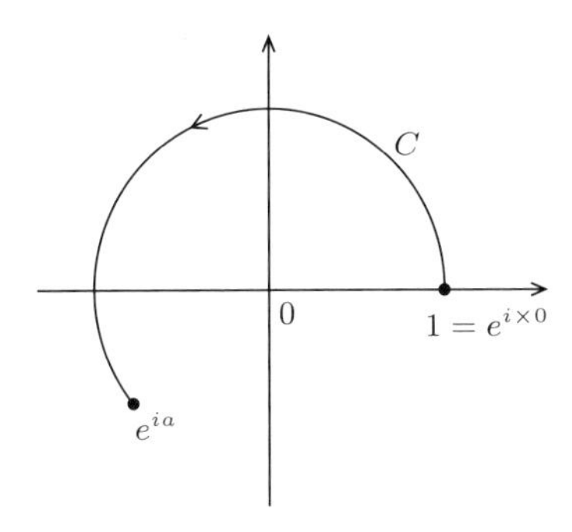

図 8.4 例 8.4 の曲線 C. これは 1 と e^{ia} を結ぶ円弧である.

$$
\begin{aligned}
&= ia\int_0^1 e^{(m+1)iat}dt \\
&= \begin{cases} \dfrac{1}{m+1}(e^{(m+1)ia}-1) & (m \neq -1) \\ ia & (m = -1) \end{cases}
\end{aligned}
$$

となる．特に，$a = 2\pi$ のときは C は原点の周りを反時計回りにまわる向きをもつ単位円周であり，

$$
\int_C z^m dz = \begin{cases} 0 & (m \neq -1) \\ 2\pi i & (m = -1) \end{cases} \tag{8.11}
$$

を得る．

8.3 原始関数

領域 D 上の正則関数 $f(z)$ に対して

$$
F'(z) = f(z)
$$

を満たす D 上の正則関数を $f(z)$ の**原始関数**と呼ぶ．

命題 8.6（原始関数の曲線に沿った微分） 領域 D 上の正則関数 $f(z)$ が原始関数 $F(z)$ を持つとする．このとき，D 内の任意の滑らかな曲線 $z = z(t)$ $(a \leqq t \leqq b)$ に対して

$$\frac{d}{dt}F(z(t)) = f(z(t))z'(t) \quad (a \leqq t \leqq b)$$

が成立する．

証明 4.7 節において学んだランダウの記号を用いる．$t \in [a, b]$ を固定して $z_0 = z(t)$ とおく．$F'(z) = f(z)$ であるので

$$F(z_0 + \Delta z) - F(z_0) = F'(z_0)\Delta z + o(|\Delta z|) = f(z_0)\Delta z + o(|\Delta z|) \quad (\Delta z \to 0) \tag{8.12}$$

が成立する．同様に微小な Δt に対して

$$z(t + \Delta t) - z_0 = z'(t)\Delta t + o(|\Delta t|) \quad (\Delta t \to 0) \tag{8.13}$$

であるので

$$\begin{aligned} F(z(t + \Delta t)) - F(z(t)) &= F(z_0 + z'(t)\Delta t + o(|\Delta t|)) - F(a) \\ &= f'(z_0)(z'(t)\Delta t + o(|\Delta t|)) + o(|z'(t)\Delta t + o(|\Delta t|)|) \\ &= f'(z_0)z'(t)\Delta t + o(|\Delta t|)) \end{aligned}$$

となる．ゆえに主張を得る．■

系 8.7 （原始関数と線積分） 領域 D 上の正則関数 $f(z)$ が原始関数 $F(z)$ を持つとする．2 点 $z_1, z_2 \in D$ および z_1 と z_2 を結ぶ区分的に滑らかな曲線 C に対して

$$F(z_2) - F(z_1) = \int_C f(z)dz$$

が成立する．

証明 曲線 C が滑らかな場合には命題 8.6 よりわかる．曲線 C が区分的に滑らかな場合には，(8.6) を計算する際に用いたように C を滑らかな曲線の和に分解して考えると主張にある式を得る．■

例 8.5 系 8.7 を用いると例 8.3 の積分を直接計算せずに求めることができる．実際，単項式 $z^3/3$ は複素平面 $\mathbb{C}$ 上の正則関数 z^2 の原始関数である．したがって，$j = 1, 2, 3$ に対して，

$$\int_{C_j} z^2 dz = \frac{(1+i)^3}{3} - \frac{0}{3} = -\frac{2}{3} + \frac{2}{3}i$$

となる.

例 8.6 例 8.4 により，$\mathbb{C}^* = \mathbb{C} - \{0\}$ 上で定義された $1/z$ の原始関数は存在しないことがわかる．実際，$F(z)$ を $\mathbb{C}^*$ で定義された $1/z$ の原始関数とする．曲線 C を $z(t) = e^{2\pi it}$ $(0 \leqq t \leqq 1)$ により定義すると，$z(1) = z(0)$ であるので，

$$0 = F(z(1)) - F(z(0)) = \int_C \frac{1}{z} dz = 2\pi i$$

となるので矛盾である．ちなみに $m \geqq 2$ のとき，

$$F(z) = -\frac{1}{m-1} z^{-m+1}$$

は z^{-m} の $\mathbb{C}^*$ 上の原始関数である.

例 8.7 6.4 節で学んだように，収束半径 R が正であるようなベキ級数

$$f(z) = \sum_{n=0}^{\infty} a_n (z - z_0)^n$$

で定義された関数 $f(z)$ は $\Delta(z_0, R)$ 上の正則関数である．このとき，

$$F(z) = \sum_{n=0}^{\infty} \frac{a_n}{n+1} (z - z_0)^{n+1}$$

とすると，コーシー–アダマールの定理（命題 5.13）から $F(z)$ の収束半径は R であり，かつ命題 5.16 より

$$F'(z) = f(z)$$

であることがわかる．したがって $F(z)$ は $\Delta(z_0, R)$ 上の正則関数であり，そして $f(z)$ の原始関数でもある.

例 8.8 複素関数

$$f(z) = \frac{1}{z}$$

を円板 $\Delta(1, 1) = \{z \in \mathbb{C} \mid |z - 1| < 1\}$ 上の正則関数と考える．このとき，

$$f(z) = \frac{1}{z} = \frac{1}{1+(z-1)} = \sum_{n=0}^{\infty}(-1)^n(z-1)^n \tag{8.14}$$

である．ここで

$$\limsup_{n\to\infty}|(-1)^n|^{1/n} = \limsup_{n\to\infty} 1 = 1$$

であるので，コーシー–アダマールの定理（命題 5.13）から（8.14）の右辺の収束半径は 1 である．したがって，(8.14) の両辺は正則関数として一致する．ゆえに例 8.7 より，$f(z) = 1/z$ には $\Delta(1,1)$ における原始関数が存在する．実際，

$$F(z) = \sum_{n=1}^{\infty}\frac{(-1)^{n-1}}{n}(z-1)^n \tag{8.15}$$

は $f(z) = 1/z$ の $\Delta(1,1)$ における原始関数となる．

注意　ここまで学んだ読者はすこし違和感を感じたかもしれない．例 8.6 では $f(z) = 1/z$ の原始関数が存在しないことを説明したのに，例 8.8 では $f(z) = 1/z$ の $\Delta(1,1)$ における原始関数を構成しているのである．このように，一般には正則関数は定義域全体で定義された原始関数を持たないが，後の系 10.9 で見るように，正則関数は局所的には必ず原始関数を持つのである．こうした理由で，例 8.8 では（8.15）のベキ級数により定義された正則関数 $F(z)$ のことを『$f(z)$ の $\Delta(1,1)$ における原始関数』と呼んでいるのである．

8.4　線素と曲線の長さ

8.4.1　線素と曲線の長さ

区分的に滑らかな曲線 $z\colon [a,b] \to \mathbb{C}$ を考える．いま $z(t) = x(t) + iy(t)$ と書く．そして，その像を C とする．このとき C（もしくは曲線 $z\colon [a,b] \to \mathbb{C}$）の**長さ**を

$$L(C) = \int_a^b \left|\frac{dz}{dt}(t)\right| dt = \int_a^b \sqrt{x'(t)^2 + y'(t)^2}\,dt \tag{8.16}$$

と定義して

$$L(C) = \int_C |dz| \tag{8.17}$$

と書く．区分的に滑らかな曲線 C の長さはパラメーター $z\colon C \to \mathbb{C}$ の取り方に依存しない．このことは置換積分法からわかることであるが，直観的には次のよう

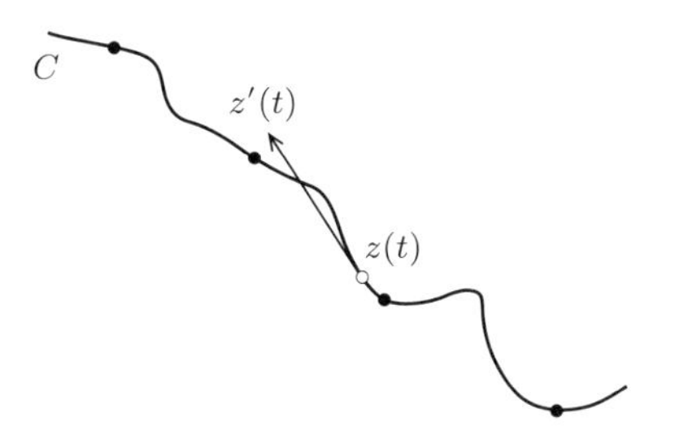

図 8.5　曲線の長さと積分

に理解される．

(8.16) の右辺の被積分関数 $\sqrt{x'(t)^2+y'(t)^2}$ は $z(t)$ における接ベクトル $z'(t)$ の長さである．したがって，曲線 C を分割するとき，$z(t)$ を含む分割による部分曲線の長さは $z'(t)$ の長さ $\sqrt{x'(t)^2+y'(t)^2}$ に近い値のはずである（図 8.5）．区分求積法 (8.2) からわかるように，積分はこれらの和を表すことから曲線全体の長さに一致するのである．

例 8.9 例 8.4 と同様に $a>0$ を固定して滑らかな曲線 C を

$$C\colon z(t)=e^{iat}=\cos(at)+i\sin(at) \quad (0\leqq t\leqq 1)$$

と定義する（図 8.4）．このとき

$$L(C)=\int_0^1 \sqrt{a^2(-\sin(at))^2+a^2(\cos(at))^2}dt=|a|$$

となる．特に円周の長さは 2π というよく知られた結果を得る．

8.4.2　線素による積分

(8.16) を拡張して次の積分を考える．領域 D 上の連続な複素関数 $f(z)$ と D 内の区分的に滑らかな曲線 C をとる．C のパラメーターを $z\colon[a,b]\to D$ とする．このとき

$$\int_C f(z)|dz|=\int_a^b f(z(t))\left|\frac{dz}{dt}(t)\right|dt \tag{8.18}$$

と定義する．

命題 8.8（基本不等式）領域 D 上の連続な複素関数 $f(z)$ と D 内の区分的に滑らかな曲線 C を考える．このとき

$$\left|\int_C f(z)dz\right| \leqq \int_C |f(z)||dz|$$

が成立する．特に $|f(z)| \leqq M$（$z \in D$）が成立すれば

$$\left|\int_C f(z)dz\right| \leqq M\,L(C)$$

が成立する．

証明　実際，命題 8.4 により，

$$\begin{aligned}\left|\int_C f(z)dz\right| &= \left|\int_a^b f(z(t))\frac{dz}{dt}(t)dt\right| \\ &\leqq \int_a^b |f(z(t))|\left|\frac{dz}{dt}(t)\right|dt = \int_C |f(z)||dz|\end{aligned}$$

を得る．■

8.5　線積分の収束

区分的に滑らかな曲線 C を考える．曲線 C のパラメーター $z\colon [a,b] \to C$ を固定する．曲線 C 上の連続関数 $f(z)$ に対して線積分

$$\int_C f(z)dz = \int_a^b f(z(t))\frac{dz}{dt}(t)dt$$

を定義することができる．関数列に関する積分の収束について次が成立する．

命題 8.9（積分の収束）区分的に滑らかな曲線 C 上の連続関数のなす列 $\{f_n(z)\}_{n=1}^{\infty}$ が C 上の連続関数 $f(z)$ に C 上一様収束しているとする．このとき

$$\lim_{n\to\infty}\int_C f_n(z)dz = \int_C f(z)dz \tag{8.19}$$

が成立する．

証明　任意の $\varepsilon > 0$ を取る．定義 5.2 により，$n \geqq N$ のとき

$$|f_n(z) - f(z)| < \varepsilon \quad (z \in C) \tag{8.20}$$

が成立するような自然数 N を取ることができる．このとき，基本不等式（命題 8.8）により $n \geqq N$ であれば

$$\begin{aligned}\left|\int_C f_n(z)dz - \int_C f(z)dz\right| &= \left|\int_C (f_n(z) - f(z))dz\right| \\ &\leqq \int_C |f_n(z) - f(z)||dz| \\ &\leqq \varepsilon \int_C |dz| = \varepsilon L(C)\end{aligned}$$

が成立する．これは (8.19) が成立することを示している．■

練習問題

問 8.1　次の線積分を計算せよ．

(1)　$z(t) = t + it^2$ $(0 \leqq t \leqq 1)$ により定義される曲線 C_1 に対して，

$$\int_{C_1} xdz \quad \text{および} \quad \int_{C_1} x|dz|.$$

(2)　$z(t) = (t+1)^3 + it^2$ $(0 \leqq t \leqq 1)$ により定義される曲線 C_2 に対して，$\displaystyle\int_{C_2} zd\overline{z}$.

(3)　$z(t) = re^{it}$ $(0 \leqq t \leqq 2\pi)$ により定義される曲線 C_3 に対して，

$$\int_{C_3} (z^2 + \overline{z})dz.$$

(4)　$z(t) = 2t + \cos t + i\sin t$ $(0 \leqq t \leqq \pi)$ により定義される曲線 C_4 に対して，$\displaystyle\int_{C_4} z^3 dz$.

問 8.2　$z = e^{i\theta}$ とするとき，$\cos\theta = \dfrac{1}{2}\left(z + \dfrac{1}{z}\right)$ および $\sin\theta = \dfrac{1}{2i}\left(z - \dfrac{1}{z}\right)$ であることを利用して，

$$\int_0^{2\pi} \cos^m \theta d\theta, \qquad \int_0^{2\pi} \sin^m \theta d\theta$$

を求めよ.

問 8.3 区分的に滑らかな曲線 C の周りで定義される連続な複素関数 $f(z)$ に対して

$$\overline{\int_C f(z)dz} = \int_C \overline{f(z)}d\overline{z}$$

が成立することを示せ.

問 8.4 $z = z(t)$ $(a \leqq t \leqq b)$ により定義される曲線 C に対して, $w = w(t) = z(b + a - t)$ $(a \leqq t \leqq b)$ により定義される曲線を $-C$ と書き, C の**向きを逆にして得られる曲線**と呼ぶ. 区分的に滑らかな曲線 C の周りで定義された連続な複素関数 $f(z)$ に対して,

$$\int_{-C} f(z)dz = -\int_C f(z)dz$$

$$\int_{-C} f(z)d\overline{z} = -\int_C f(z)d\overline{z}$$

$$\int_{-C} f(z)|dz| = \int_C f(z)|dz|$$

が成立する.

第9章

コーシーの積分定理

9.1 グリーンの定理

9.1.1 導入：微分積分学の基本定理

閉区間 $[a,b]$ 上の C^1 級関数 $f(x)$ について

$$f(b) - f(a) = \int_a^b f'(x)dx \tag{9.1}$$

が成立する．(9.1) を**微分積分学の基本定理**と呼ぶ．ここで学ぶグリーンの定理は，微分積分学の基本定理 (9.1) を平面の場合に拡張したものと理解される公式である．その詳細をここでは述べないが，関数が与えられたとき，なんらかの微分の積分（(9.1) の右辺）が，その関数の境界のなんらかの意味の和・積分（(9.1) の左辺)）により表されるということである．

9.1.2 グリーンの定理の主張

グリーンの定理とは以下の定理である．

定理 9.1（グリーンの定理） 区分的に滑らかな境界 ∂D をもつ領域 D と，D の閉包 $\overline{D}$ を含む領域で C^1 級である複素関数 $f(z)$ をとる．境界 ∂D の各成分には D から定まる向きを入れておく．このとき，

$$\int_{\partial D} f(z)dz = 2i \iint_D f_{\overline{z}}(z)dxdy \tag{9.2}$$

が成立する．

ここで，集合 E 上の複素関数 $f(z)=f(x+iy)=u(x,y)+iv(x,y)$ の E 上の**面積分**を

$$\iint_E f(z)dxdy = \iint_E u(z)dxdy + i\iint_E v(z)dxdy$$

と定義する．たとえば恒等的に 1 であるような複素関数 $f(z)=1$ の E 上の面積分は E の面積である：

$$\iint_E dxdy = \mathrm{Area}(E) \tag{9.3}$$

グリーンの定理から次を得る．

系 9.2（領域の面積） 区分的に滑らかな境界 ∂D をもつ領域 D について

$$\mathrm{Area}(E) = \frac{1}{2i}\int_{\partial D}\overline{z}dz$$

が成立する．

以下の 9.1.3 節，9.1.4 節，9.1.5 節でグリーンの定理の証明を与えるが，その本質は 9.1.3 節にある領域が長方形の場合にある．9.1.4 節と 9.1.5 節での議論は，一般的な状況を考える際によくあるプロセスである．そのため，自分の理解に応じて学び方を選んでほしい．

9.1.3　グリーンの定理の証明：長方形の場合

はじめに，領域 D が長方形の場合に定理 9.1 を説明する．この証明で微分積分学の基本定理との関係が現れる．

領域 D を

$$D=[a,b]\times[c,d]=\{z=x+iy\in\mathbb{C} \mid a \leqq x \leqq b, c \leqq y \leqq d\}$$

とする．境界 ∂D は 4 つの線分

$$J_1=[a,b]\times\{c\} \quad J_2=[a,b]\times\{d\}$$
$$I_1=\{a\}\times[c,d] \quad I_2=\{b\}\times[c,d]$$

とする．各線分には ∂D の向きを入れておく（例 3.11 を見よ）．たとえば，J_1 の向きは通常の閉区間 $[a,b]$ の向きと同じであるが，J_2 の向きは通常の閉区間 $[a,b]$

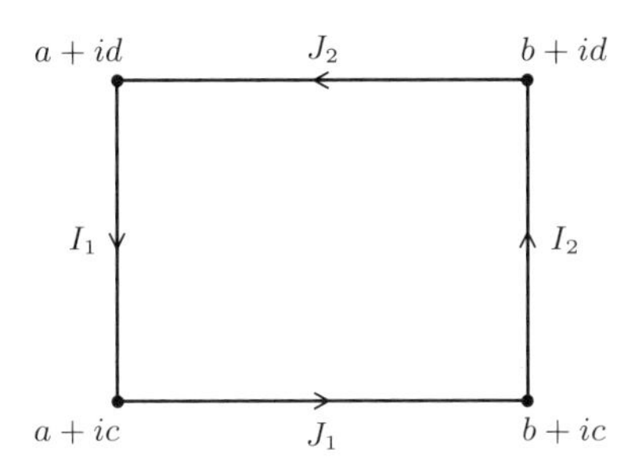

図 9.1　長方形の場合のグリーンの定理の証明．境界は 4 つの線分にわかれている．各々の線分の向きは ∂D の向きから定められている．

の向きと反対である（図 9.1）．

任意の $a \leqq x \leqq b$ および $c \leqq y \leqq d$ に対して，微分積分学の基本定理（9.1）と（7.13）より

$$
\begin{aligned}
f(b+iy)-f(a+iy) &= \int_a^b f_x(x+iy)dx \\
&= \int_a^b (f_z(x+iy)+f_{\overline{z}}(x+iy))dx && (9.4)
\end{aligned}
$$

$$
\begin{aligned}
f(x+id)-f(x+ic) &= \int_c^d f_y(x+iy)dy \\
&= i\int_c^d (f_z(x+iy)-f_{\overline{z}}(x+iy))dy && (9.5)
\end{aligned}
$$

したがって，

$$
\begin{aligned}
\int_{\partial D} f(z)dz &= \int_{J_1} f(z)dz + \int_{I_2} f(z)dz + \int_{J_2} f(z)dz + \int_{I_1} f(z)dz \\
&= \int_a^b f(x+ic)dx + \int_c^d f(b+iy)\cdot idy && (9.6) \\
&\quad - \int_a^b f(x+id)dx - \int_c^d f(a+iy)\cdot idy && (9.7) \\
&= \int_a^b (f(x+ic)-f(x+id))dx + i\int_c^d (f(b+iy)-f(a+iy))dy
\end{aligned}
$$

$$
\begin{aligned}
&= -\int_a^b \int_c^d f_y(x+iy)dydx + i\int_c^d \int_a^b f_x(x+iy)dxdy \\
&= -i\int_a^b \int_c^d (f_z(x+iy) - f_{\overline{z}}(x+iy))dydx \\
&\quad + i\int_c^d \int_a^b (f_z(x+iy) + f_{\overline{z}}(x+iy))dxdy \\
&= 2i\iint_D f_{\overline{z}}(z)dxdy
\end{aligned}
$$

を得る.

注意　(9.6) と (9.7) において y 方向 (虚軸方向) の積分に idy が出てきた. この意味を確認しておこう. これは虚軸に平行な線分が $z(t) = it$ ($c \leqq t \leqq d$) と定義されるからである. したがって, たとえば ∂D 内の線分 $I_2 = \{b\} \times [c,d]$ について,

$$
\int_{I_2} f(z)dz = \int_c^d f(z(t))\frac{dz}{dt}(t)dt = \int_c^d f(x+it) \cdot idt
$$

となる. 後は (わかりやすくするため) t を y に書き直せば良い.

9.1.4　グリーンの定理の証明：実軸と虚軸と平行な線分からなる折れ線で囲まれた領域の場合

次に領域 D の境界が実軸と虚軸と平行な線分からなる折れ線の場合を考える. この場合の積分は長方形の場合から計算される. 実際, 適当な分割を考えることにより D は長方形の和集合にすることができる (図 9.2). したがって, 帰納法より, 上記のような折れ線で囲まれる領域に長方形を辺の部分を線分に沿って貼り付けた場合に成立することを示せば良い. しかし, ここでは, 話を簡単にするために, 帰納法の始めの部分である長方形と長方形が接する場合の計算のみを考える. 証明の残りの部分は下記の計算から理解してほしい.

いま D_1 と D_2 を長方形として $I_1 \subset \partial D_1$ および $I_2 \subset \partial D_2$ をそれぞれが接する部分とする. このとき各 I_j には ∂D_j から定まる向きを入れておく (図 9.2). 各 I_1 と I_2 は線分としては同じであるが, 向きが反対であるので,

$$
\int_{I_2} f(z)dz = -\int_{I_1} f(z)dz \tag{9.8}
$$

が成立することに注意する.

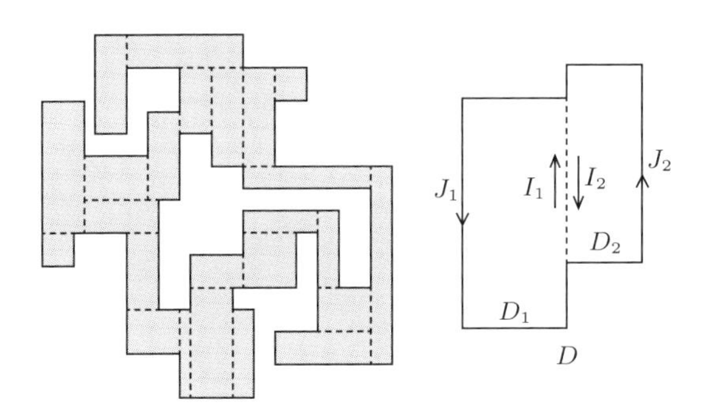

図 9.2 折れ線で囲まれた領域．長方形に分割する．ポイントは接着部分での線積分がキャンセルすることである（(9.8) を見よ）．

長方形 D_j の境界 ∂D_j から I_j を除いて得られる線分を J_j とする．このとき，$D = D_1 \cup D_2$ とすると D の境界 ∂D は J_1 と J_2 をつないで得られる区分的に滑らかな曲線である．したがって，(9.8) より，

$$
\begin{aligned}
2i \iint_D f_{\overline{z}}(z)dxdy &= 2i \iint_{D_1} f_{\overline{z}}(z)dxdy + 2i \iint_{D_2} f_{\overline{z}}(z)dxdy \\
&= \int_{\partial D_1} f(z)dz + \int_{\partial D_2} f(z)dz \\
&= \int_{J_1} f(z)dz + \int_{I_1} f(z)dz + \int_{I_2} f(z)dz + \int_{J_2} f(z)dz \\
&= \int_{J_1} f(z)dz + \int_{J_2} f(z)dz \\
&= \int_{\partial D} f(z)dz
\end{aligned}
$$

を得る．

9.1.5 グリーンの定理の証明：一般の領域の場合

最後に，領域 D を区分的に滑らかな境界 ∂D を持つ場合を考える．境界 ∂D にある曲線を非常に細かく分割する．このとき，境界 ∂D を 9.1.4 節で議論したような実軸と虚軸と平行な線分からなる折れ線を用いて，D の内側から近似する．その際，先に取った ∂D の分割における分点は，その折れ線の頂点となっている

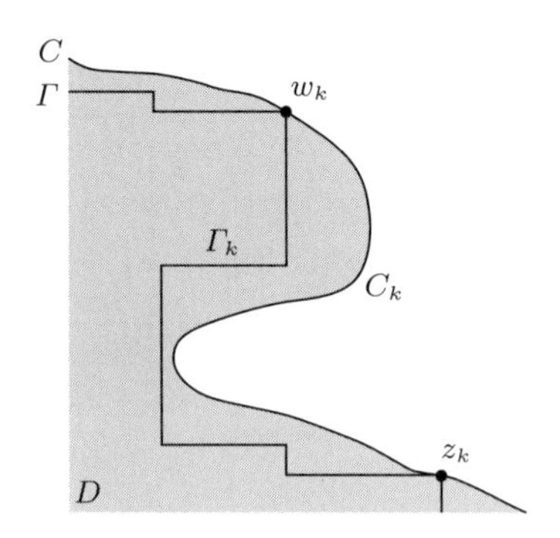

図 9.3　一般の場合のグリーンの定理の証明．折れ線による近似

ようにする[1]．9.1.4 節で議論したように，それらの折れ線で囲まれる領域ではグリーンの定理は成り立っている．折れ線で囲まれた領域 D' と領域 D は非常に近いのでそれらの上での面積分の値は非常に近い[2]．

つまり，任意に $\varepsilon > 0$ を取り固定するとき，領域 D の近似となる折れ線で囲まれた領域 D' を十分近くにとれば

$$\left| \int_D f_{\overline{z}}(z)dxdy - \int_{D'} f_{\overline{z}}(z)dxdy \right| < \varepsilon \tag{9.9}$$

が成立するようにできる．

ここで折れ線は境界に非常に近くに取っていた．ここできちんと議論するために記号を定義しよう．正数 $\varepsilon > 0$ を上記のものとする．境界 ∂D の成分を C としてそれの近似として与えられた折れ線を Γ とする．そして C の分割を $\{C_k\}_{k=1}^N$ として C_k と端点を共有する Γ 内の部分折れ線を Γ_k とする．C_k の始点と終点を z_k と w_k とする（図 9.3）．このとき，複素平面上で正則な関数 z は定数関数 1 の原始関数であるので，系 8.7 より，

$$\int_{C_k} dz = \int_{\Gamma_k} dz = w_k - z_k$$

である．8.4 節と同様に，C と Γ の長さを $L(C)$ と $L(\Gamma)$ と書く．このとき，境界

1］ もちろん，折れ線の頂点は他にあっても良い．

2］ この辺りの議論では，下記の線積分の近似も考慮する必要があるので，本当は近似する折れ線の取り方をきちんと考える必要がある（ε–N 論法のときの議論を見よ）．紙数の都合によりそれは省略するが，ここでの議論は直観的には明らかであろう．

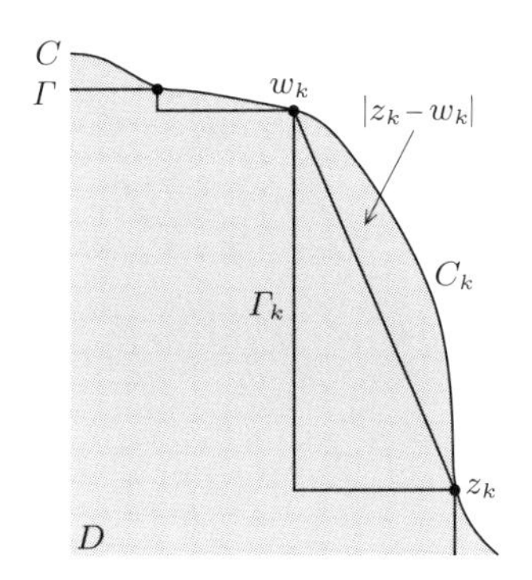

図 9.4　分割を十分細かくすれば，図のような状況で $L(\Gamma_k) \leqq 2|z_k - w_k| + \varepsilon \leqq 2L(C_k) + \varepsilon$ が成立する．

∂D の分割をさらに非常に細かく取ると，

$$L(\Gamma) < 2L(C) + \varepsilon$$

が成立するとして良い（図 9.4 参照）．そして，複素関数 $f(z)$ の連続性から，境界 ∂D の分割をさらに非常に細かく取れば，

$$|f(z) - f(z_k)| < \varepsilon \quad (z \in C_k \cup \Gamma_k)$$

を満たすようにできる[3]．したがって，C の分割点を結ぶ部分弧 C_k と端点を共有する Γ 内の部分折れ線 Γ_k の長さをそれぞれ $L(C_k)$ と $L(\Gamma_k)$ とすると，基本不等式（命題 8.8）より，

$$\begin{aligned}
&\left|\int_{C_k} f(z)dz - \int_{\Gamma_k} f(z)dz\right| \\
&= \left|\int_{C_k} f(z)dz - f(z_k)\left(\int_{C_k} dz - \int_{\Gamma_k} dz\right) - \int_{\Gamma_k} f(z)dz\right| \\
&\leqq \left|\int_{C_k} (f(z) - f(z_k))dz\right| + \left|\int_{\Gamma_k} (f(z) - f(z_k))dz\right| \\
&\leqq \varepsilon \int_{C_k} |dz| + \varepsilon \int_{\Gamma_k} |dz| = \varepsilon(L(C_k) + L(\Gamma_k))
\end{aligned}$$

となる．したがって，

3］ここでは，複素関数 $f(z)$ の一様連続性を用いていることに注意する．

$$\begin{aligned}
\left|\int_C f(z)dz - \int_\Gamma f(z)dz\right| &= \left|\sum_{k=1}^N \int_{C_k} f(z)dz - \sum_{k=1}^N \int_{\Gamma_k} f(z)dz\right| \\
&= \sum_{k=1}^N \left|\int_{C_k} f(z)dz - \int_{\Gamma_k} f(z)dz\right| \\
&\leqq \sum_{k=1}^N \varepsilon(L(C_k) + L(\Gamma_k)) \\
&= \varepsilon\left(\sum_{k=1}^N L(C_k) + \sum_{k=1}^N L(\Gamma_k)\right) = \varepsilon(L(C) + L(\Gamma)) \\
&< \varepsilon(3L(C) + \varepsilon)
\end{aligned}$$

となる．ゆえに，境界 ∂D および $\partial D'$ の対応する成分すべてについての和を考えると，

$$\left|\int_{\partial D} f(z)dz - \int_{\partial D'} f(z)dz\right| < 3\varepsilon L(\partial D) + m\varepsilon^2 \tag{9.10}$$

を得る．ただし m は ∂D の成分となる単純閉曲線の本数である．以上，領域 D' においてグリーンの定理が成立するので，(9.9) と (9.10) により

$$\begin{aligned}
&\left|\int_{\partial D} f(z)dz - \int_D f_{\overline{z}}(z)dxdy\right| \\
&= \left|\int_{\partial D} f(z)dz - \left(\int_{\partial D'} f(z)dz - \int_{D'} f_{\overline{z}}(z)dxdy\right) - \int_D f_{\overline{z}}(z)dxdy\right| \\
&= \left|\int_{\partial D} f(z)dz - \int_{\partial D'} f(z)dz\right| + \left|\int_{D'} f_{\overline{z}}(z)dxdy - \int_D f_{\overline{z}}(z)dxdy\right| \\
&\leqq 3\varepsilon L(\partial D) + m\varepsilon + \varepsilon = (3L(\partial D) + m + 1)\varepsilon
\end{aligned}$$

となる．正数 ε は任意にとっていたので，結局

$$\int_{\partial D} f(z)dz = \int_D f_{\overline{z}}(z)dxdy$$

でなければならない．以上よりグリーンの定理が証明できた．

9.2 コーシーの積分定理

9.2.1 ウォーミングアップ：原始関数をもつ正則関数の閉曲線に沿った積分

ここではコーシーの積分定理を学ぶ前のウォーミングアップとして原始関数をもつ正則関数の閉曲線に沿った積分について考えてみよう.

領域 D 上の正則関数 $f(z)$ が原始関数をもつとする. このとき D 内の区分的に滑らかな閉曲線 C に対して

$$\int_C f(z)dz = 0 \tag{9.11}$$

が成立する. 実際, $z\colon [a,b] \to D$ を C のパラメーターとすると C が閉曲線であることから始終点が一致する, つまり $z(a) = z(b)$ であるので, F の原始関数を $F(z)$ とするとき, 系 8.7 より,

$$0 = F(z(b)) - F(z(a)) = \int_C f(z)dz$$

を得る.

例 9.1 $P(z)$ を多項式とする. 例 6.1 と命題 6.9 より, $P(z)$ は $\mathbb{C}$ 上の正則関数であり原始関数をもつので, $\mathbb{C}$ 内の任意の区分的に滑らかな閉曲線 C に対して

$$\int_C P(z)dz \tag{9.12}$$

が成立する. 特に, 複素平面内の区分的に滑らかな境界をもつ領域 D に対して

$$\int_{\partial D} P(z)dz = 0 \tag{9.13}$$

が成立する.

例 9.2 同様に例 8.7 より, $P(z)$ が収束ベキ級数の場合, 収束円内の区分的に滑らかな閉曲線 C および, 収束円内の区分的に滑らかな境界をもつ領域 D に対して (9.12) と (9.13) が成立する.

9.2.2 コーシーの積分定理

コーシーの積分定理は複素解析学における基本定理である．実際，以下の節で証明される事実は，すべてコーシーの積分定理から導かれるといっても過言ではないであろう．

ここではグリーンの定理を用いて C^1 級の場合をはじめに示す．9.2.3 節において一般の場合の証明を解説する．一般の場合の証明が難しいと感じた読者は，必要に応じて C^1 級の場合のみを学べばよい．

定理 9.3（コーシーの積分定理） 区分的に滑らかな境界を持つ領域 D と D の閉包 $\overline{D}$ を含む領域で正則な関数 $f(z)$ を取る．このとき，

$$\int_{\partial D} f(z)dz = 0$$

が成立する．

証明 正則関数が C^1 級である場合の証明を与える．実際，グリーンの定理（定理 9.1）とコーシー–リーマンの方程式（命題 7.3）から

$$\int_{\partial D} f(z)dz = 2i \iint_D f_{\overline{z}}(z)dxdy = 0$$

が成立する．■

上記の C^1 級の場合の証明法も有用である．上記の証明を理解するために，C^1 級の場合の証明法を用いて下記を示してみる．

系 9.4（有理関数のコーシーの積分定理） 領域 D が区分的に滑らかな境界をもつとする．$R(z) = P(z)/Q(z)$ を有理関数とする．このとき $Q(z)$ の零点が D の閉包 $\overline{D}$ に含まれなければ

$$\int_{\partial D} R(z)dz = 0$$

が成立する．

証明 $Q(z)$ の零点は高々有限個である[4]ので，$R(z)$ は $\overline{D}$ を含む領域で C^1 級であり正則である．したがってグリーンの定理（定理 9.1）とコーシー–リーマンの方程式（命題 7.3）から

$$\int_{\partial D} R(z)dz = 2i \iint_D R_{\overline{z}}(z)dxdy = 0$$

が成立する．■

9.2.3 C^1 級とは限らない場合のコーシーの積分定理の証明

ここでは，与えられた正則関数 $f(z)$ が C^1 級とは限らない場合のコーシーの積分定理（グルーサの定理）の証明について簡単に解説しておく．この章の内容は以下の章ではあまり表立って用いないので，はじめて読む場合には飛ばして読んでも構わない．

ここで仮定できることは，定義 6.5 と命題 6.8 より，

仮定 関数 $f(z)$ が領域 D の閉包 $\overline{D}$ を含む領域の各点で複素微分可能

のみである．領域 D が長方形である場合のみ証明しよう．そうすると，グリーンの定理（定理 9.1）と同様に 9.1.4 節と 9.1.5 節にある議論により一般の区分的に滑らかな領域についての証明を得ることができる．

ここで

$$M = \left| \int_{\partial D} f(z)dz \right|$$

とおく．D を相似な長方形に 4 分割する．できた長方形を $\{D_k^1\}_{k=1}^4$ とする．このとき三角不等式から

$$M = \left| \int_{\partial D} f(z)dz \right| = \left| \sum_{k=1}^4 \int_{\partial D_k^1} f(z)dz \right| \leqq \sum_{k=1}^4 \left| \int_{\partial D_k^1} f(z)dz \right|$$

であるので，ある $D_{k_1}^1$ が

$$\left| \int_{\partial D_{k_1}^1} f(z)dz \right| \geqq \frac{M}{4}$$

4］ この事実は代数学の基本定理とは独立している．実際，因数定理を用いると零点つまり $Q(z)=0$ の根 a を見つけるたびに $z-a$ で割ることにより，次数が減ることからわかる．

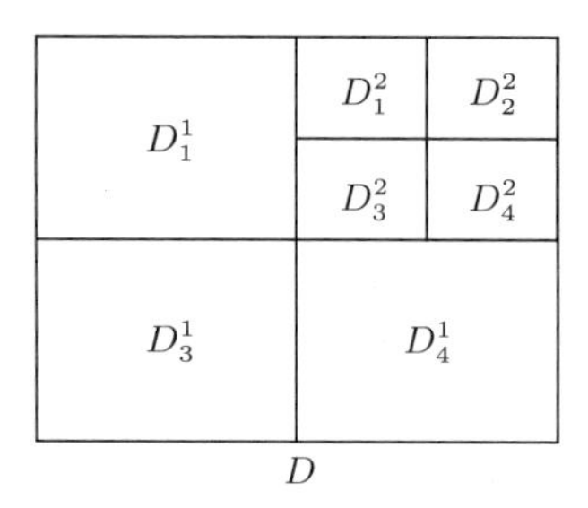

図 9.5　一般の場合のコーシーの積分定理の証明．長方形の分割

であるとしてもよい．同様に D_k^2 を 4 分割 $\{D_k^2\}_{k=1}^4$ するとき，ある $D_{k_2}^2$ について

$$\left|\int_{\partial D_{k_2}^2} f(z)dz\right| \geqq \frac{M}{4^2}$$

が成立する（図 9.5）．この操作を繰り返していくと

$$\left|\int_{\partial D_{k_m}^m} f(z)dz\right| \geqq \frac{M}{4^m} \quad (m = 1, 2, \cdots) \tag{9.14}$$

が成立するような長方形の無限列

$$D \supset D_{k_1}^1 \supset D_{k_2}^2 \supset \cdots \supset D_{k_m}^m \supset \cdots$$

を得る．長方形 $D_{k_m}^m$ と $D_{k_{m-1}}^{m-1}$ は相似比 $1:2$ の図形であるので

$$L(\partial D_{k_m}^m) = \frac{L(\partial D_{k_{m-1}}^{m-1})}{2} = \cdots = \frac{L(\partial D)}{2^m} \tag{9.15}$$

が成立する．したがって $L(\partial D_{k_m}^m) \to 0$ （$m \to \infty$）である．ゆえに，共通部分は一点集合

$$\{z_0\} = \bigcap_{m=1}^{\infty} \overline{D_{k_m}^m}$$

となる[5]．ここで $z_0 \in \overline{D}$ であることに注意する．ゆえに，最初に述べた仮定から，関数 $f(z)$ は z_0 において複素微分可能である．したがって，任意の $\varepsilon > 0$ に対して $|z - z_0| \leqq \delta$ であれば

5］ここでは実数の完備性を用いている．たとえば有理数に制限した場合には成り立たない．

$$|f(z) - f(z_0) - f'(z_0)(z - z_0)| \leqq \varepsilon |z - z_0| \tag{9.16}$$

が成立するような $\delta > 0$ が存在する[6]．ここで各 $D^m_{k_m}$ が長方形（凸領域）であるので

$$|z - z_0| \leqq L(D^m_{k_m}) \quad (z \in \partial D^m_{k_m})$$

が成立することと，m が十分大きければ，$\overline{D^m_{k_m}} \subset \Delta(z_0, \delta)$ とできることに注意すると，系 8.7 および命題 8.8 より[7]，

$$\begin{aligned}
\frac{M}{4^m} &\leqq \left| \int_{\partial D^m_{k_m}} f(z)dz \right| \\
&= \left| \int_{\partial D^m_{k_m}} (f(z) - f(z_0) - f'(z_0)(z - z_0))dz \right| \\
&\leqq \int_{\partial D^m_{k_m}} \left| f(z) - f(z_0) - f'(z_0)(z - z_0) \right| |dz| \\
&\leqq \varepsilon \int_{\partial D^m_{k_m}} |z - z_0||dz| \leqq \varepsilon \times L(D^m_{k_m}) \times L(D^m_{k_m}) \\
&= \varepsilon L(D^m_{k_m})^2 = \varepsilon \frac{L(\partial D)^2}{4^m}
\end{aligned}$$

が成立する．最後の等式は（9.15）より従う．したがって，

$$\left| \int_{\partial D} f(z)dz \right| = M \leqq \varepsilon L(\partial D)^2$$

となる．$\varepsilon > 0$ は任意であったのでコーシーの積分定理を得る．

注意 9.2.2 節では正則関数が C^1 級である場合に対して定理 9.3 を証明した．この証明はコーシー–リーマンの方程式（命題 7.3）を直接用いているので，正則性との関係が一番わかりやすい．この節で紹介した C^1 級とは限らないような一般の場合のコーシーの積分定理はグルーサ（Goursat）の定理とも呼ばれている．後の章で，正則関数が滑らかであることをコーシーの積分公式を用いて証明するため，グルーサの定理を説明した．ちなみに，プランケット（Plunkett）によりコーシーの積分定理を用いない方法でも導関数の連続性が示されている．

6］ 複素微分可能性をランダウの記号を用いた表記（6.6）について $h = z - z_0$ で考えればよい．ランダウの記号の定義を思い出しながら考えてほしい．

7］ $f(z_0) + f'(z_0)(z - z_0)$ は原始関数 $f(z_0)(z - z_0) + f'(z_0)\dfrac{(z - z_0)^2}{2}$ を持つことに注意する．

9.3 コーシーの積分定理の幾何学的側面

境界の成分が2つであるような区分的に滑らかな境界をもつ領域を**2重連結領域**と呼ぶ．円環領域 $A(z_0, r, R) = \{r < |z| < R\}$ はその典型例である．2重連結領域 D の境界は2つの単純閉曲線からなる．2重連結領域 D の補集合 $\mathbb{C} - D$ は有界でない成分の境界となる2重連結領域 D の境界の成分を D の**外境界**，そして残りの境界成分を D の**内境界**と呼ぶ．

2重連結領域 D の外境界および内境界をそれぞれ C_1 と C_2 とおく．外境界 C_1 の向きは D から導かれる向き，内境界 C_2 には D から導かれる向きの逆の向きを入れておく（図9.6）．

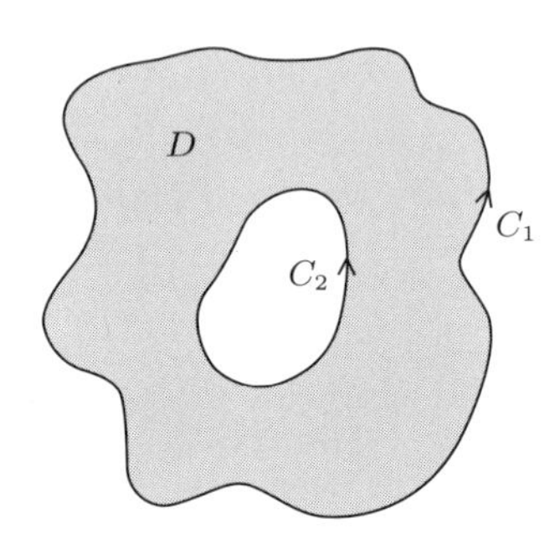

図9.6　2重連結領域 D とその外境界 C_1 と内境界 C_2．9.3節では図の内境界 C_2 の向きは D から定まる向きとは異なることに注意せよ．実際，ここでは両方「同じ向きを向く」ことがポイントである．

D の閉包 $\overline{D}$ を含む領域で正則な関数 $f(z)$ を取る．コーシーの積分定理から

$$0 = \int_{\partial D} f(z)dz = \int_{C_1} f(z)dz - \int_{C_2} f(z)dz$$

つまり，

$$\int_{C_1} f(z)dz = \int_{C_2} f(z)dz \tag{9.17}$$

を得る．つまり，コーシーの積分定理から，2重連結領域を囲むような2つの単純閉曲線 C_1 および C_2 に対して，向きを上記のように選ぶと積分値は変わらないことがわかるのである．

例 9.3 閉円環領域 $\overline{A}(z_0, r, R)$ を含む領域で正則な関数 $f(z)$ をとる．このとき，任意の R' $(r \leqq R' \leqq R)$ に対して

$$\int_{\{|z-z_0|=R'\}} f(z)dz = \int_{\{|z-z_0|=r\}} f(z)dz \tag{9.18}$$

が成立する．ただし，円周 $\{|z-z_0| = R'\}$ は z_0 を反時計回りにまわる向きをつけられているとする（図 9.7）．

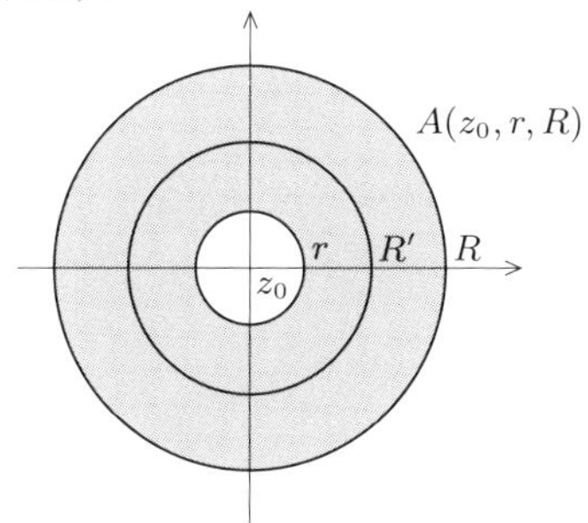

図 9.7 円環領域 $A(z_0, r, R)$ と円周 $\{|z-z_0| = R'\}$．積分値 (9.18) は R' によらずに定まる．

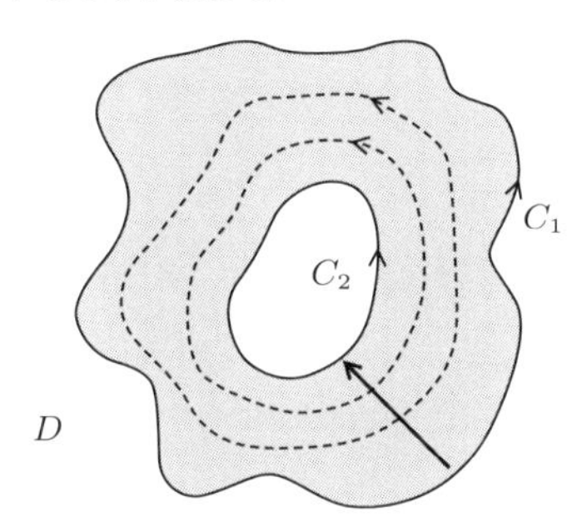

図 9.8 2 重連結領域 D の外境界 C_1 は内境界 C_2 に D 内で連続的に変化させることにより重ねることができる．

注意 上記の 2 重連結領域 D において外境界 C_1 は D 内で連続的に変化することにより C_2 に重ねることができる（図 9.8）．(9.17) のように連続的な変化で重ねることができる曲線に沿った積分値は変わらない．実は，正則関数の閉曲線に沿った積分はその曲線によって決まるのではなく，閉曲線の**ホモロジー類により定まる**ことが知られている．ここではその詳細に触れることができないが，閉曲線に沿った積分の値の**ホモロジー不変性**は応用上重要な正則関数の性質であり，様々な分野で用いられている．

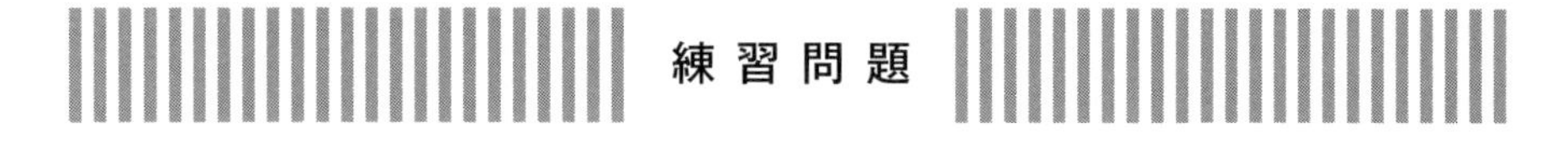

練習問題

問 9.1　区分的に滑らかな境界を持つ領域 D を考える．D の補集合の有界でない成分の境界についてその成分を C_0 として D の**外境界**と呼ぶ．外境界以外の境界成分を D の**内境界**と呼ぶ．D の外境界を C_0 として内境界を C_1，$\cdots$，C_m と書く．各 C_k には D から定まる向きを入れておく．このとき D の閉包 $\overline{D}$ を含む領域で正則な関数 $f(z)$ は**ホモロジー不変性**

$$\int_{C_0} f(z)dz = -\sum_{k=1}^{m}\int_{C_i} f(z)dz = \sum_{k=1}^{m}\int_{-C_i} f(z)dz$$

を満たすことを示せ[8]．

問 9.2　長方形 $D = [a,b]\times[c,d] = \{z = x+iy \in \mathbb{C} \mid a \leqq x \leqq b, c \leqq y \leqq d\}$ と D を含む領域で定義された C^1 級の複素関数 $f(z)$ をとる．このとき，

$$\int_{\partial D} f(z)d\overline{z} = -2i\int_{\partial D} f_z(z)dxdy$$

が成立することを示せ．

問 9.3　グリーンの定理（定理 9.1）の仮定を満たす領域 D と複素関数 $f(z)$ をとる．このとき，

$$\int_{\partial D} f(z)d\overline{z} = -2\int_{\partial D} f_z(z)dxdy$$

が成立することを示せ．

問 9.4　次の線積分を計算せよ．

(1)　$\displaystyle\int_{\partial\Delta(0,1)} \frac{1}{(z-a)(z-b)}dz$　$(a, b\in\mathbb{C},\ |a|<1<|b|)$（例 8.4 を参考にせよ）

(2)　長方形 $D = [a,b]\times[c,d]$ に対して $\displaystyle\int_{\partial D} |1+z|^2 dz$.

(3)　長方形 $D = [a,b]\times[c,d]$ に対して，$\displaystyle\int_{\partial D} |e^z|^2 d\overline{z}$.

8]　ホモロジー群を知っている読者は，C_0 と $-\sum_{i=1}^{m} C_i$ はホモローグであること，つまり，領域を囲むことが容易にわかるであろう．

第10章

コーシーの積分公式とテイラー展開可能性

10.1　コーシーの積分公式

10.1.1　導入：平均値の定理

一般に重心といえば，多角形に対して定義され，釣り合いが取れる点とされる（図 8.1）．閉円板 $\overline{\Delta}(z_0, R)$ に内接する正 n 多角形の頂点 $\{z_0 + Re^{\frac{2\pi ki}{n}}\}_{k=0}^{n-1}$ であり，その重心は

$$\frac{(z_0 + R) + \left(z_0 + Re^{\frac{2\pi i}{n}}\right) + \cdots + \left(z_0 + Re^{\frac{2\pi(n-1)i}{n}}\right)}{n} = z_0$$

である．

下記の平均値の定理は「正則関数の値の円周における平均値は中心の値と一致する」というものである．8.1.1 節において議論した区分求積法によれば線積分は重心（平均値）の極限であったので，この観点からみると，以下に述べる平均値の定理は「正則関数によって重心は重心にうつる」と読むこともできる．いずれにしても境界値によって内部の点の値が記述できることは非常に興味深い性質である．

定理 10.1（平均値の定理）閉円板 $\overline{\Delta}(z_0, R)$ を含む領域で正則な関数 $f(z)$ について，

$$f(z_0) = \frac{1}{2\pi} \int_0^{2\pi} f(z_0 + Re^{i\theta}) d\theta$$

が成立する．

注意 この性質は 9.3 節で述べた積分のホモロジー不変性から導かれるものである．実際，ホモロジー不変性を用いて以下の (10.3) を導いてしまえば $\delta \to 0$ として (10.3) の右辺が $f(z_0)$ に収束することを確認するだけである．実際，(10.3) の右辺が $f(z_0)$ に収束することは正則関数 $f(z)$ の連続性から容易に想像できることである[1]．ここでは ε–δ 論法を用いてきちんと証明しておくが，最初の部分は飛ばして読みすすめても良い．

証明 変数 ζ を $\zeta = z_0 + re^{i\theta}$ とする．このとき

$$\frac{d\zeta}{d\theta} = ire^{i\theta} = i(\zeta - z_0) \tag{10.1}$$

であるので

$$\frac{1}{2\pi}\int_0^{2\pi} f(z_0 + re^{i\theta})d\theta = \frac{1}{2\pi i}\int_{\partial\Delta(z_0,r)} \frac{f(\zeta)}{\zeta - z_0}d\zeta \tag{10.2}$$

が成立する．ここで $0 < \delta < r$ を満たす $\delta > 0$ を取ると，関数 $\dfrac{f(\zeta)}{\zeta - z_0}$ は閉円環領域（2 重連結領域）$\overline{A}(z_0, \delta, R) = \{z \in \mathbb{C} \mid \delta \leqq |z - z_0| \leqq r\}$ を含む領域で正則であるので，例 9.3 より

$$\begin{aligned}\frac{1}{2\pi}\int_0^{2\pi} f(z_0 + re^{i\theta})d\theta &= \frac{1}{2\pi i}\int_{\partial\Delta(z_0,r)} \frac{f(\zeta)}{\zeta - z_0}d\zeta \\ &= \frac{1}{2\pi i}\int_{\partial\Delta(z_0,\delta)} \frac{f(\zeta)}{\zeta - z_0}d\zeta \\ &= \frac{1}{2\pi}\int_0^{2\pi} f(z_0 + \delta e^{i\theta})d\theta \end{aligned} \tag{10.3}$$

が成立する．

ここで $\varepsilon > 0$ を任意に取る．正則関数 $f(z)$ は $z = z_0$ において連続であるので，

$$|f(z) - f(z_0)| < \varepsilon \quad (|z - z_0| \leqq \delta) \tag{10.4}$$

を満たすように $0 < \delta < r$ を取ることができる．(10.3) と (10.4) より

$$\left|\frac{1}{2\pi}\int_0^{2\pi} f(z_0 + re^{i\theta})d\theta - f(z_0)\right| = \left|\frac{1}{2\pi}\int_0^{2\pi} f(z_0 + \delta e^{i\theta})d\theta - f(z_0)\right|$$

1] これは平均値のココロである．つまり，平均をとるための数のすべてが，ある数 a に近ければ，それらの平均値も a に近い．

$$= \left| \frac{1}{2\pi} \int_0^{2\pi} f(z_0 + \delta e^{i\theta}) d\theta - \frac{1}{2\pi} \int_0^{2\pi} f(z_0) d\theta \right|$$
$$\leqq \frac{1}{2\pi} \int_0^{2\pi} |f(z_0 + \delta e^{i\theta}) - f(z_0)| d\theta \leqq \varepsilon$$

となる．$\varepsilon > 0$ は任意であったので主張を得る．■

10.1.2　コーシーの積分公式

平均値の定理（定理 10.1）および（10.2）によれば，閉円板 $\overline{\Delta}(z_0, R)$ を含む領域で正則な関数 $f(z)$ は

$$f(z_0) = \frac{1}{2\pi i} \int_{\partial\Delta(z_0,r)} \frac{f(\zeta)}{\zeta - z_0} d\zeta \tag{10.5}$$

を満たす．この公式は次のコーシーの積分公式に一般化される．

定理 10.2（コーシーの積分公式） 区分的に滑らかな境界をもつ領域 D および領域 D の閉包 $\overline{D}$ を含む領域で正則な関数 $f(z)$ を取る．このとき，

$$f(z) = \frac{1}{2\pi i} \int_{\partial D} \frac{f(\zeta)}{\zeta - z} d\zeta \quad (z \in D) \tag{10.6}$$

が成立する．

証明　$z \in D$ を固定する．ζ を変数とする関数

$$F(\zeta) = \frac{f(\zeta)}{\zeta - z}$$

を考える．任意の $r > 0$ をとり固定する．ここで $\overline{\Delta}(z, r) \subset D$ を満たすように $r > 0$ を十分小さく取っておく．ここで $D_r = D - \overline{\Delta}(z, r)$ とする（次ページの図 10.1）．

仮定から $f(\zeta)$ は ζ の関数として $\overline{D}$ を含む領域で正則であり，$\dfrac{1}{\zeta - z}$ は $\mathbb{C} - \overline{\Delta}(z, r)$ において正則である．$F(\zeta)$ は $\overline{D_r} = \overline{D} - \Delta(z, r)$ を含む領域で正則である．ゆえに，コーシーの積分定理（定理 9.3）から

$$0 = \int_{\partial D_r} F(\zeta) d\zeta = \int_{\partial D_r} \frac{f(\zeta)}{\zeta - z} d\zeta = \int_{\partial D} \frac{f(\zeta)}{\zeta - z} d\zeta - \int_{\partial\Delta(z,r)} \frac{f(\zeta)}{\zeta - z} d\zeta$$

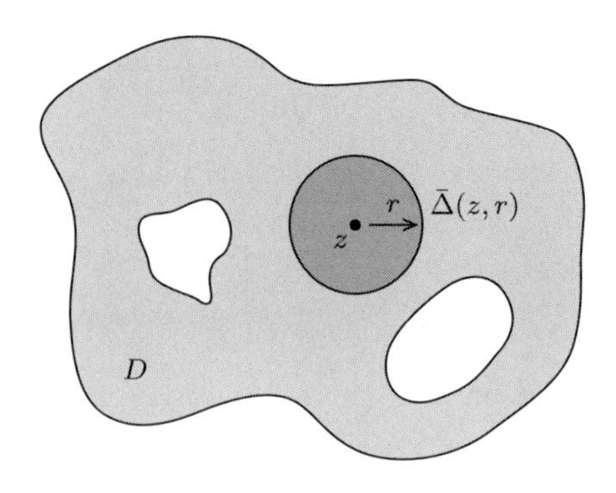

図 10.1　領域 D と z を中心とした円板 $\overline{\Delta}(z,r)$

つまり，

$$\int_{\partial\Delta(z,r)} \frac{f(\zeta)}{\zeta - z} d\zeta = \int_{\partial D} \frac{f(\zeta)}{\zeta - z} d\zeta \tag{10.7}$$

を得る[2]．ただし，(10.7) の左辺の $\partial\Delta(z,r)$ には $\Delta(z,\varepsilon)$ から定まる向きが入っている．この向きは D_r から定まる向きと逆であることに注意してほしい．ここで (10.5) により

$$\int_{\partial\Delta(z,r)} \frac{f(\zeta)}{\zeta - z} d\zeta = 2\pi i f(z) \tag{10.8}$$

であるので，(10.7) と (10.8) より主張を得る．■

注意　脚注 2 にも書いたように，コーシーの積分公式（定理 10.2）の証明では，積分値のホモロジー不変性が現れている．実際，証明に現れた関数

$$\frac{1}{\zeta - z} \tag{10.9}$$

の「z を固定するとき関数 (10.9) は ζ に関して正則である」という性質を本質的に用いている．(10.9) は**コーシー核**と呼ばれる．

例 10.1　8.1.1 節において議論した区分求積法を用いて，コーシーの積分公式

2］(10.7) はまさに，9.3 節で議論した「積分値のホモロジー不変性」である．特に証明の本質は定理 10.1 の証明のそれと変わっていないことに注意してほしい．なお，ここでは詳細を述べることができないが，この定理は幾何学的な側面が強いのでもっと一般的な状況（リーマン面など）で議論できる．

を具体的な関数について確かめてみる[3].

$f(z) = z^m$ を単位円板 $\mathbb{D} = \Delta(0,1)$ について考える．このとき単位円周 $\partial\mathbb{D}$ のパラメータ $\zeta(t) = e^{2\pi it}$ $(0 \leqq t \leqq 1)$ をとる．このとき

$$\begin{aligned}\frac{1}{2\pi i}\int_{\partial\mathbb{D}}\frac{f(\zeta)}{\zeta - z}d\zeta &= \frac{1}{2\pi i}\int_{\partial\mathbb{D}}\frac{\zeta^m}{\zeta - z}d\zeta = \frac{1}{2\pi i}\int_0^1\frac{e^{2\pi mit}}{e^{2\pi it} - z}\cdot 2\pi ie^{2\pi it}dt \\ &= \int_0^1\frac{e^{2\pi(m+1)it}}{e^{2\pi it} - z}dt\end{aligned}$$

である．$z \in \mathbb{D}$ を固定する．$n \in \mathbb{N}$ をとる．このとき，

$$\begin{aligned}\frac{1}{n}\sum_{k=0}^{n-1}\frac{e^{2\pi i(m+1)\frac{k}{n}}}{e^{2\pi i\frac{k}{n}} - z} &= \frac{1}{n}\sum_{k=0}^{n-1}e^{2\pi i\frac{mki}{n}}\frac{1}{n}\sum_{l=0}^{\infty}\left(\frac{z}{e^{2\pi i\frac{k}{n}}}\right)^l \\ &= \frac{1}{n}\sum_{k=0}^{n-1}\sum_{l=0}^{\infty}e^{2\pi(m-l)\frac{ki}{n}}z^l \\ &= \frac{1}{n}\sum_{l=0}^{\infty}\left(\sum_{k=0}^{n-1}e^{2\pi(m-l)\frac{ki}{n}}\right)z^l\end{aligned}$$

である．ここで $|z| < 1$ であるので区分求積法から

$$\begin{aligned}\frac{1}{2\pi i}\int_{\partial\mathbb{D}}\frac{\zeta^m}{\zeta - z}d\zeta &= \int_0^1\frac{e^{2\pi(m+1)it}}{e^{2\pi it} - z}dt \\ &= \lim_{n\to\infty}\frac{1}{n}\sum_{k=0}^{n-1}\frac{e^{2\pi i(m+1)\frac{k}{n}}}{e^{2\pi i\frac{k}{n}} - z} \\ &= \lim_{n\to\infty}\frac{z^m}{1 - z^n} = z^m\end{aligned}$$

を得る．したがって $f(z) = z^m$ の場合のコーシーの積分公式を得る．

10.1.3 コーシーの積分公式の逆

次の性質は 11.3 節において一般的な観点からもう一度議論される．

命題 10.3（コーシーの積分公式の逆） 区分的に滑らかな境界をもつ領域 D をとる．そして境界 ∂D 上の連続関数 φ に対して，

3] 計算が複雑なため意味のある計算をしているか不安になるかもしれないが正しい している．最初は形式的に正しいことから確かめてほしい．

$$F(z) = \frac{1}{2\pi i}\int_{\partial D} \frac{\varphi(\zeta)}{\zeta - z} d\zeta$$

は D 上の正則関数である．さらに，

$$F'(z) = \frac{1}{2\pi i}\int_{\partial D} \frac{\varphi(\zeta)}{(\zeta - z)^2} d\zeta \tag{10.10}$$

が成立する．

証明　命題 6.8 により，関数 $F(z)$ が D の各点で複素微分可能であることを示せば十分である．ここで φ が ∂D 上で連続であるので

$$|\varphi(\zeta)| \leqq M \quad (\zeta \in \partial D) \tag{10.11}$$

を満たす $M > 0$ が存在する．点 $z_0 \in D$ をとり固定する．正数 $r > 0$ を $\overline{\Delta}(z_0, r) \subset D$ となるように小さくとる．複素数 $\Delta z \in \mathbb{C}$ を $|\Delta z| < r/2$ を満たすように取る（図 10.2）．このとき恒等式

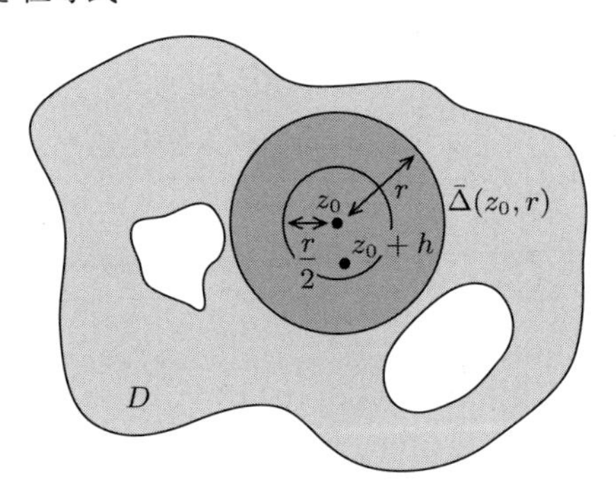

図 10.2　領域 D と z_0 を中心とした円板 $\overline{\Delta}(z_0, r)$．$z_0 + \Delta z$ は $\Delta(z_0, r/2)$ に入っていることに注意する．

$$\frac{1}{\zeta - (z_0 + \Delta z)} - \frac{1}{\zeta - z_0} = \frac{\Delta z}{(\zeta - z_0)^2} + \frac{\Delta z^2}{(\zeta - (z_0 + \Delta z))(\zeta - z_0)^2} \tag{10.12}$$

を用いると，

$$\begin{aligned} F(z_0 + \Delta z) - F(z_0) &= \frac{1}{2\pi i}\int_{\partial D} \frac{\varphi(\zeta)}{\zeta - (z_0 + \Delta z)} d\zeta - \frac{1}{2\pi i}\int_{\partial D} \frac{\varphi(\zeta)}{\zeta - z_0} d\zeta \\ &= \frac{1}{2\pi i}\int_{\partial D} \left(\frac{1}{\zeta - (z_0 + \Delta z)} - \frac{1}{\zeta - z_0} \right) \varphi(\zeta) d\zeta \end{aligned}$$

$$
\begin{aligned}
&= \frac{\Delta z}{2\pi i}\int_{\partial D}\frac{\varphi(\zeta)}{(\zeta - z_0)^2}d\zeta \\
&\quad + \frac{\Delta z^2}{2\pi i}\int_{\partial D}\frac{\varphi(\zeta)}{(\zeta-(z_0+\Delta z))(\zeta - z_0)^2}d\zeta
\end{aligned}
\tag{10.13}
$$

を得る．いま $|\Delta z| < r/2$ であり $\overline{\Delta}(z_0, r) \subset D$ であるので $\zeta \in \partial D$ に対して

$$
|\zeta - (z_0 + \Delta z)| \geqq r/2, \quad |\zeta - z_0| \geqq r
$$

が成立する．したがって，基本不等式（命題 8.8）と（10.11）より

$$
\begin{aligned}
\left|\frac{1}{2\pi i}\int_{\partial D}\frac{\varphi(\zeta)}{(\zeta-(z_0+\Delta z))(\zeta - z_0)^2}d\zeta\right| &\leqq \frac{1}{2\pi}\int_{\partial D}\frac{|\varphi(\zeta)|}{|\zeta-(z_0+\Delta z)||\zeta - z_0|^2}|d\zeta| \\
&\leqq \frac{1}{\pi r^3}\int_{\partial D}|\varphi(\zeta)||d\zeta| \leqq \frac{M\,L(\partial D)}{\pi r^3}
\end{aligned}
$$

が成立する．以上の議論と（10.13）より，

$$
\left|\frac{F(z_0+\Delta z) - F(z_0)}{\Delta z} - \frac{1}{2\pi i}\int_{\partial D}\frac{\varphi(\zeta)}{(\zeta - z_0)^2}d\zeta\right| \leqq \frac{M\,L(\partial D)}{\pi r^3}|\Delta z| \quad (|\Delta z| < r/2)
$$

が成立する．したがって $\Delta z \to 0$ とすると（10.10）を得る．■

同様の計算をすることにより次を得る．

命題 10.4（正則関数の無限回微分可能性） 区分的に滑らかな境界をもつ領域 D をとる．そして境界 ∂D 上の連続関数 φ に対して，

$$
F(z) = \frac{1}{2\pi i}\int_{\partial D}\frac{\varphi(\zeta)}{\zeta - z}d\zeta
$$

は無限回複素微分可能であり，

$$
F^{(n)}(z) = \frac{n!}{2\pi i}\int_{\partial D}\frac{\varphi(\zeta)}{(\zeta - z)^{n+1}}d\zeta \quad (z \in D) \tag{10.14}
$$

が成立する．特に，領域 D の閉包を含む領域で正則な関数 $f(z)$ は D 内では何回でも複素微分可能であり導関数は正則である．さらに，

$$
f^{(n)}(z) = \frac{n!}{2\pi i}\int_{\partial D}\frac{f(\zeta)}{(\zeta - z)^{n+1}}d\zeta \quad (z \in D) \tag{10.15}
$$

が成立する．

ただし，$F^{(n)}(z)$ は $F(z)$ の n 次導関数である（(6.10) を見よ）．

例 10.2 閉円板 $\overline{\Delta}(z_0, R)$ を含む領域で正則な関数 $f(z)$ に対して

$$f^{(n)}(z) = \frac{n!}{2\pi i} \int_{\partial \Delta(z_0, R)} \frac{f(\zeta)}{(\zeta - z)^{n+1}} d\zeta \quad (|z - z_0| < R) \tag{10.16}$$

特に

$$f^{(n)}(z_0) = \frac{n!}{2\pi i} \int_{\partial \Delta(z_0, R)} \frac{f(\zeta)}{(\zeta - z_0)^{n+1}} d\zeta \tag{10.17}$$

が成立する．

系 10.5（コーシーの評価） 閉円板 $\overline{\Delta}(z_0, R)$ を含む領域で正則な関数 $f(z)$ をとる．ここで各点 $z \in \overline{\Delta}(z_0, R)$ に対して $|f(z)| \leqq M$ を満たすような $M > 0$ が存在するとする．このとき，

$$|f^{(n)}(z_0)| \leqq \frac{n! M}{R^n} \tag{10.18}$$

が成立する．

証明　(10.17) により $\zeta = z_0 + Re^{it}$ $(0 \leqq t \leqq 2\pi)$ とすると，$\dfrac{d\zeta}{dt} = iRe^{it}$ であるので

$$\begin{aligned}
|f^{(n)}(z_0)| &= \left| \frac{n!}{2\pi i} \int_{\partial \Delta(z_0, R)} \frac{f(\zeta)}{(\zeta - z_0)^{n+1}} d\zeta \right| \\
&\leqq \frac{n!}{2\pi} \int_{\partial \Delta(z_0, R)} \frac{|f(\zeta)|}{|\zeta - z_0|^{n+1}} |d\zeta| \\
&\leqq \frac{n!}{2\pi} \int_0^{2\pi} \frac{M}{|z_0 + Re^{it} - z_0|^{n+1}} \left| iRe^{it} \right| dt = \frac{n! M}{R^n}
\end{aligned}$$

である．■

10.2　積分の計算への応用

コーシーの積分公式を用いると次のような計算を得る．

例 10.3 原点を囲む任意の区分的に滑らかな単純閉曲線 C が原点を反時計回り

に囲むように向きをつけられているとする．このとき，0 以上の整数 n に対して

$$\int_C \frac{e^z}{z^{n+1}}dz = \frac{2\pi i}{n!}(e^z)^{(n)}\ |_{z=0} = \frac{2\pi i}{n!}$$
$$\int_C \frac{\sin z}{z^{n+1}}dz = \frac{2\pi i}{n!}(\sin z)^{(n)}\ |_{z=0} = -\frac{2\pi i}{n!}\sin\frac{n\pi}{2}$$
$$\int_C \frac{\cos z}{z^{n+1}}dz = \frac{2\pi i}{n!}(\cos z)^{(n)}\ |_{z=0} = -\frac{2\pi i}{n!}\cos\frac{n\pi}{2}$$

が成立する．

例 10.4 正数 $r > 0$ と $|a| < r$ を満たす $a \in \mathbb{C}$ を取る．このとき積分

$$\int_{\partial\Delta(0,r)} \frac{|dz|}{|z-a|^2} = \frac{2\pi r}{r^2 - |a|^2}$$

を証明する．

実際，$\partial\Delta(0,r)$ のパラメータを $z = re^{it}$ $(0 \leqq t \leqq 2\pi)$ とする．このとき $dz = ire^{it}dt$ であるので

$$|dz| = rdt = \frac{rdz}{iz}$$

が成立することに注意する．このとき関数 $\dfrac{1}{r^2 - \overline{a}z}$ は $\overline{\Delta}(0,r)$ を含む領域 $\Delta(0, r^2/|a|)$ で正則であり，$|z| = r$ のとき $\overline{z} = r^2/z$ であるので，

$$\begin{aligned}
\int_{\partial\Delta(0,r)} \frac{|dz|}{|z-a|^2} &= \int_{\partial\Delta(0,r)} \frac{1}{(z-a)\overline{(z-a)}}\frac{rdz}{iz} \\
&= \int_{\partial\Delta(0,r)} \frac{1}{(z-a)\left(\dfrac{r^2}{z} - \overline{a}\right)}\frac{rdz}{iz} \\
&= \frac{r}{i}\int_{\partial\Delta(0,r)} \frac{1}{z-a}\frac{1}{r^2 - \overline{a}z}dz \\
&= \frac{r}{i}\cdot 2\pi i \frac{1}{r^2 - \overline{a}a} = \frac{2\pi r}{r^2 - |a|^2}
\end{aligned}$$

を得る．

10.3　テイラー展開

10.3.1　テイラー展開可能性

6.4 節で議論したように，収束半径が正であるようなベキ級数

$$f(z) = \sum_{n=0}^{\infty} a_n (z - z_0)^n$$

で定義された関数は収束円内の正則関数であり，(6.9) より

$$a_n = \frac{f^{(n)}(z_0)}{n!}$$

が成立した．実は，下記の通りこの逆が成立するので，**正則関数は局所的にベキ級数で表される関数である**と述べても良い．

定理 10.6（テイラー展開） 領域 D 上の正則関数 $f(z)$ は D の各点でベキ級数展開可能である．つまり，任意の $z_0 \in D$ に対して $r > 0$ を $\Delta(z_0, r) \subset D$ を満たすものとする．このとき，

$$f(z) = \sum_{n=0}^{\infty} \frac{f^{(n)}(z_0)}{n!}(z - z_0)^n \quad (z \in \Delta(z_0, R)) \tag{10.19}$$

が成立する．ベキ級数 (10.19) は $\Delta(z_0, R)$ 上でコンパクト一様絶対収束する（定義 5.9）．特にベキ級数 (10.19) の収束半径は R 以上である（命題 5.13）．

証明　任意に $0 < r < R$ をとり固定する．このとき $|z - z_0| \leqq r$ および $|\zeta - z_0| = R$ に対して

$$\left| \frac{z - z_0}{\zeta - z_0} \right| \leqq \frac{r}{R} < 1$$

であるので幾何級数展開

$$\frac{1}{\zeta - z} = \frac{1}{\zeta - z_0} \frac{1}{1 - \dfrac{z - z_0}{\zeta - z_0}} \tag{10.20}$$

$$= \sum_{n=0}^{\infty} \frac{(z - z_0)^n}{(\zeta - z_0)^{n+1}} \tag{10.21}$$

を得る．ゆえにコーシーの積分公式および (10.17) から，$|z - z_0| \leqq r < R$ に対して

$$
\begin{aligned}
f(z) &= \frac{1}{2\pi i}\int_{\partial\Delta(z_0,R)} \frac{f(\zeta)}{\zeta - z}d\zeta \\
&= \frac{1}{2\pi i}\int_{\partial\Delta(z_0,R)} f(\zeta)\sum_{n=0}^{\infty}\frac{(z-z_0)^n}{(\zeta-z_0)^{n+1}}d\zeta \\
&= \sum_{n=0}^{\infty}\left(\frac{1}{2\pi i}\int_{\partial\Delta(z_0,R)}\sum_{n=0}^{\infty}\frac{f(\zeta)}{(\zeta-z_0)^{n+1}}d\zeta\right)(z-z_0)^n \\
&= \sum_{n=0}^{\infty}\frac{f^{(n)}(z_0)}{n!}(z-z_0)^n
\end{aligned}
$$

を得る．ここで幾何級数展開（10.21）が閉円板 $\overline{\Delta}(z_0, r)$ 上で絶対一様収束するので積分と無限級数の和が交換可能となり（命題 8.9），したがって，級数が閉円板 $\overline{\Delta}(z_0, r)$ 上で絶対一様収束する．■

正則関数のテイラー展開を次のように定義する．

定義 10.7（テイラー展開） 領域 D 上の正則関数 $f(z)$ に対して，(10.19）により定義される収束べキ級数を $f(z)$ の $z_0 \in D$ における**テイラー展開**と呼ぶ．

10.3.2 正則関数の零点の位数

点 $z_0 \in \mathbb{C}$ のまわりで定義された正則関数 $f(z)$ の $z = z_0$ におけるテイラー展開を

$$f(z) = \sum_{n=0}^{\infty} a_n(z-z_0)^n$$

ここで $f(z_0) = 0$ であるとする．このとき $a_n \neq 0$ となるような n の最小値 m を $f(z)$ の零点 z_0 の**位数** とよび

$$m = \mathrm{ord}(f, z_0) \tag{10.22}$$

と書く．z_0 が $f(z)$ の零点でない場合には

$$\mathrm{ord}(f, z_0) = 0$$

と定義する．いずれにしても

$$\mathrm{ord}(f, z_0) = \min\{n \mid a_n \neq 0\} \tag{10.23}$$

が成立する．ここで $m = \mathrm{ord}(f, z_0)$ のとき $f(z)$ の $z = z_0$ におけるテイラー展開は

$$f(z) = a_m(z - z_0)^m + a_{m+1}(z - z_0)^{m+1} + (z - a)^2 \cdots$$

となる（ただし $a_m \neq 0$）．いま $a_n = \dfrac{f^{(n)}(z_0)}{n!}$ であったから z_0 の位数は

$$\mathrm{ord}(f, z_0) = \begin{cases} \max\{n \mid f^{(n)}(z_0) = 0\} + 1 & (f(z_0) = 0) \\ 0 & (f(z_0) \neq 0) \end{cases} \tag{10.24}$$

と書くことができる．

例 10.5 4.4 節において多項式 $P(z)$ の零点 a の位数を（4.4）のように定義した．4.4 節の意味での a の位数を m とするとき $P(z) = (z - a)^m Q(z)$（$Q(a) \neq 0$）と書けるので，$P(z)$ の $z = a$ におけるテイラー展開は

$$P(z) = (z - a)^m \left(Q(a) + Q'(a)(z - a) + \frac{Q^{(2)}(a)}{2!} + (z - a)^2 \cdots \right)$$

なる．これは（10.22）の意味での位数と一致する．

10.4 テイラー展開可能性からわかること

まず次のことがわかる．

系 10.8（零点の離散性） 非定数正則関数の零点は孤立している．つまり，正則関数 $f(z)$ の零点 z_0 に対して，円板 $\Delta(z_0, r)$ には $f(z)$ の零点が z_0 のみであるような正数 $r > 0$ を取ることができる．

証明 実際 $m = \mathrm{ord}(f, z_0)$ とすると，$z = z_0$ における $f(z)$ のテイラー展開は

$$\begin{aligned} f(z) &= a_m(z - z_0)^m + a_{m+1}(z - z_0)^{m+1} + \cdots \\ &= (z - z_0)^m(a_m + a_{m+1}(z - z_0)) + \cdots) = (z - z_0)^m f_1(z) \end{aligned}$$

と書くことができる．ここで $f_1(z_0) = a_m \neq 0$ であるので $f_1(z)$ は z_0 のまわりで零点を持たない．一方，関数 $(z - z_0)^m$ の零点は z_0 のみである．したがって零点 z_0 が孤立していることがわかる．■

例 8.7 と定理 10.6 より次を得る．

系 10.9（**局所的な原始関数の存在**） 領域 D を固定する．そして $z_0 \in D$ および $r > 0$ を $\Delta(z_0, r) \subset D$ を満たすものを取る．このとき，任意の D 上の正則関数 $f(z)$ は $\Delta(z_0, r)$ 上で原始関数をもつ．つまり，$F'(z) = f(z)$ を満たすような $\Delta(z_0, r)$ 上の正則関数 $F(z)$ が存在する．

次の一致の定理は応用上重要である．

系 10.10（**一致の定理**） 領域 D 上の 2 つの正則関数 $f(z)$ と $g(z)$ をとる．$z_0 \in D$ において，任意の $n \geqq 0$ に対して

$$f^{(n)}(z_0) = g^{(n)}(z_0)$$

が成立するとする．このとき，$f(z) = g(z)$ が任意の $z \in D$ に対して成立する．

証明 関数 $f(z)$ の代わりに $f(z) - g(z)$ を考えることにより，$g(z) = 0$ としてよい．関数 $f(z)$ の $z_0 \in D$ におけるテイラー展開は収束半径が正であるようなベキ級数である．正数 $R > 0$ をどちらのベキ級数の収束半径よりも小さく，かつ $\Delta(z_0, R) \subset D$ を満たすものをとるとき，任意の $z \in \Delta(z_0, R)$ に対して

$$f(z) = \sum_{n=0}^{\infty} \frac{f^{(n)}(z_0)}{n!}(z - z_0)^n = 0 \tag{10.25}$$

が成立する．

$z_1 \in D$ を任意にとり固定する．$z = z(t)$ $(0 \leqq t \leqq 1)$ を D 内の z_0 と z_1 を結ぶ折れ線とする．このとき

$$E = \{t \in [0,1] \mid f^{(n)}(z(t)) = 0\}$$

とする．$0 \in E$ であり，導関数の連続性から E は区間 $[0,1]$ 内の閉集合であることがわかる．また $t_1 \in E$ 対して $z(t_1)$ における $f(z)$ のテイラー展開を考えると (10.25) と同様の議論により $f(z)$ は $z(t_1)$ のまわりで恒等的に 0 であることがわかる．したがって $f(z)$ のまわりで $f^{(n)}(z) = 0$ が任意の n に対して成立する．このことから $z\colon [0,1] \to D$ は連続であるので，$t_1 \in E$ の近くの $t \in [0,1]$ について $f^{(n)}(z(t)) = 0$ が任意の n について成立することがわかる．ゆえに E は開集合で

ある．区間の連結性から $E = [0,1]$ でなければならない[4]．特に $f(z_1) = 0$ である．z_1 は D 内から任意にとったので，結局 $f(z) = 0$ が D 上で成立することがわかる．ゆえに主張を得る．■

系 10.10 の証明と同様の議論により次を得る．

系 10.11（テイラー展開の一意性） 領域 D 上の正則関数 $f(z)$ および，$z_0 \in D$ と z_0 を中心とする収束円をもつベキ級数

$$g(z) = \sum_{n=0}^{\infty} a_n (z - z_0)^n$$

を考える．もし任意の $n \geqq 0$ に対して

$$a_n = \frac{f^{(n)}(z_0)}{n!}$$

が成立すれば $g(z)$ は $f(z)$ の z_0 におけるテイラー展開である．

点 $z_0 \in D$ に対して，任意の $r > 0$ に対して $\Delta(z_0, r) \subset \mathbb{C}$ であるので，定理 10.6 より次を得る．

系 10.12（複素平面上の正則関数） 複素平面上の正則関数 $f(z)$ は任意の点でテイラー展開可能である．さらにテイラー展開の収束半径は ∞ である．

注意 系 10.10 を当たり前に思う人もいると思う．しかし，たとえば次の $\mathbb{R}$ 上で定義された関数を考えて見る（図 10.3）．

$$f(x) = \begin{cases} 0 & (x \leqq 0) \\ e^{-0.3/x} & (x > 0) \end{cases} \tag{10.26}$$

計算により $f(x)$ は $\mathbb{R}$ 上で何回でも微分可能であって $f^{(n)}(0) = 0$ $(n \geqq 0)$ が成立することがわかる．しかし $f(x)$ は恒等的に 0 をとるような関数ではない．

注意 一致の定理系 10.10 は，一点でのテイラー展開から（論理的には）関数のすべての性質を知ることができることを主張する．この考え方はベキ級数を関数要素とするワイエルストラスの解析関数および関数のリーマン面（関数の存在域）の考え方に通ずる．

4］ 区間 $[0,1]$ の連結性とは「区間 $[0,1]$ 内の空でない開集合であり閉集合である集合は $[0,1]$ に限る」である．

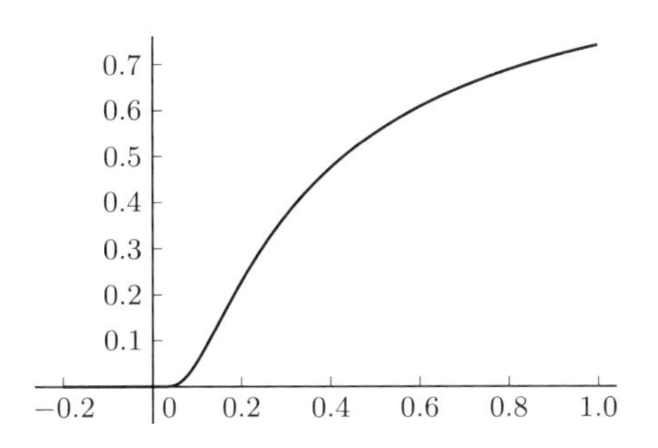

図 10.3　(10.26) の $y = f(x)$ のグラフ．$x = 0$ においてすべての高次微分係数は 0 となる．

10.5　テイラー展開の計算例

基本的には次の 2 つの計算方法がある．

(1)　定義 (10.19) の通りに高次微分係数 $f^{(n)}(z_0)$ を計算してテイラー展開を得る．

(2)　命題 5.14 を利用して，よく知られたベキ級数

$$\frac{1}{1-z} = \sum_{n=0}^{\infty} z^n = 1 + z + z^2 + z^3 + \cdots \quad (|z| < 1) \tag{10.27}$$

$$e^z = \sum_{n=0}^{\infty} \frac{z^n}{n!} = 1 + z + \frac{z^2}{2!} + \frac{z^3}{3!} \cdots \quad (z \in \mathbb{C}) \tag{10.28}$$

$$\sin z = \sum_{n=0}^{\infty} \frac{(-1)^n z^n}{(2n+1)!} = z - \frac{z^3}{3!} + \cdots \quad (z \in \mathbb{C}) \tag{10.29}$$

$$\cos z = \sum_{n=0}^{\infty} \frac{(-1)^n z^n}{(2n)!} = 1 - \frac{z^2}{2!} + \cdots \quad (z \in \mathbb{C}) \tag{10.30}$$

を組み合わせることにより計算をする．

ちなみに，テイラー展開の一意性（系 10.11）は (10.27), (10.28), (10.29), (10.30) がそれぞれの関数のテイラー展開であることを保証する．

例 10.6　点 z_0 の周りで正則な関数 $f(z)$ の点 z_0 におけるテイラー展開を

$$f(z) = \sum_{n=0}^{\infty} a_n (z - z_0)^n$$

とする．自然数 $m \in \mathbb{N}$ を固定して $g(z) = f(z_0 + (z - z_0)^m)$ と定義する．この

とき，

$$g(z) = \sum_{n=0}^{\infty} a_n (z - z_0)^{nm}$$

が成立する．たとえば

(1)　$e^{z^m} = \sum_{n=0}^{\infty} \dfrac{z^{nm}}{n!} = 1 + z^m + \dfrac{z^{2m}}{2!} + \dfrac{z^{3m}}{3!} + \cdots$

(2)　$\sin(z^m) = \sum_{n=0}^{\infty} \dfrac{(-1)^n z^{nm}}{(2n+1)!} = z^m - \dfrac{z^{3m}}{3!} + \cdots$

(3)　$\cos(z^m) = \sum_{n=0}^{\infty} \dfrac{(-1)^n z^{nm}}{(2n)!} = 1 - \dfrac{z^{2m}}{2!} + \cdots$

である．

例 10.7　有理関数 $R(z) = \dfrac{1}{(z+1)(z+2)}$ の原点におけるテイラー展開を求める．いま

$$R(z) = \frac{1}{z+1} + \frac{1}{z+2}$$

であり，幾何級数（10.27）を用いると

$$\frac{1}{z+1} = \frac{1}{1-(-z)} = \sum_{n=0}^{\infty} (-1)^n z^n \quad (|z| < 1)$$

$$\frac{1}{z+2} = \frac{1}{2} \frac{1}{1 - \dfrac{-z}{2}} = \sum_{n=0}^{\infty} \frac{(-1)^n}{2^{n+1}} z^n \quad (|z| < 2)$$

であるので

$$\begin{aligned} R(z) = \frac{1}{z+1} + \frac{1}{z+2} &= \sum_{n=0}^{\infty} \left((-1)^n + \frac{(-1)^n}{2^{n+1}} \right) z^n \\ &= \sum_{n=0}^{\infty} (-1)^n \left(1 + \frac{1}{2^{n+1}} \right) z^n \end{aligned}$$

を得る．この展開は円板 $\Delta(0,1) = \{|z| < 1\}$ と $\Delta(0,2) = \{|z| < 2\}$ の交わりである $\Delta(0,1)$ において意味がある．

例 10.8　例 10.7 とは別に，テイラー展開の定義にも基づいて，有理関数 $R(z) = \dfrac{1}{(z+1)(z+2)}$ の原点におけるテイラー展開を求める．いま

$$R(z) = \frac{1}{z+1} + \frac{1}{z+2}$$

であるので，

$$R^{(n)}(z) = (-1)^n n! \left(\frac{1}{(z+1)^{n+1}} + \frac{1}{(z+2)^{n+1}} \right)$$

である．ゆえに，

$$\begin{aligned} R(z) &= \sum_{n=0}^{\infty} \frac{R^{(n)}(0)}{n!} z^n \\ &= \sum_{n=0}^{\infty} (-1)^n \left(1 + \frac{1}{2^{n+1}}\right) z^n \end{aligned}$$

を得る．この方法は例 10.7 よりも簡単に思われるかもしれない．状況に応じて計算手法を選んでほしい．

例 10.9 例 10.7 の計算を一般化する．11.1.2 節に学ぶ代数学の基本定理を用いて，有理関数のテイラー展開の計算法を与える．

(1) m 次多項式 $f(z)$ の点 $z_0 \in \mathbb{C}$ におけるテイラー展開は

$$\begin{aligned} f(z) &= \sum_{n=0}^{m} \frac{f^{(n)}(z_0)}{n!} (z - z_0)^n \\ &= f(z_0) + f'(z_0)(z - z_0) + \frac{f^{(2)}(z_0)}{2!} (z - z_0)^2 \\ &\quad + \cdots + \frac{f^{(m)}(z_0)}{m!} (z - z_0)^m \end{aligned}$$

のように得られる．

(2) $a \in \mathbb{C}$ をとる．$z_0 \neq a$ に対して $R = |z_0 - a|$ とする．このとき z_0 における $\dfrac{1}{z-a}$ のテイラー展開は

$$\begin{aligned} \frac{1}{z-a} &= \frac{-1}{z_0 - a} \frac{1}{1 - \dfrac{z - z_0}{z_0 - a}} \\ &= \sum_{n=0}^{\infty} \frac{-1}{(z_0 - a)^{n+1}} (z - z_0)^n \quad (|z - z_0| < R) \end{aligned}$$

となる．

(3) 一般の有理関数 $R(z) = \dfrac{P(z)}{Q(z)}$ を考える．$Q(z)$ の零点を a_1, $\cdots$, a_m と

する（重複を含めて並べる）．代数学の基本定理から $Q(z)$ は因数分解

$$Q(z) = (z - a_1)(z - a_2) \cdots (z - a_m)$$

をもつ．したがって，$R(z)$ は部分分数展開

$$R(z) = f(z) + \frac{A_1}{z - a_1} + \cdots + \frac{A_m}{z - a_m}$$

をすることができる．ただし $f(z)$ は多項式である．

(4)　このとき $z_0 \in \mathbb{C} - \{a_1, \cdots, a_m\}$ に対して

$$R = \min\{|z_0 - a_k| \mid k = 1, \cdots, m\}$$

とする．(1)，(2) より

$$f(z) = \sum_{n=0}^{\infty} b_n (z - z_0)^n \quad (|z - z_0| < R)$$

$$\frac{A_k}{z - a_k} = \sum_{n=0}^{\infty} \frac{-A_k}{(z_0 - a_k)^{n+1}} (z - z_0)^n \quad (|z - z_0| < R)$$

ただし十分大きな m について $b_n = 0$ である（$f(z)$ は多項式なので）．となる．ゆえに，$R(z)$ の z_0 におけるテイラー展開

$$R(z) = \sum_{n=0}^{\infty} \left(b_n - \frac{A_1}{(z_0 - a_1)^{n+1}} - \cdots - \frac{A_m}{(z_0 - a_m)^{n+1}} \right) (z - z_0)^n$$
$$(|z - z_0| < R)$$

を得る．

例 10.10　例 10.9 を用いて具体的な有理関数を展開してみよう．有理関数

$$R(z) = \frac{z^5 - 2z^3 + z^2 + 1}{z^3 - z}$$

を考える．部分分数展開すると

$$R(z) = z^2 - 1 - \frac{1}{z} + \frac{1}{2}\frac{1}{z - 1} + \frac{3}{2}\frac{1}{z + 1}$$

である．$z_0 \in \mathbb{C} - \{0, 1, -1\}$ を取る．このとき

$$z^2 - 1 = (z_0 - 1) + (2z_0)(z - z_0) + (z - z_0)^2$$

であるので z_0 におけるテイラー展開は

$$R(z) = R(z_0) + \left(2z_0 + \frac{1}{z_0^2} - \frac{1}{2(z_0-1)^2} - \frac{3}{2(z_0+1)^2}\right)(z - z_0)$$
$$+ \left(1 + \frac{1}{z_0^3} - \frac{1}{2(z_0-1)^3} - \frac{3}{2(z_0+1)^3}\right)(z - z_0)^2$$
$$+ \sum_{n=3}^{\infty}\left(\frac{1}{z_0^{n+1}} - \frac{1}{2(z_0-1)^{n+1}} - \frac{3}{2(z_0+1)^{n+1}}\right)(z - z_0)^n$$

を得る．ただし展開は円板

$$\Delta(z_0, R) \quad (R = \min\{|z_0|, |z_0 - 1|, |z_0 + 1|\})$$

において意味がある．

例 10.11 6.5.7 節より対数関数 $f(z) = \operatorname{Log} z$ は $\mathbb{C} - (-\infty, 0]$ 上の正則関数であった．(6.32) を用いて計算すると

$$(\operatorname{Log} z)^{(n)} = (n-1)!\frac{(-1)^{n-1}}{z^n} \tag{10.31}$$

となる．ゆえに $z = 1$ における $f(z) = \operatorname{Log} z$ のテイラー展開は

$$\operatorname{Log} z = \sum_{n=1}^{\infty} \frac{(-1)^{n-1}}{n}(z-1)^n \tag{10.32}$$

となる．コーシー–アダマールの定理（命題 5.13）から（10.32）の右辺の収束半径は 1 であるので（10.32）の両辺は $\Delta(1, 1)$ で意味がある式である．(8.15) と比べると関数 $1/z$ の原始関数になっていることがよく分かる．

例 10.12 $f(z) = \dfrac{e^z}{1+z}$ の原点におけるテイラー展開を求める．指数関数の原点におけるテイラー展開は

$$\sum_{n=0}^{\infty} \frac{z^n}{n!}$$

であり，その収束半径は ∞ である（ゆえに収束円は複素平面 $\mathbb{C}$ となる）．有理関数 $\dfrac{1}{1+z}$ の原点におけるテイラー展開は

$$\sum_{n=0}^{\infty} (-1)^n z^n$$

であり収束半径は 1 である．ゆえに収束円は $\Delta(0, 1)$ である．ここで，コーシー

の積公式（定理 2.11）から

$$\frac{e^z}{1+z} = \left(\sum_{n=0}^{\infty} \frac{z^n}{n!}\right)\left(\sum_{n=0}^{\infty}(-1)^n z^n\right) = \sum_{n=0}^{\infty}\left(\sum_{j+k=n}(-1)^j \frac{1}{k!}\right) z^n \qquad (10.33)$$

となる．べき級数（10.33）は指数関数の収束円と有理関数 $\dfrac{1}{1+z}$ の収束円の交わりである $\Delta(0,1)$ において意味がある（コンパクト絶対一様収束する）級数である．級数（10.33）は関数 $\dfrac{e^z}{1+z}$ の原点におけるテイラー展開である．

練習問題

問 10.1　次の関数の与えられた点におけるテイラー展開を求めよ．

(1) $\sin z$ $(z=\pi)$

(2) $\dfrac{\sin z}{1-z}$ $(z=0)$

(3) $\mathrm{Log}(1+z)$ $(z=0)$

(4) $(1+z)^\alpha = e^{\alpha\,\mathrm{Log}(1+z)}$ $(z=0,\ \alpha \neq 0)$

問 10.2　原点のまわりの正則関数 $f(z)$ について，$s_n = \sum_{k=0}^{n} \dfrac{f^{(k)}(0)}{k!}$ とする．このとき，

$$\frac{f(z)}{1-z} = \sum_{n=0}^{\infty} s_n z^n$$

が成立することを示せ．

問 10.3　区間 $[a,b]$ 上の連続関数列 $\{f_n(x)\}_{n=1}^{\infty}$ について，$f_n(x)$ が連続関数 $f(x)$ に $[a,b]$ 上で一様収束するとする．このとき

$$\lim_{n\to\infty}\int_a^n f_n(x)dx = \int_a^b f(x)dx$$

が成立することを示せ．

問 10.4　単位閉円板 $\overline{\Delta}(z_0,R)$ を含む領域で正則な関数 $f(z)$ が境界 $\partial\Delta(z_0,R)$ 上の各点で $|f(z)| \leqq M$ を満たすとする（$M>0$ は z によらない定数）．$f(z)$ の z_0 におけるテイラー展開を $\sum_{n=0}^{\infty} a_n(z-z_0)^n$ とする．

(1) 部分和を $f_m(z) = \sum_{n=0}^{m} a_n(z-z_0)^n$ とする．$z = z_0 + re^{i\theta}$ と変数変換するとき，このとき恒等式

$$|f_m(z)|^2 = \sum_{n,k=1,\cdots,m} a_n\overline{a_k}r^{n+k}e^{i(n-k)\theta}$$

を示せ．

(2) $0 < r < R$ を満たす r を固定する．このとき絶対値の 2 乗により定義される関数列 $\{|f_m(z)|^2\}_{m=1}^{\infty}$ は $|f(z)|^2$ に円周 $C_r = \{z \in \mathbb{C} \mid |z-z_0| = r\}$ 上で一様収束することを示せ．

(3) 次のパーセバルの等式を証明せよ：任意の $0 < r < R$ に対して

$$\frac{1}{2\pi}\int_0^{2\pi} |f(z_0 + re^{i\theta})|^2 d\theta = \sum_{n=0}^{\infty} |a_n|^2 r^{2n}$$

が成立する．

(4) 次の不等式

$$\sum_{n=0}^{\infty} |a_n|^2 R^{2n} \leqq M^2$$

が成立することを示せ．

問 10.5 上記の問 10.1 の (4) を用いて次の**最大値の原理**を証明せよ：領域 D 上の非定数正則関数 $f(z)$ について，絶対値により定義される関数 $D \ni z \mapsto |f(z)|$ は D 内で最大値を持たない．

問 10.6 区分的滑らかな境界を持つ領域 D を考える．f を $\overline{D}$ を含む領域上で C^1 級の複素関数とする．

(1) 任意の $z \in D$ を固定する．$\varepsilon > 0$ を十分小さく取るとき，グリーンの定理を用いることにより，

$$\int_{\partial D} \frac{f(\zeta)}{\zeta - z} d\zeta = \int_{\partial\Delta(z,\varepsilon)} \frac{f(\zeta)}{\zeta - z} d\zeta + 2i \iint_{D_\varepsilon} \frac{f_{\overline{\zeta}}(\zeta)}{\zeta - z} dudv \quad (\zeta = u + iv)$$

が成立することを示せ．ただし，$D_\varepsilon = D - \{\zeta \in \mathbb{C} \mid |\zeta - z| \leqq \varepsilon\}$ である．

(2) 任意の $R_2 > R_1 \geqq 0$ と $z \in \mathbb{C}$ に対して

$$\iint_{\{R_1 \leqq |\zeta - z| \leqq R_2\}} \frac{1}{|\zeta - z|} dudv = 2\pi(R_2 - R_1)$$

が成立することを示せ．

(3)　$\overline{D}$ を含む領域上の連続関数 g および $\varepsilon_0 > 0$ を $\{|\zeta - z| \leqq \varepsilon_0\} \subset D$ となるように十分小さく取る．このとき $0 < \varepsilon_2 < \varepsilon_1 < \varepsilon_0$ に対して，式変形

$$\begin{aligned}
&\iint_{D_{\varepsilon_1}} \frac{g(\zeta)}{\zeta - z} dudv - \iint_{D_{\varepsilon_2}} \frac{g(\zeta)}{\zeta - z} dudv \\
&= \iint_{\{\varepsilon_2 \leqq |\zeta - z| \leqq \varepsilon_1\}} \frac{g(\zeta)}{\zeta - z} dudv \\
&= \iint_{\{\varepsilon_2 \leqq |\zeta - z| \leqq \varepsilon_1\}} \frac{g(\zeta) - g(z)}{\zeta - z} dudv
\end{aligned}$$

を考えることにより，極限

$$\lim_{\varepsilon \to 0} \iint_{D_\varepsilon} \frac{g(\zeta)}{\zeta - z} dudv$$

が存在することを示せ．この極限[5]を

$$\iint_D \frac{g(\zeta)}{\zeta - z} dudv$$

と書く．

(4)　次のポンペイユの定理を示せ：区分的に C^1 級の境界を持つ領域 D を考える．f を $\overline{D}$ を含む領域上で C^1 級の複素関数とする．このとき

$$f(z) = \frac{1}{2\pi i} \int_{\partial D} \frac{f(\zeta)}{\zeta - z} d\zeta - \frac{1}{\pi} \iint_D \frac{f_{\overline{\zeta}}(\zeta)}{\zeta - z} dudv \quad (\zeta = u + iv)$$

が成立する．

(5)　ポンペイユの定理を用いることにより，コーシーの積分公式が成立することを確かめよ．

5]　広義積分の意味でこのように重積分が定義されると考えても良い．ルベーグ積分論を知っている学生は「ルベーグの有界収束定理（優収束定理）」を用いることにより，この極限が D 上の積分値と一致していることを確かめることができると思う．

第11章

正則関数の諸性質

この章の内容は後の章では用いないので，はじめて読む場合には飛ばしても良いが，ここでの内容は正則関数の基本的性質であるので，余裕のある人は是非勉強してほしい．

11.1　リュービルの定理とその応用

11.1.1　リュービルの定理

リュービルの定理は複素平面上の正則関数の値の分布に対して制限があるという主張である．この定理は正則関数を幾何学的に扱う研究である「幾何学的関数論」において最も基本的な定理の一つである．

定理 11.1（リュービルの定理） 複素平面上の有界な正則関数は定数関数である．

証明　関数 $f(z)$ は有界であるので，

$$|f(z)| \leqq M \quad (z \in M) \tag{11.1}$$

を満たすような $M > 0$ が存在する．系 10.12 より $f(z)$ は原点 $z = 0$ においてテイラー展開

$$f(z) = \sum_{n=0}^{\infty} a_n z^n \quad (z \in \mathbb{C}) \tag{11.2}$$

をすることができる．任意の $R > 0$ に対して $f(z)$ は $\overline{\Delta}(z_0, R)$ 上で正則であるので，系 10.5 と（11.1）より

$$|a_n| = \frac{|f^{(n)}(0)|}{n!} \leqq \frac{M}{R^n}$$

が成立する．正数 R は任意にとることができたから $n \geqq 1$ に対して

$$|a_n| \leqq \lim_{R\to\infty} \frac{M}{R^n} = 0$$

となる．(11.2) より $f(z) = a_0$ となる．これは関数 $f(z)$ が定数関数であることを示す．■

11.1.2　代数学の基本定理

リュービルの定理の応用として，代数学の基本定理を証明する．

定理 11.2（代数学の基本定理） 次数 1 以上であるような，複素変数の n 次多項式 $P(z)$ は重複を込めてちょうど n 個の根をもつ．

証明　次数 n が 1 の場合は自明であるので $n \geqq 2$ と仮定して示す．さらに，因数定理から $P(z)$ が少なくとも一つ根をもつことを示せば十分である．実際，P の次数 $n = \deg P$ が 2 以上であるとする．このとき $\alpha \in \mathbb{C}$ が $P(\alpha) = 0$ を満たすとすると, 因数定理から割り算ができて

$$P(z) = (z - \alpha)Q(z)$$

を満たすような $\deg Q = \deg P - 1$ を満たす多項式 $Q(z)$ が存在する．したがって帰納法を適用することにより多項式 $P(z)$ は $n = \deg P$ 個の根をもつことがわかる．

背理法で示す[1]．$P(z)$ はモニック多項式

$$P(z) = z^n + a_1 z^{n-1} + \cdots + a_{n-1}z + a_n$$

であるとしてもよい．多項式 $P(z)$ は $\mathbb{C}$ 上の正則関数である．ここで，$P(z)$ は $\mathbb{C}$ 上に零点を持たないので，有理関数 $f(z) = 1/P(z)$ は $\mathbb{C}$ 上の正則関数である（6.5.2 節）．ここで

1］ リュービルの定理によれば $\mathbb{C}$ 上の**非定数**正則関数は有界ではない．したがって背理法の仮定から有界な非定数関数を構成すれば矛盾を得る．ここではそれを目指す．

$$A = \max\{|a_1|, \cdots, |a_n|\}$$

とする．このとき，三角不等式から $|z| \geqq nA + 1 \geqq 1$ に対して

$$\begin{aligned}
|P(z)| &= |z^n + a_1 z^{n-1} + \cdots + a_{n-1} z + a_n| \\
&\geqq |z|^n - |a_1||z|^{n-1} - \cdots - |a_{n-1}||z| + |a_n| \\
&\geqq |z|^n - A(|z|^{n-1} + \cdots + |z| + 1) \\
&\geqq |z|^n - nA|z|^{n-1} = (|z| - nA)|z|^{n-1} \geqq (nA+1)^{n-1}
\end{aligned}$$

となる．ゆえに，

$$|f(z)| = \frac{1}{|P(z)|} \leqq \frac{1}{(nA+1)^{n-1}} \quad (|z| \geqq nA + 1) \tag{11.3}$$

が成立する．関数 $|P(z)|$ は $\mathbb{C}$ 上で連続であるので閉円板 $\overline{\Delta}(0, nA+1)$ 上で最小値 M をとる[2]．したがって，

$$|f(z)| = \frac{1}{|P(z)|} \leqq \frac{1}{M} \quad (|z| \leqq nA + 1) \tag{11.4}$$

が成立する．(11.3) と (11.4) より

$$|f(z)| \leqq \max\left\{\frac{1}{(nA+1)^{n-1}}, \frac{1}{M}\right\} \quad (z \in \mathbb{C}) \tag{11.5}$$

を得る．(11.5) の右辺は変数 $z \in \mathbb{C}$ によらないので，(11.5) は $\mathbb{C}$ 上の正則関数 $f(z)$ が $\mathbb{C}$ 上で有界であることを示す．一方で，多項式 $P(z)$ の次数は 2 以上であるので，$f(z) = 1/P(z)$ は定数関数ではない．これはリュービルの定理に反する．

■

注意 代数学の基本定理（定理 11.2）の証明からわかるように，多項式は根をもつことがわかるが，どこに根があるかまったくわからない．実際に根を求めるには別の議論で必要である．

例 11.1 多項式の根については次のように幾何学的に考えることもできる．具体例を用いて説明しよう．

(1) 2 次多項式 $P(z) = z^2 + 2z + 2i$ の実部と虚部はそれぞれ

$$\begin{aligned}
u(x, y) &= x^2 - y^2 + 2x = (x+1)^2 - y^2 - 1 \\
v(x, y) &= 2xy + 2y + 2 = 2((x+1)y + 1)
\end{aligned}$$

2] 一般にコンパクト集合上の連続関数は最小値をとることが知られている．

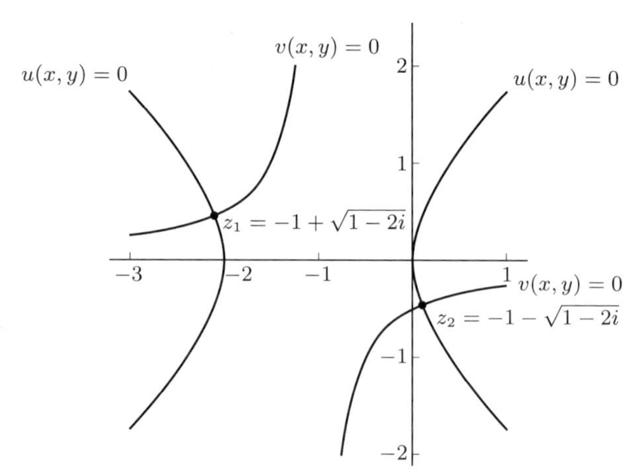

図 11.1 2 次多項式 $P(z)=z^2+2z+2i$ の実部 $u(x,y)$ と虚部 $v(x,y)$ について，双曲線 $\{u(x,y)=0\}$ と $\{v(x,y)=0\}$ の交わりが $P(z)=0$ の根である．

である．方程式

$$u(x,y)=(x+1)^2-y^2-1=0$$
$$v(x,y)=2((x+1)y+1)=0$$

は複素平面 $\mathbb{C}$ 上に双曲線を描く．これらの交点が $P(z)=0$ の根であるはずである（図 11.1）．根は

$$z_1=-1+\sqrt{1-2i}=(-2.27202...)+(0.786151...)i$$
$$z_2=-1-\sqrt{1-2i}=(0.27202...)-(0.786151...)i$$

である．

(2) 3 次多項式 $P(z)=z^3-2z+1+i$ の実部と虚部を $u(x,y)$，$v(x,y)$ はそれぞれ

$$u(x,y)=x^3-3xy^2-2x+1$$
$$v(x,y)=3x^2y-3xy^2-2y+1$$

である．方程式 $u(x,y)=0$ および $v(x,y)=0$ は $\mathbb{C}$ 上に曲線（族）を描く．それらの交わりが $P(z)=0$ の根である（図 11.2）．

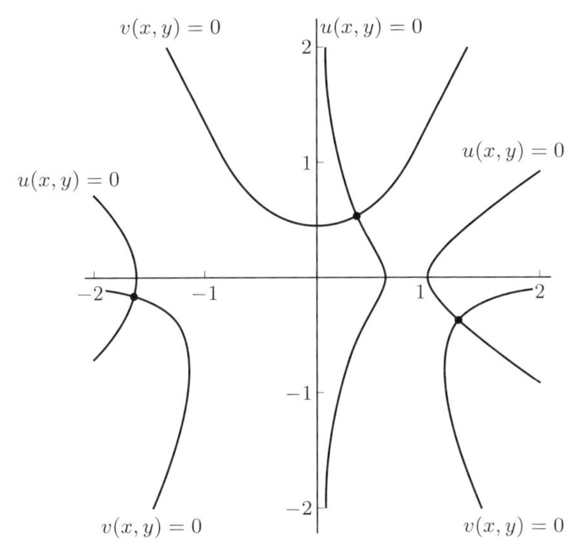

図 11.2　3 次多項式 $P(z)=z^3-2z+1+i$ の実部 $u(x,y)$ と虚部 $v(x,y)$ について，曲線族 $\{u(x,y)=0\}$ と $\{v(x,y)=0\}$ の交わりが $P(z)=0$ の根である．

11.2　正則関数とその導関数の極限

11.2.1　導入：ベキ級数およびその導関数の部分和による近似

収束半径 $R>0$ をもつベキ級数

$$f(z)=\sum_{n=0}^{\infty}a_n(z-z_0)^n$$

を考える．ベキ級数の部分和は $\mathbb{C}$ 上の多項式

$$P_m(z)=\sum_{n=0}^{m}a_n(z-z_0)^n \quad (m\in\mathbb{N})$$

である．このとき命題 5.10 より関数列 $\{P_m(z)\}_{m=1}^{\infty}$ は $f(z)$ に収束円 $\Delta(z_0,R)$ 上でコンパクト一様収束する．さらに，命題 5.15 より導関数

$$f'(z)=\sum_{n=1}^{\infty}na_{n-1}(z-z_0)^{n-1}$$

は $\Delta(z_0,R)$ 上でコンパクト一様収束する．したがって，部分和の導関数

$$P'_m(z) = \sum_{n=1}^{m} na_{n-1}(z-z_0)^{n-1}$$

も $f(z)$ の導関数 $f'(z)$ に収束円 $\Delta(z_0, R)$ 上でコンパクト一様収束する．まとめると，**ベキ級数の部分和とその導関数はベキ級数とその導関数に収束円内でコンパクト一様収束する**．実は，この状況は一般化されて，コンパクト一様収束するような正則関数からなる関数列に対して成立する．このことを主張するのが次の章で述べるワイエルストラスの 2 重級数定理である．

11.2.2 ワイエルストラスの 2 重級数定理

次のワイエルストラスの 2 重級数定理が主張する「**正則関数列の極限は正則であり，導関数も収束する**」は様々な分野で応用されており，呪文のようにおぼえても良いぐらい重要である．

定理 11.3（ワイエルストラスの 2 重級数定理） 領域 D 上の正則関数からなる列 $\{f_n(z)\}_{n=1}^{\infty}$ がある関数 $f(z)$ にコンパクト一様収束しているとする．このとき f.

(1) 極限関数 $f(z)$ は D 上の正則関数である．

(2) 導関数 $f'_n(z)$ は $f'(z)$ に D 上コンパクト一様収束する．

証明 (1) の証明は，一様収束する関数列の積分値は収束するという定理（命題 8.9）を使うだけであるので，論理はまったく難しくない．しかし，(1) の証明では位相の話を用いるため議論が少々混み入っている．はじめて読むときは飛ばしても良い．

(1) 任意に $z_0 \in D$ と $r > 0$ を $\overline{\Delta}(z_0, r) \subset D$ を満たすように取り固定する．コーシーの積分公式から

$$f_n(z) = \frac{1}{2\pi i}\int_{\partial\Delta(z_0,r)} \frac{f_n(\zeta)}{\zeta - z}d\zeta \tag{11.6}$$

が成立する．一方，仮定から関数列 $\{f_n(z)\}_{n=1}^{\infty}$ は $\overline{\Delta}(z_0, r)$ 上で $f(z)$ に一様収束するので任意の $z \in \Delta(z_0, r)$ を固定するとき，ζ の関数として $\dfrac{f_n(\zeta)}{\zeta - z}$ は $\dfrac{f(\zeta)}{\zeta - z}$ に $\partial\Delta(z_0, r)$ 上で一様収束する．したがって命題 8.9 より，

$$\lim_{n\to\infty} \frac{1}{2\pi i}\int_{\partial\Delta(z_0,r)} \frac{f_n(\zeta)}{\zeta - z}d\zeta = \frac{1}{2\pi i}\int_{\partial\Delta(z_0,r)} \frac{f(\zeta)}{\zeta - z}d\zeta \tag{11.7}$$

$$\lim_{n\to\infty} f_n(z) = f(z) \tag{11.8}$$

が成立する．したがって（11.6）より

$$f(z) = \frac{1}{2\pi i}\int_{\partial\Delta(z_0,r)} \frac{f(\zeta)}{\zeta - z}d\zeta$$

が成立する．点 $z \in \Delta(z_0,r)$ は任意に取っていたので，命題 10.3 より $f(z)$ は $\Delta(z_0,r)$ 上で正則である．さらに $z_0 \in D$ は任意にとっていたので $f(z)$ は D 上で正則である[3]．

(2) 任意に $\varepsilon > 0$ を取る．点 $a \in D$ に対して $r_a > 0$ を $\overline{\Delta}(a,r_a) \subset D$ を満たすように取る．このとき，$\overline{\Delta}(a,r_a)$ は D 内のコンパクト集合であるので，$\{f_n(z)\}_{n=1}^{\infty}$ は $f(z)$ に $\overline{\Delta}(a,r_a)$ 上で一様収束する．したがって，$n \geqq N(a)$ であれば

$$|f_n(z) - f(z)| < \varepsilon \quad (z \in \overline{\Delta}(a,r_a)) \tag{11.9}$$

を満たすような自然数 $N(a)$ が存在する．ここで一般には自然数 $N(a)$ は点 a の選び方に依存する．$z \in \overline{\Delta}(a,r_a/2)$ と $\zeta \in \partial\Delta(a,r_a)$ に対して $|\zeta - z| \geqq r_a/2$ であるので，

$$\begin{aligned}
|f_n'(z) - f'(z)| &= \left|\frac{1}{2\pi i}\int_{\partial\Delta(a,r_a)} \frac{f_n(\zeta)}{(\zeta - z)^2}d\zeta - \frac{1}{2\pi i}\int_{\partial\Delta(a,r_a)} \frac{f(\zeta)}{(\zeta - z)^2}d\zeta\right| \\
&= \frac{1}{2\pi}\int_{\partial\Delta(a,r_a)} \frac{|f(\zeta) - f_n(\zeta)|}{|\zeta - z|^2}|d\zeta| \\
&= \frac{2}{\pi r_a^2}\int_{\partial\Delta(a,r_a)} |f(\zeta) - f_n(\zeta)||d\zeta| \\
&= \varepsilon\frac{2}{\pi r_a^2}L(\partial\Delta(a,r_a)) = \frac{4\varepsilon}{r_a}
\end{aligned}$$

さて $K \subset D$ をコンパクト集合とする．$K \subset \bigcup_{a\in K} \Delta(a,r_a)$ であるので $K \subset \bigcup_{k=1}^{N} \Delta(a_k,r_{a_k})$ を満たすような有限集合 $\{a_k\}_{k=1}^{N} \in K$ を選ぶことができる．このとき $N = \max\{N(a_k) \mid k = 1,\cdots,N\}$ および $r = \min\{r_{a_k} \mid k = 1,\cdots,N\}$ とするとき，$z \in K$ に対して

$$|f_n'(z) - f'(z)| \leqq \frac{4\varepsilon}{r}$$

が $n \geqq N$ に対して成立する．ゆえに主張を得る．■

3] D の各点で正則であるとき D 上正則であるというのであった．定義 6.5 を復習せよ．

注意 例 5.4 で見たように，ワイエルストラスの 2 重級数定理の状況「関数列が一様収束するとき，その導関数も収束する」は正則関数以外では一般には成立しない．

注意 読者の中には上記の注意を見て「正弦関数 $\sin z$ は正則関数なので例 5.4 で定義された $f_n(x)$ を複素変数で考えたとき，$\{f_n(z)\}_{n=1}^{\infty}$ は $\mathbb{C}$ 上の正則関数列を定義する．それなのに，なぜ導関数が収束しないのだろう．これはワイエルストラスの 2 重級数定理に矛盾するのではないか」と疑問に思った人もいるかもしれない．

今 $z = x + iy$ とする．$y > 0$ のとき

$$
\begin{aligned}
|f_n(x+iy)| &= \frac{1}{4\pi n}|\sin(4\pi n(x+iy))| = \frac{1}{4\pi n}\left|\frac{e^{i(x+iy)} - e^{-i(x+iy)}}{2i}\right| \\
&\geqq \frac{1}{8\pi n}(|e^{4\pi n(y-ix)}| - |e^{-(4\pi n(y-ix)}|) = \frac{1}{8\pi n}(e^{4\pi ny} - e^{-4\pi ny})
\end{aligned}
$$

であるので $n \to \infty$ のとき $|f_n(x+iy)| \to \infty$ となる．したがって，実軸 $\mathbb{R}$ 以外の点では収束しないのである．

11.3 正則関数の族の平均により構成される正則関数

さて，8.1.1 節で議論したように，区分求積法によれば積分は重心（平均値）の極限であった．領域 D 上の有限個の正則関数 $f_1(z)$，$\cdots$，$f_m(z)$ を考える．このとき命題 6.9 により各点の値の重心（平均値）

$$
\frac{f_1(z) + f_2(z) + \cdots + f_m(z)}{m}
$$

は変数 z の関数として領域 D 上の正則関数であり，重心（平均値）の導関数は各項の導関数の和となる．ワイエルストラスの 2 重級数定理（定理 11.3）によれば正則関数の（コンパクト一様収束に関する）極限は正則関数になり導関数も収束する．したがって，上記の重心（平均値）で成り立つ性質が，一般の線積分に替えても成り立つことは自然に期待される．実際，次が成立する．

定理 11.4（正則関数の平均は正則関数） 領域 D を固定する．$(z,t) \in D \times [a,b]$ の関数 $\varphi(z,t)$ が次を満たすとする．

(1) φ は $D \times [a,b]$ 上の連続関数である．

(2) $a \leqq t \leqq b$ を固定するとき，$\varphi(z,t)$ は z の関数に関して領域 D 上で正則である．

このとき，

$$F(z) = \int_a^b \varphi(z,t)dt \tag{11.10}$$

は（z の関数として）D 上で正則である．さらに導関数は

$$F'(z) = \int_a^b \frac{\partial \varphi}{\partial z}(z,t)dt \tag{11.11}$$

となる．

証明 点 $z_0 \in D$ と $r > 0$ を $\overline{\Delta}(z_0, r) \subset D$ を満たすように任意にとり固定する．ここで $z \in \Delta(z_0, r)$ を固定する．このとき任意の $t \in [a,b]$ に対して

$$\varphi(z,t) = \frac{1}{2\pi i}\int_{\partial\Delta(z_0,r)} \frac{\varphi(\zeta,t)}{\zeta - z}d\zeta$$

が成立する．ゆえに[4]，

$$\begin{aligned} F(z) &= \int_a^b \varphi(z,t)dt = \int_a^b \left(\frac{1}{2\pi i}\int_{\partial\Delta(z_0,r)} \frac{\varphi(\zeta,t)}{\zeta - z}d\zeta\right)dt \\ &= \frac{1}{2\pi i}\int_{\partial\Delta(z_0,r)} \frac{1}{\zeta - z}\left(\int_a^b \varphi(\zeta,t)dt\right)d\zeta = \frac{1}{2\pi i}\int_{\partial\Delta(z_0,r)} \frac{F(\zeta)}{\zeta - z}d\zeta \end{aligned}$$

が成立する．ゆえに命題 10.3 より $F(z)$ は $\Delta(z_0, r)$ 上で正則である．したがって $F(z)$ は D 上で正則である．導関数は上記の計算を逆向きに辿ることにより次のように計算される．

$$\begin{aligned} F'(z) &= \frac{1}{2\pi i}\int_{\partial\Delta(z_0,r)} \frac{F(\zeta)}{(\zeta - z)^2}d\zeta = \frac{1}{2\pi i}\int_{\partial\Delta(z_0,r)} \frac{1}{(\zeta - z)^2}\left(\int_a^b \varphi(\zeta,t)dt\right)d\zeta \\ &= \int_a^b \left(\frac{1}{2\pi i}\int_{\partial\Delta(z_0,r)} \frac{\varphi(\zeta,t)}{(\zeta - z)^2}d\zeta\right)dt = \int_a^b \frac{\partial \varphi}{\partial z}(z,t)dt. \end{aligned}$$

以上より主張を得る．■

注意 定理 11.4 を用いて考えると，命題 10.3 の証明の本当の鍵は，関数

$$\frac{\varphi(\zeta)}{\zeta - z}$$

4］ここでは「フビニの定理」という積分の順序変換が成立することを保証する定理を断りもなく用いているが，詳細には触れない．

の 2 変数 (ζ, z) に関して連続であり，ζ を固定するとき z に関して正則であるという性質であることがわかる[5]．

注意 (11.10) と (11.11) を区分求積法を用いて表すと，任意の $z \in D$ に対して

$$\int_a^b \varphi(z,t)dt = \lim_{n\to\infty} \frac{b-a}{n} \sum_{k=0}^{n-1} \varphi\left(z, a + \frac{b-a}{n}k\right) \tag{11.12}$$

$$\int_a^b \frac{\partial\varphi}{\partial z}(z,t)dt = \lim_{n\to\infty} \frac{b-a}{n} \sum_{k=0}^{n-1} \frac{\partial\varphi}{\partial z}\left(z, a + \frac{b-a}{n}k\right) \tag{11.13}$$

である．k を固定すると，(11.12) の右辺の極限がとられる和の中の

$$\varphi\left(z, a + \frac{b-a}{n}k\right)$$

は D 上の正則関数であるので，その和

$$\begin{aligned}&\frac{b-a}{n} \sum_{k=0}^{n-1} \varphi\left(z, a + \frac{b-a}{n}k\right)\\ &= (b-a)\frac{\varphi(z,a) + \varphi\left(z, a + \frac{b-a}{n}\right) + \cdots + \varphi\left(z, a + \frac{(b-a)(n-1)}{n}\right)}{n}\end{aligned}$$

は z を変数とする D 上の正則関数である．ゆえに，ワイエルストラスの 2 重級数定理（定理 11.3）からその極限である (11.12) の左辺の積分は D 上の正則関数であり，その積分の導関数は

$$\frac{b-a}{n} \sum_{k=0}^{n-1} \frac{\partial\varphi}{\partial z}\left(z, a + \frac{b-a}{n}k\right)$$

の極限である (11.13) の左辺に一致することが期待される．これが 11.3 節の冒頭で述べたことであり，定理 11.4 はそれが正しいことを主張する．

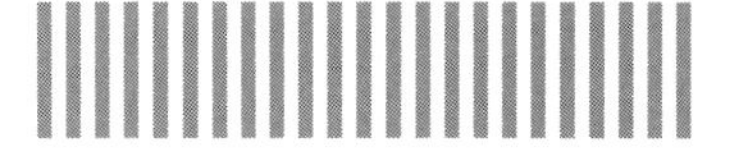

練習問題

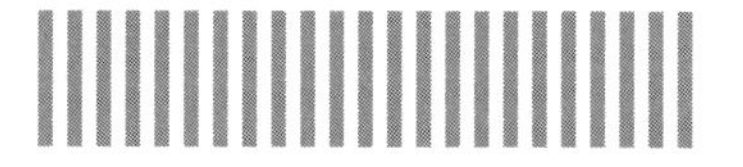

問 11.1 複素平面 $\mathbb{C}$ 上の正則関数 $f(z)$ が

$$\liminf_{R\to\infty} \max_{|z|=R} \frac{|f(z)|}{R^m} < \infty$$

5] ルベーグ積分論を用いるとさらに一般的な視点からの本質が見える．実際定理 11.4 において $\varphi(z,t)$ の t 座標は区間 $[a,b]$ ではなくもう少し一般的な位相空間（測度空間）を考えても良い．

が成立するとき，$f(z)$ は高々 m 次の多項式であることを示せ．

問 11.2　複素平面 $\mathbb{C}$ 上の正則関数 $f(z)$ をとる．ある定数 $C>0$ が存在して，

$$|f(z)| \leqq Ce^{\mathrm{Re}(z)} \quad (z \in \mathbb{C})$$

が成立するとき，$f(z) = Ae^z$ を満たす $A \in \mathbb{C}$ が存在することを示せ．

問 11.3　$\mathrm{Im}\,(\overline{a}b) \neq 0$ を満たす $a, b \in \mathbb{C}$ をとる．複素平面 $\mathbb{C}$ 上の正則関数 $f(z)$ において

$$f(z+na+mb) = f(z) \quad (z \in \mathbb{C})$$

が任意の $n, m \in \mathbb{Z}$ に対して成立するとき，$f(z)$ は定数関数であることを示せ．

問 11.4　$a \neq 0$ を満たす $a \in \mathbb{C}$ をとる．複素平面 $\mathbb{C}$ 上の正則関数 $f(z)$ において

$$f(z+na) = f(z) \quad (z \in \mathbb{C})$$

が任意の $n \in \mathbb{Z}$ に対して成立すると仮定する．

(1)　$g(z) = f\left(\dfrac{a}{2\pi i}\log z\right)$ とすると，$g(z)$ は $\mathbb{C}-\{0\}$ 上で定義された正則関数であることを示せ．

(2)　$g(z)$ は $f(z) = g(e^{2\pi iz/a})$ （$z \in \mathbb{C}-\{0\}$）を満たすことを示せ．

第12章
ローラン展開と孤立特異点

12.1 ローラン展開

12.1.1 ウォーミングアップ：特異点の周りでの展開の例

テイラー展開可能性定理の（10.6）によれば正則関数は局所的にベキ級数により表される．では，正則でないところではどのように表すことができるだろうか．まずは例を見てみる．

例 12.1 有理関数 $f_1(z) = \dfrac{1}{z^2 - 1}$ を考えてみる．関数 $f_1(z)$ は $\mathbb{C} - \{1, -1\}$ の各点で正則である．特に $z = 1$ では正則ではない（図 12.1）．

ここで

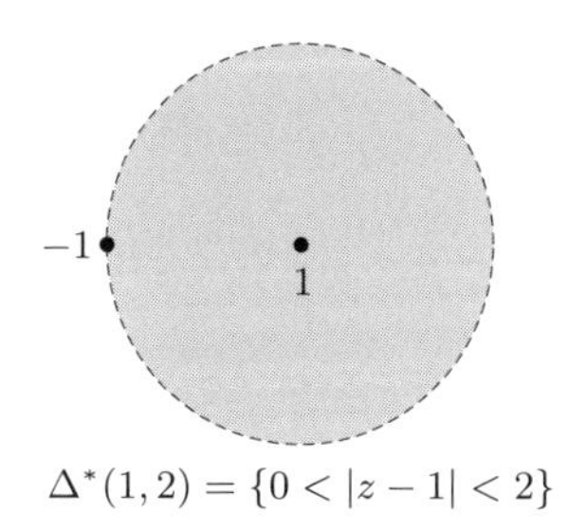

図 12.1　円板 $\Delta^*(1,2)$．$z = 1$ では $f_1(z) = \dfrac{1}{(z-1)(z+1)}$ は正則ではないが，$z = 1$ のまわりでテイラー展開のようなものを考えたい．

$$f_1(z) = \frac{1}{(z-1)(z+1)} = \frac{1}{(z-1)(2-(-(z-1)))} = \frac{1}{2(z-1)}\frac{1}{1-\dfrac{-(z-1)}{2}} \tag{12.1}$$

であるので，穴あき開円板 $\Delta^*(1,2) = \{z \in \mathbb{C} \mid 0 < |z-1| < 2\}$ において $f_1(z)$ は

$$\begin{aligned} f_1(z) &= \frac{1}{2(z-1)}\frac{1}{1-\dfrac{-(z-1)}{2}} = \frac{1}{2(z-1)}\sum_{n=0}^{\infty}\left(-\frac{1}{2}\right)^n (z-1)^n \\ &= \frac{1}{2(z-1)} - \frac{1}{4} + \frac{(z-1)}{8} - \frac{(z-1)^2}{16} + \cdots \end{aligned} \tag{12.2}$$

なる展開により表される

この展開は（12.1）の右辺内の $\dfrac{1}{1-\dfrac{-(z-1)}{2}}$ の項の $z=1$ におけるテイラー展開を計算して整理しただけであるので，形式的な一致ではなく，穴あき開円板 $\Delta^*(1,2)$ において関数として意味のある等式である．同様に，$f_1(z)$ は穴あき開円板 $\Delta^*(-1,2)$ において

$$f_1(z) = -\frac{1}{2(z+1)} - \frac{1}{4} - \frac{(z+1)}{8} - \frac{(z+1)^2}{16} + \cdots \tag{12.3}$$

なる展開により表現される．

例 12.2 関数 $f_2(z) = e^{1/z}$ を考えてみる．関数 $f_2(z)$ は $z=0$ では正則ではない．ここで $z \neq 0$ に対して $1/z \in \mathbb{C}$ であるので，（6.13）より

$$\begin{aligned} f_2(z) = e^{1/z} &= \sum_{n=0}^{\infty}\frac{1}{n!}\left(\frac{1}{z}\right)^n \\ &= \cdots + \frac{1}{n!}\frac{1}{z^n} + \cdots + \frac{1}{2!}\frac{1}{z^2} + \frac{1}{z} + 1 \end{aligned} \tag{12.4}$$

を得る．（12.4）は指数関数のテイラー展開（6.13）に $1/z$ を代入しただけであるので，$\mathbb{C}-\{0\}$ において関数として意味のある等式である．（12.4）の右辺には負のベキの項が無限個現れる．

例 12.3 関数 $f_3(z) = \dfrac{\sin z}{z}$ を考えてみる．関数 $f_3(z)$ が $\mathbb{C}-\{0\}$ の各点で正則であることはすぐにわかる．$z=0$ ではどうだろうか．正弦関数のテイラー展開（6.17）より

$$f_3(z) = \frac{1}{z} \cdot \sum_{n=0}^{\infty} \frac{(-1)^n}{(2n+1)!} z^{2n+1} = \frac{1}{z}\left(z - \frac{z^3}{3!} + \frac{z^5}{5!} + \cdots\right)$$
$$= 1 - \frac{z^2}{3!} + \frac{z^4}{5!} + \cdots \tag{12.5}$$

である．コーシー–アダマールの定理からベキ級数 (12.5) の収束半径は ∞ であることがわかる．ゆえに，(12.5) は $f_3(z)$ の $z = 0$ におけるテイラー展開であり，したがって $f_3(z)$ は $z = 0$ においても正則である．つまり，$z = 0$ は $f_3(z)$ の**見せかけの特異点**であったのである．

12.1.2　ローラン展開

例 12.1 と例 12.2 では，複素関数の正則ではない点の周りの展開を与えた．これらの観測は一般化され次のようにまとめることができる．

定理 12.1（ローラン展開） 閉円環領域 $\overline{A}(z_0, R_1, R_2) = \{z \in \mathbb{C} \mid R_1 \leqq |z - z_0| \leqq R_2\}$ を含む領域で正則な関数 $f(z)$ は $\overline{A}(z_0, R_1, R_2)$ 上絶対一様収束する級数

$$f(z) = \sum_{n=-\infty}^{\infty} a_n (z - z_0)^n \tag{12.6}$$

に展開される．ここで a_n は $R_1 < r < R_2$ を用いて

$$a_n = \frac{1}{2\pi i} \int_{|z-z_0|=r} \frac{f(\zeta)}{\zeta - z_0} d\zeta \tag{12.7}$$

により計算される．

定理 12.1 は次のローラン展開の可能性を示している．

定義 12.2（ローラン展開） 閉円環領域 $\overline{A}(z_0, R_1, R_2)$ $(0 < R_1 < R_2 < \infty)$ を含む領域で正則な関数 $f(z)$ に対して，(12.6) により定義される収束ベキ級数を $f(z)$ の z_0 における**ローラン展開**と呼ぶ．さらに，(12.6) の負のベキの項

$$\sum_{n=-\infty}^{-1} a_n (z - z_0)^n = \cdots + \frac{a_n}{z^{-n}} + \frac{a_{n+1}}{z^{-n+1}} + \cdots + \frac{a_{-1}}{z}$$

をローラン展開の**主要部**と呼ぶ．

ここで定理 12.1 を示す．

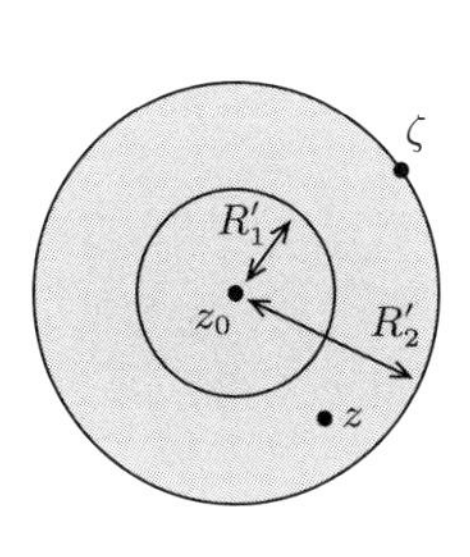

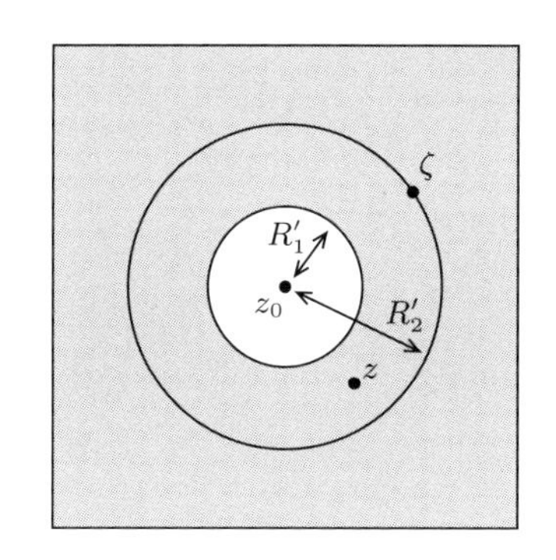

$\left|\dfrac{z-z_0}{\zeta-z_0}\right|<1$

$\dfrac{1}{2\pi i}\displaystyle\int_{\partial\Delta(z_0,R_2')}\dfrac{f(\zeta)}{\zeta-z}d\zeta$

が正則である領域

$\left|\dfrac{\zeta-z_0}{z-z_0}\right|<1$

$\dfrac{1}{2\pi i}\displaystyle\int_{\partial\Delta(z_0,R_1')}\dfrac{f(\zeta)}{\zeta-z}d\zeta$

が正則である領域

図 12.2 2 重連結領域で正則であるので，コーシーの積分公式を用いると，(12.11) のように 2 つの境界成分の積分が出てくる．$|\zeta-z_0|=R_2'$ のとき $\left|\dfrac{z-z_0}{\zeta-z_0}\right|<1$ であるので，$\dfrac{1}{2\pi i}\displaystyle\int_{\partial\Delta(z_0,R_2')}\dfrac{f(\zeta)}{\zeta-z}d\zeta$ はローラン展開の正のベキに寄与する．一方で，$|\zeta-z_0|=R_1'$ のとき $\left|\dfrac{\zeta-z_0}{z-z_0}\right|<1$ であるので，$\dfrac{1}{2\pi i}\displaystyle\int_{\partial\Delta(z_0,R_1')}\dfrac{f(\zeta)}{\zeta-z}d\zeta$ はローラン展開の負のベキに寄与する．

証明 証明は定理 10.6 とほとんど同じである（図 12.2）．

仮定から $0<R_1'<R_1<R_2<R_2'<\infty$ を $f(z)$ が閉円環領域 $\overline{A}'=\overline{A}(z_0,R_1',R_2')$ を含む領域において正則であるとしても良い．このときコーシーの積分公式（定理 10.2）から $z\in A(z_0,R_1',R_2')$ に対して

$$
\begin{aligned}
f(z)&=\frac{1}{2\pi i}\int_{\partial\overline{A}'}\frac{f(\zeta)}{\zeta-z}d\zeta\\
&=\frac{1}{2\pi i}\int_{\partial\Delta(z_0,R_2')}\frac{f(\zeta)}{\zeta-z}d\zeta-\frac{1}{2\pi i}\int_{\partial\Delta(z_0,R_1')}\frac{f(\zeta)}{\zeta-z}d\zeta
\end{aligned}
\tag{12.8}
$$

が成立する[1]．ここで $R_1'<|z-z_0|<R_2'$ であるので $\zeta\in\partial\Delta(z_0,R_2')$ に対して

1] $\overline{A}'$ から導かれる円周 $\{|z-z_0|=R_1'\}$ の向きは $\Delta(z_0,R_1')$ から定まる向きと逆である．

$$\frac{1}{\zeta - z} = \frac{1}{\zeta - z_0} \frac{1}{1 - \dfrac{z - z_0}{\zeta - z_0}} = \sum_{n=0}^{\infty} \frac{(z - z_0)^n}{(\zeta - z_0)^{n+1}} \tag{12.9}$$

であり，$\zeta \in \partial\Delta(z_0, R_1')$ に対して

$$\begin{aligned} \frac{1}{\zeta - z} &= -\frac{1}{z - z_0} \frac{1}{1 - \dfrac{\zeta - z_0}{z - z_0}} = -\sum_{n=0}^{\infty} \frac{(\zeta - z_0)^n}{(z - z_0)^{n+1}} \\ &= -\sum_{n=0}^{\infty} \frac{(\zeta - z_0)^n}{(z - z_0)^{n+1}} = -\sum_{n=-\infty}^{-1} \frac{(z - z_0)^n}{(\zeta - z_0)^{n+1}} \end{aligned} \tag{12.10}$$

ここで関数 $\dfrac{f(\zeta)}{\zeta - z_0}$ は閉円環領域（2 重連結領域）$\overline{A}(z_0, R_1, R_2)$ において正則であるので，例 9.3 より任意 $n \in \mathbb{Z}$ と $R_1 < r < R_2$ に対して

$$\begin{aligned} \frac{1}{2\pi i} \int_{\partial\Delta(z_0, R_2')} \frac{f(\zeta)}{(\zeta - z_0)^{n+1}} d\zeta &= \frac{1}{2\pi i} \int_{\partial\Delta(z_0, r)} \frac{f(\zeta)}{(\zeta - z_0)^{n+1}} d\zeta \\ &= \frac{1}{2\pi i} \int_{\partial\Delta(z_0, R_1')} \frac{f(\zeta)}{(\zeta - z_0)^{n+1}} d\zeta \end{aligned}$$

が成立する．以上より（12.8）は

$$\begin{aligned} f(z) &= \frac{1}{2\pi i} \int_{\partial\Delta(z_0, R_2')} \frac{f(\zeta)}{\zeta - z} d\zeta - \frac{1}{2\pi i} \int_{\partial\Delta(z_0, R_1')} \frac{f(\zeta)}{\zeta - z} d\zeta \qquad (12.11) \\ &= \sum_{n=0}^{\infty} \left(\frac{1}{2\pi i} \int_{\partial\Delta(z_0, R_2')} \frac{f(\zeta)}{(\zeta - z_0)^{n+1}} d\zeta \right) (z - z_0)^n \\ &\quad - \left(-\sum_{n=-\infty}^{-1} \left(\frac{1}{2\pi i} \int_{\partial\Delta(z_0, R_1')} \frac{f(\zeta)}{(\zeta - z_0)^{n+1}} d\zeta \right) (z - z_0)^n \right) \\ &= \sum_{n=-\infty}^{\infty} \left(\frac{1}{2\pi i} \int_{\partial\Delta(z_0, r)} \frac{f(\zeta)}{(\zeta - z_0)^{n+1}} d\zeta \right) (z - z_0)^n \qquad (12.12) \end{aligned}$$

と書き直すことができる．（12.8）と（12.9）は幾何級数であるので級数（12.12）は $\overline{A}(z_0, R_1, R_2)$ （$\subset A(z_0, R_1', R_2')$）上で絶対一様収束する．■

例 12.4 例 12.1 の（12.2）と（12.3）はそれぞれ $f_1(z) = \dfrac{1}{z^2 - 1}$ の $z = 1$ と $z = -1$ におけるローラン展開である．例 12.2 の（12.4）は $f_2(z) = e^{1/z}$ のローラン展開である．

12.2 孤立特異点と孤立特異点の分類

12.2.1 孤立特異点

穴あき円板 $\Delta^*(z_0, R)$ において正則である関数 $f(z)$ に対して中心 z_0 を $f(z)$ の**孤立特異点**と呼ぶ．例 12.1 では $z = \pm 1$ は関数 $f_1(z) = \dfrac{1}{z^2-1}$ の孤立特異点である．例 12.2 では $z = 0$ は関数 $f_2(z) = e^{1/z}$ の孤立特異点である．特に $f(z)$ は閉円環領域 $\overline{A}(z_0, R_1, R_2)$ $(0 < R_1 < R_2 < R)$ を含む領域において正則であるので，ローラン展開可能性定理（定理 12.1）により $f(z)$ の $z = z_0$ におけるローラン展開

$$f(z) = \sum_{n=-\infty}^{\infty} a_n (z - z_0)^n$$

が可能である．ここで

$$\mathrm{ord}(f, z_0) = \min\{n \mid a_n \neq 0\} \tag{12.13}$$

と定義する．(12.13) の最小値が存在しないときには

$$\mathrm{ord}(f, z_0) = -\infty$$

と書くと約束する．この記号はテイラー展開のときに学んだ零点の位数 (10.22) と一致することに注意する．$f(z)$ が $z = z_0$ で正則のときは $\mathrm{ord}(f, z_0)$ は非負の整数であったが，一般には負の整数にもなりうる．

12.2.2 孤立特異点の分類

いま $f(z)$ の $z = z_0$ におけるローラン展開の主要部は

$$\sum_{n=-\infty}^{-1} a_n (z - z_0)^n = \cdots + \frac{a_n}{z^{-n}} + \frac{a_{n+1}}{z^{-n+1}} + \cdots + \frac{a_{-1}}{z} \tag{12.14}$$

である．ここで $\mathrm{ord}(f, z_0) \geqq 0$ の場合，つまり，ローラン展開に負のベキの項がない場合にはローラン展開の主要部は 0 であることに注意しよう．孤立特異点は主要部の様子により分類される．

定義 12.3（孤立特異点の分類） 上記の状況を考える．孤立特異点 z_0 を次のように分類する．

(1) $\mathrm{ord}(f, z_0) \geqq 0$ の場合．このとき z_0 のことを $f(z)$ の**除去可能特異点**と呼ぶ．このとき $f(z)$ は z_0 において正則である．

(2) $\mathrm{ord}(f, z_0) > -\infty$ の場合．つまり，主要部 (12.14) が有限項からなるの場合．このとき孤立特異点 z_0 を $f(z)$ の**極**と呼ぶ．この場合，ローラン展開の主要部 (12.14) は

$$\frac{a_{-m}}{z^m} + \frac{a_{-m+1}}{z^{m-1}} + \cdots + \frac{a_{-1}}{z} \quad (a_{-m} \neq 0) \tag{12.15}$$

と表すことができる．ここで

$$m = \max\{|k| \mid a_k \neq 0, k < 0\} = -\mathrm{ord}(f, z_0) \tag{12.16}$$

である．(12.16) で定義された m を $f(z)$ の極の**位数**と呼ぶ．

(3) $\mathrm{ord}(f, z_0) = -\infty$ の場合．つまり，主要部 (12.14) が無限の項からなる場合．このとき孤立特異点 z_0 を $f(z)$ の**真性特異点**と呼ぶ．

また，孤立特異点 z_0 が $f(z)$ の除去可能特異点もしくは極であるとき z_0 は $f(z)$ の**高々極**であるという．

12.3 正則関数の商で表される関数

孤立特異点をもつ関数の典型例[2]として，ここでは $z = z_0$ のまわりで定義された正則関数 $f(z)$ と $g(z)$ についてその商で定義される関数

$$h(z) = \frac{f(z)}{g(z)}$$

について考える．$m_1 = \mathrm{ord}(f, z_0)$，$m_2 = \mathrm{ord}(g, z_0)$ とするとき，それぞれのテイラー展開を考えると

$$f(z) = (z - z_0)^{m_1} f_1(z)$$
$$g(z) = (z - z_0)^{m_2} g_1(z)$$

および $f_1(z_0) \neq 0$，$g_1(z_0) \neq 0$ を満たすような $z = z_0$ のまわりで定義された正則関数 $f_1(z)$ と $g_1(z)$ が存在する．このとき命題 6.9 より商 $\dfrac{f_1(z)}{g_1(z)}$ は $z = z_0$ において正則であるので，テイラー展開

2] ここで非定数正則関数の零点は孤立していたことに注意する（系 10.8 を見よ）．

$$\frac{f_1(z)}{g_1(z)} = a_0 + a_1(z - z_0) + a_2(z - z_0)^2 + \cdots$$

を得る．ただし $a_0 = \dfrac{f_1(z_0)}{g_1(z_0)} \neq 0$ である．よって $h(z) = \dfrac{f(z)}{g(z)}$ の $z = z_0$ における
ローラン展開は

$$\frac{f(z)}{g(z)} = \frac{(z - z_0)^{m_1} f_1(z)}{(z - z_0)^{m_2} g_1(z)} = a_0(z - z_0)^{m_1 - m_2} + a_1(z - z_0)^{m_1 - m_2 + 1} + \cdots$$

となる．以上をまとめると次のようになる．

定理 12.4（正則関数の商） 点 $z = z_0$ のまわりで定義された正則関数 $f(z)$ と $g(z)$ の商 $\dfrac{f(z)}{g(z)}$ は $z = z_0$ を高々極に持ち，

$$\mathrm{ord}(f/g, z_0) = \mathrm{ord}(f, z_0) - \mathrm{ord}(g, z_0)$$

が成立する．

同様に計算することにより $\mathrm{ord}(f, z_0)$ について次の公式を得る．

公式 12.5 穴あき円板 $\Delta^*(z_0, R)$ で定義された正則関数 $f(z)$ と $g(z)$ が $z = z_0$ を高々極に持つとする．このとき

$$\mathrm{ord}(fg, z_0) = \mathrm{ord}(f, z_0) + \mathrm{ord}(g, z_0)$$
$$\mathrm{ord}(f + g, z_0) \geqq \min\{\mathrm{ord}(f, z_0), \mathrm{ord}(g, z_0)\}$$

が成立する．

注意 極の位数の定義と零点の位数の定義が異なることに注意してほしい（符号が反対となる）．実際，(12.16) から極は負の位数を持つような零点であると考えることができる．この視点は重要であり，代数幾何学などに出てくる**付値**の考え方などに現れる．特に公式 12.5 に現れる $\mathrm{ord}(f, z_0)$ の性質は付置の性質（定義）そのものである．

12.4 ローラン展開と孤立特異点の計算例

テイラー展開の場合と同様に計算例を与えよう．

例 12.5（基本的な例） 複素関数 $f(z) = (z - z_0)^m$ の $z = z_0$ のローラン展開は

$$(z-z_0)^m$$

である．$m \geqq 0$ のときローラン展開の主要部は 0 であり，$m<0$ のときは

$$\frac{1}{(z-z_0)^{|m|}} \quad (=(z-z_0)^m)$$

がローラン展開の主要部である．ゆえに，$m \geqq 0$ のときは $z=z_0$ は $f(z)$ の除去可能特異点であり，$m<0$ のときは $z=z_0$ は $f(z)$ の $|m|$ 位の極である．

例 12.6　（関数 $\dfrac{1}{z^2-1}$（その 1））　例 12.1 の有理関数 $f_1(z)=\dfrac{1}{z^2-1}$ を考えてみる．$z=1$ におけるローラン展開は

$$f_1(z)=\frac{1}{2(z-1)}-\frac{1}{4}+\frac{(z-1)}{8}-\frac{(z-1)^2}{16}+\cdots \tag{12.17}$$

である．したがって，$z=1$ におけるローラン展開（12.17）の主要部は

$$\frac{1}{2(z-1)}$$

である．ゆえに $z=1$ は $f_1(z)$ の位数 1 の極である．

同様に $z=-1$ におけるローラン展開は

$$f_1(z)=-\frac{1}{2(z+1)}-\frac{1}{4}-\frac{(z+1)}{8}-\frac{(z+1)^2}{16}+\cdots \tag{12.18}$$

である．したがって，$z=-1$ におけるローラン展開（12.18）の主要部は

$$-\frac{1}{2(z+1)}$$

である．ゆえに $z=-1$ は $f_1(z)$ の位数 1 の極である．

例 12.7　（関数 $\dfrac{1}{z^2-1}$（その 2））　極と極の位数を知るだけであれば，定理 12.4 を用いることによりローラン展開をせずにそれらを求めることができる．例 12.6 で考えたように例 12.1 の有理関数 $f_1(z)=\dfrac{1}{z^2-1}$ の極を求めかたについて別の解答を与える．

$h_1(z)=1$, $g_1(z)=z^2-1$ とすると，$h_1(z)$ と $g_1(z)$ は $\mathbb{C}$ 上で正則であり，$f_1(z)=\dfrac{h_1(z)}{g_1(z)}$ となる．ここで

$$h_1(\pm 1)=1\neq 0$$

$$g_1(\pm 1) = 0, \quad (g_1)^{(1)}(\pm 1) = \pm 2 \neq 0$$

であるので，

$$\mathrm{ord}(h_1, \pm 1) = \min\{n \mid (h_1)^{(n)}(\pm 1) \neq 0\} = 0$$
$$\mathrm{ord}(g_1, \pm 1) = \min\{n \mid (g_1)^{(n)}(\pm 1) \neq 0\} = 1$$

である．ゆえに，定理 12.4 より

$$\mathrm{ord}(f_1, \pm 1) = \mathrm{ord}(h_1, \pm 1) - \mathrm{ord}(g_1, \pm 1) = -1$$

となる．ゆえに $z = \pm 1$ は $f_1(z)$ の 1 位の極である．

例 12.8 （関数 $e^{1/z}$） 例 12.2 の関数 $f_2(z) = e^{1/z}$ を考えてみる．$z = 0$ におけるローラン展開は

$$f_2(z) = \cdots \frac{1}{n!}\frac{1}{z^n} + \cdots + \frac{1}{2!}\frac{1}{z^2} + \frac{1}{z} + 1 \tag{12.19}$$

である．したがって，$z = 1$ におけるローラン展開（12.19）の主要部は

$$\cdots \frac{1}{n!}\frac{1}{z^n} + \cdots + \frac{1}{2!}\frac{1}{z^2} + \frac{1}{z}$$

である．これは無限の項からなるので $z = 0$ は $f_2(z)$ の真性特異点である．

例 12.9 （関数 $\dfrac{\sin z}{z}$ （その 1）） 例 12.3 において考えた関数 $f_3(z) = \dfrac{\sin z}{z}$ を考えてみる．例 12.3 で見たように関数 $f_3(z)$ のローラン展開は

$$f_3(z) = 1 - \frac{z^2}{3!} + \frac{z^4}{5!} + \cdots$$

である．したがってローラン展開の主要部は 0 であるので，$z = 0$ は $f_3(z)$ の除去可能特異点である．

例 12.10 （関数 $\dfrac{\sin z}{z}$ （その 2）） 例 12.7 と同様に，定理 12.4 を用いて孤立特異点の状況を調べる．

$h_3(z) = \sin z$ および $g_3(z) = z$ とする．$h_3(z)$ と $g_3(z)$ は $\mathbb{C}$ 上で正則であり，$f_3(z) = \dfrac{h_3(z)}{g_3(z)}$ となる．ここで

$$h_3(0) = 0, \quad (h_3)^{(1)}(0) = \cos 0 = 1 \neq 0$$
$$g_3(0) = 0, \quad (g_3)^{(1)}(0) = 1 \neq 0$$

であるので，

$$\mathrm{ord}(h_3, 0) = \min\{n \mid (h_3)^{(n)}(0) \neq 0\} = 1$$
$$\mathrm{ord}(g_3, 0) = \min\{n \mid (g_3)^{(n)}(0) \neq 0\} = 1$$

である．ゆえに，定理 12.4 より

$$\mathrm{ord}(f_3, 0) = \mathrm{ord}(h_3, 0) - \mathrm{ord}(g_3, 0) = 1 - 1 = 0$$

となる．ゆえに $z = 0$ は $f_3(z)$ の除去可能特異点である．

例 12.11 （関数 $\dfrac{e^z - e^a}{(z-a)^3}$ （その 1））$a \in \mathbb{C}$ に対して $f(z) = \dfrac{e^z - e^a}{(z-a)^3}$ とする．はじめに $z = a$ におけるローラン展開を求める．(6.28) より指数関数の高次導関数は $(e^z)^{(n)} = e^z$ であるので，$z = a$ における指数関数のテイラー展開は

$$e^z = e^a + e^a(z-a) + \frac{e^a}{2}(z-a)^2 + \cdots + \frac{e^a}{n!}(z-a)^n + \cdots \tag{12.20}$$

である．ゆえに $f(z) = \dfrac{e^z - e^a}{(z-a)^3}$ の $z = a$ におけるローラン展開は

$$\frac{e^z - e^a}{z-a} = \frac{e^a}{(z-a)^2} + \frac{e^a}{2}\frac{1}{z-a} + \frac{e^a}{3!} + \cdots + \frac{e^a}{n!}(z-a)^{n-3} + \cdots \tag{12.21}$$

となる．したがって，$z = 1$ におけるローラン展開 (12.21) の主要部は

$$\frac{e^a}{(z-a)^2} + \frac{e^a}{2}\frac{1}{z-a}$$

である．$z = a$ は $f(z) = \dfrac{e^z - e^a}{(z-a)^3}$ の 2 位の極である．

例 12.12 （関数 $\dfrac{e^z - e^a}{(z-a)^3}$ （その 2））例 12.7 と同様にして定理 12.4 を用いて孤立特異点の状況を調べる．

$h(z) = e^z - e^a$ および $g(z) = (z-a)^3$ とする．このとき $h(z)$ と $g(z)$ は $\mathbb{C}$ 上で正則であり，$f(z) = \dfrac{h(z)}{g(z)}$ が成立する．

$$h(a) = 0, h^{(1)}(a) = e^a \neq 0$$
$$g(a) = 0, g^{(1)}(a) = 3(a-a)^2 = 0, g^{(2)}(a) = 6(a-a) = 0, g^{(3)}(a) = 6 \neq 0$$

であるので，

$$\mathrm{ord}(h, 0) = \min\{n \mid h^{(n)}(0) \neq 0\} = 1$$
$$\mathrm{ord}(g, 0) = \min\{n \mid g^{(n)}(0) \neq 0\} = 3$$

である．ゆえに，定理 12.4 より

$$\mathrm{ord}(f, 0) = \mathrm{ord}(h, 0) - \mathrm{ord}(g, 0) = 1 - 3 = -2$$

となる．ゆえに $z = a$ は $f(z)$ の 2 位の極である．

練習問題

問 12.1　次の関数の原点におけるローラン展開（テイラー展開）をせよ．さらに原点の特異点の種類を答えよ．つまり，与えられた関数について原点が「除去可能特異点」「極」「真性特異点」のうちのどれであるかを答えよ．

(1)　$f(z) = \sin z$

(2)　$f(z) = (z-1)(z+1)$

(3)　$f(z) = \dfrac{1}{z-1}$

(4)　$f(z) = \dfrac{\sin z}{z}$

(5)　$f(z) = \dfrac{\cos z}{z}$

(6)　$f(z) = \dfrac{\tan z}{z}$

(7)　$f(z) = z^n e^{1/z}$

(8)　$f(z) = \dfrac{e^{z^2}}{z^5}$

(9)　$f(z) = z^2 \sin \dfrac{1}{z}$

問 12.2　原点の周りにおいて定義された正則関数 $f(z)$ が $f(0) = 0$ を満たすとき，原点 $z = 0$ は $g(z) = \dfrac{f(z)}{z}$ の除去可能特異点であること，したがって $g(z)$ は

原点 $z=0$ において正則であることを示せ.

問 12.3 穴あき円板 $\Delta(z_0,\delta)$ において定義された正則関数 $f(z)$ をとる. ある自然数 k が存在して, $(z-z_0)^k f(z)$ が原点 $z=0$ の周りにおいて有界であったとする. このとき, 原点 $z=0$ は $f(z)$ の高々k 位の極であることを示せ.

問 12.4 （シュワルツの補題）単位円板 $\mathbb{D}$ 上の正則関数 $f(z)$ が $|f(z)|<1$ （$z\in\mathbb{D}$）かつ $f(0)=0$ を満たすとする. 次の問いに答えよ.

(1) 問 10.5 で証明した最大値の原理を用いて $|z|=r$ （<1）であれば

$$\left|\frac{f(z)}{z}\right| \leqq \frac{1}{r}$$

が成立することを示せ.

(2) 任意の $z\in\mathbb{D}$ について $|f(z)|\leqq|z|$ が成立することを示せ.

(3) ある点 $z_0\neq 0$ において等号 $|f(z_0)|=|z_0|$ が成立するとする. このとき $f(z)=e^{i\theta}z$ となる $\theta\in\mathbb{R}$ が存在することを示せ.

問 12.5 穴あき円板 $\Delta^*(0,R)=\Delta(0,R)-\{0\}$ 上で定義された正則関数 $f(z)$ について, $f(-z)=f(z)$ を満たすとき**偶関数**, $f(-z)=-f(z)$ を満たすとき**奇関数**という. $f(z)=\sum_{n=-\infty}^{\infty} a_n z^n$ をローラン展開とするとき次の問いに答えよ,

(1) $f(z)$ が偶関数のとき $a_{2n+1}=0$ （$n\in\mathbb{Z}$）であり, かつそのときに限ることを示せ.

(2) $f(z)$ が奇関数のとき $a_{2n}=0$ （$n\in\mathbb{Z}$）であり, かつそのときに限ることを示せ.

問 12.6 $f(z)=\dfrac{z}{e^z-1}$ とする. 次の問いに答えよ. 下記の B_n を**ベルヌーイ数**という.

(1) 原点 $z=0$ は $f(z)$ の除去可能特異点であることを示せ.

(2) $f(z)$ の $z=0$ のテイラー展開を $f(z)=\sum_{n=0}^{\infty}\dfrac{B_n}{n!}z^n$ とする. このとき

$$B_0=1, \quad \sum_{k=0}^{n}\frac{B_k}{k!(n-k+1)!}=0 \quad (n\geqq 1)$$

が成立することを示せ. ただし $0!=1$ とする.

(3) B_1, B_2, B_3 を求めよ.

(4) 恒等式 $f(z)-B_1 z=\dfrac{z}{2}\dfrac{e^z+1}{e^z-1}$ であることを示し, $B_{2n+1}=0$ （$n\in\mathbb{N}$）が成立することを示せ.

第13章

留数定理と偏角の原理

13.1　留数

13.1.1　留数の定義

穴あき円板 $\Delta^*(z_0, R)$ における正則関数 $f(z)$ の $z = z_0$ におけるローラン展開を

$$f(z) = \sum_{n=-\infty}^{\infty} a_n (z - z_0)^n \tag{13.1}$$

とする．このとき -1 次の係数

$$\mathrm{Res}(f, z_0) = a_{-1} = \frac{1}{2\pi i} \int_{|z-z_0|=r} f(z)dz \quad (0 < r < R) \tag{13.2}$$

を $f(z)$ の $z = z_0$ における**留数**と呼ぶ（(12.7) を見よ）．ただし円周 $\{z \in \mathbb{C} \mid |z - z_0| = r\}$ には反時計回りの向きが入っているとする（図 13.1）．

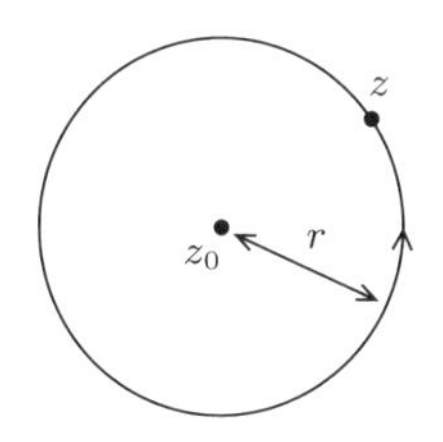

図 13.1　留数の定義．孤立特異点のまわりの円周の向きは重要

13.1.2 留数の計算法

穴あき円板 $\Delta^*(z_0, R)$ における正則関数 $f(z)$ の $z = z_0$ における留数の計算例を与える．ここでは 2 通りの方法を紹介する．

(1) 留数の計算は，定義式

$$\mathrm{Res}(f, z_0) = a_{-1} = \frac{1}{2\pi i}\int_{|z-z_0|=r} f(z)dz$$

を用いるか，もしくはローラン展開を具体的に計算して求める．

(2) $z = z_0$ が $f(z)$ の n 位の極の場合，公式

$$\mathrm{Res}(f, z_0) = a_{-1} = \frac{1}{(n-1)!}\lim_{z\to z_0}\frac{d^{n-1}}{dz^{n-1}}(z-z_0)^n f(z) \tag{13.3}$$

を用いて計算する．特に z_0 が一位の極の場合には

$$\mathrm{Res}(f, z_0) = a_{-1} = \lim_{z\to z_0}(z-z_0)f(z) \tag{13.4}$$

であり，$\mathrm{ord}(g, z_0) = 0$ かつ $\mathrm{ord}(h, z_0) = 1$ を満たす z_0 のまわりの正則関数 $g(z)$ と $h(z)$ を用いて $f(z) = \dfrac{g(z)}{h(z)}$ と表されるとき

$$\mathrm{Res}(f, z_0) = \frac{g(z_0)}{h'(z_0)} \tag{13.5}$$

となる．

例 13.1 例 12.6 より $\dfrac{1}{z^2-1}$ の $z = \pm 1$ のローラン展開はそれぞれ

$$\frac{1}{z^2-1} = \frac{1}{2(z-1)} - \frac{1}{4} + \frac{(z-1)}{8} - \frac{(z-1)^2}{16} + \cdots$$

$$\frac{1}{z^2-1} = -\frac{1}{2(z+1)} - \frac{1}{4} - \frac{(z+1)}{8} - \frac{(z+1)^2}{16} + \cdots$$

であるので，

$$\mathrm{Res}\left(\frac{1}{z^2-1}, 1\right) = \frac{1}{2}, \quad \mathrm{Res}\left(\frac{1}{z^2-1}, -1\right) = -\frac{1}{2}$$

である．

例 13.2 例 12.8 より $e^{1/z}$ の $z = 0$ におけるローラン展開は

$$e^{1/z} = \cdots \frac{1}{n!}\frac{1}{z^n} + \cdots + \frac{1}{2!}\frac{1}{z^2} + \frac{1}{z} + 1$$

であるので，

$$\operatorname{Res}\left(e^{1/z}, 0\right) = 1$$

である．

例 13.3 例 12.11 より $\dfrac{e^z - e^a}{(z-a)^3}$ の $z=a$ におけるローラン展開は

$$\frac{e^z - e^a}{z-a} = \frac{e^a}{(z-a)^2} + \frac{e^a}{2}\frac{1}{z-a} + \frac{e^a}{3!} + \cdots + \frac{e^a}{n!}(z-a)^{n-3} + \cdots$$

であるので，

$$\operatorname{Res}\left(\frac{e^z - e^a}{z-a}, a\right) = \frac{e^a}{2}$$

である．

例 13.4 関数 $\dfrac{1}{1+z^n}$ の極と留数を求める．定理 12.4 により $\dfrac{1}{1+z^n}$ の孤立特異点は高々極である．正則関数 $1+z^n$ の零点は方程式 $z^n = -1$ の根，つまり $z = e^{(2k+1)\pi i/n}$ $(k = 0, 1, \cdots, n-1)$ である．このとき

$$\begin{aligned}(z^n + 1)'\,|_{z=e^{(2k+1)\pi i/n}} &= n(e^{(2k+1)\pi i/n})^{n-1} = ne^{(2k+1)\pi(n-1)i/n} \\ &= ne^{-(2k+1)\pi/n} \neq 0\end{aligned}$$

であるので，$z = e^{(2k+1)\pi i/n}$ は正則関数 $1+z^n$ の一位の零点である．ゆえに定理 12.4 より

$$\begin{aligned}\operatorname{ord}\left(\frac{1}{1+z^n}, e^{(2k+1)\pi i/n}\right) &= \operatorname{ord}\left(1, e^{(2k+1)\pi i/n}\right) - \operatorname{ord}\left(1+z^n, e^{(2k+1)\pi i/n}\right) \\ &= -1\end{aligned}$$

であるので，$z = e^{(2k+1)\pi i/n}$ は $\dfrac{1}{1+z^n}$ の一位の極である．このとき (13.5) より，留数は

$$\begin{aligned}\operatorname{Res}\left(\frac{1}{z^n+1}, e^{(2k+1)\pi i/n}\right) &= \lim_{z\to e^{(2k+1)\pi i/n}} \left(z - e^{(2k+1)\pi i/n}\right)\frac{1}{1+z^n} \\ &= \frac{1}{(1+z^n)'\,|_{z=\frac{(2n+1)\pi}{2}}} = \frac{1}{ne^{-(2k+1)\pi/n}}\end{aligned}$$

$$= \frac{e^{(2k+1)\pi/n}}{n}$$

のように計算される．

例 13.5 関数 $\dfrac{z^2}{(z-1)^3(z+2)}$ の極と留数を求める．分母である $(z-1)^3(z+2)$ は $z=1$，$z=-2$ でありそれぞれ 3 位と 1 位の零点をもつ．ゆえに

$$\mathrm{ord}((z-1)^3(z+2),1)=3, \quad \mathrm{ord}((z-1)^3(z+2),-2)=1$$

ここで $1^2=1\neq 0$，$(-2)^2=4\neq 0$ であるので，$z=1$ と $z=-2$ は分子の零点ではない．ゆえに，

$$\mathrm{ord}(z^2,1)=\mathrm{ord}(z^2,-2)=0$$

したがって

$$\mathrm{ord}\left(\frac{z^2}{(z-1)^3(z+2)},1\right)=\mathrm{ord}\left(z^2,1\right)-\mathrm{ord}\left((z-1)^3(z+2),1\right)=-3$$
$$\mathrm{ord}\left(\frac{z^2}{(z-1)^3(z+2)},-2\right)=\mathrm{ord}\left(z^2,-2\right)-\mathrm{ord}\left((z-1)^3(z+2),-2\right)=-1$$

である．したがって $z=1$ と $z=-2$ はそれぞれ関数 $\dfrac{z^2}{(z-1)^3(z+2)}$ の 3 位の極，1 位の極である．

留数は (13.3) より

$$\begin{aligned}\mathrm{Res}\left(\frac{z^2}{(z-1)^3(z+2)},1\right)&=\frac{1}{(3-1)!}\lim_{z\to 1}\frac{d^{3-1}}{dz^{3-1}}(z-1)^3\frac{z^2}{(z-1)^3(z+2)}\\&=\frac{1}{2}\lim_{z\to 1}\frac{8}{(z+2)^3}=\frac{4}{27}\end{aligned}$$

$$\begin{aligned}\mathrm{Res}\left(\frac{z^2}{(z-1)^3(z+2)},-2\right)&=\frac{1}{(1-1)!}\lim_{z\to -2}\frac{d^{1-1}}{dz^{1-1}}(z+2)\frac{z^2}{(z-1)^3(z+2)}\\&=\lim_{z\to -2}\frac{z^2}{(z-1)^3}=-\frac{4}{27}\end{aligned}$$

のように計算される．

例 13.6 $\tan z=\dfrac{\sin z}{\cos z}$ の極と留数を求める．定理 12.4 により $\tan z$ の孤立特異点

は高々極である．いま分母である $\cos z$ の零点は $\left\{\dfrac{(2n+1)\pi}{2}\right\}_{n\in\mathbb{Z}}$ である．そして

$$(\cos z)'\Big|_{z=\frac{(2n+1)\pi}{2}} = -\sin\frac{(2n+1)\pi}{2} = (-1)^{n-1} \neq 0$$

であるので

$$\mathrm{ord}\left(\sin z, \frac{(2n+1)\pi}{2}\right) = 0, \quad \mathrm{ord}\left(\cos z, \frac{(2n+1)\pi}{2}\right) = 1$$

である．ゆえに定理 12.4 より

$$\begin{aligned}\mathrm{ord}\left(\tan z, \frac{(2n+1)\pi}{2}\right) &= \mathrm{ord}\left(\sin z, \frac{(2n+1)\pi}{2}\right) - \mathrm{ord}\left(\cos z, \frac{(2n+1)\pi}{2}\right)\\ &= -1\end{aligned}$$

である．ゆえに $z = \dfrac{(2n+1)\pi}{2}$ は $\tan z$ の 1 位の極である．さらに留数は

$$\begin{aligned}\mathrm{Res}\left(\tan z, \frac{(2n+1)\pi}{2}\right) &= \lim_{z\to\frac{(2n+1)\pi}{2}}\left(z-\frac{(2n+1)\pi}{2}\right)\tan z\\ &= \lim_{z\to\frac{(2n+1)\pi}{2}}\left(z-\frac{(2n+1)\pi}{2}\right)\frac{\sin z}{\cos z}\\ &= \frac{\sin\frac{(2n+1)\pi}{2}}{(\cos z)'\Big|_{z=\frac{(2n+1)\pi}{2}}} = \frac{\sin\frac{(2n+1)\pi}{2}}{-\sin\frac{(2n+1)\pi}{2}} = -1\end{aligned}$$

のように計算される．

13.2 留数定理

区分的に滑らかな境界をもつ領域 D と D 内の孤立特異点を除いて D の閉包を含む領域で正則な関数 $f(z)$ を考える．さらに $f(z)$ は ∂D 上には除去可能特異点以外の孤立特異点を持たないと仮定する．このとき D 内の孤立特異点は有限集合である．これらを $\{z_k\}_{k=1}^N$ と書く．各 z_k に対して $r_k > 0$ を $\overline{\Delta}(a_k, r_k) \subset D$ を満たすように取る（次ページの図 13.2）．このとき z_k は孤立特異点であるので z_k における $f(z)$ のローラン展開

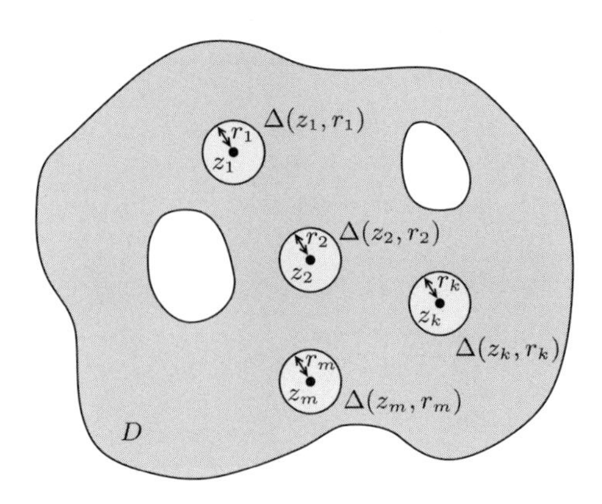

図 13.2　留数定理を考える状況

$$f(z) = \sum_{n=-\infty} a_n^k (z - z_k)^n$$

を考えることができる．特に留数は

$$\mathrm{Res}(f, z_k) = a_{-1}^k = \frac{1}{2\pi i} \int_{\partial\Delta(z_k, r_k)} f(z)dz \tag{13.6}$$

のように得られる．ただし (13.6) の右辺の線積分における $\partial\Delta(z_k, r_k)$ の向きは z_k を中心として反時計回りの向きである．

ここで $D_0 = D - \bigcup_{k=1}^{N} \overline{\Delta}(z_k, r_k)$ とする．D_0 は区分的に滑らかな境界をもつ領域である．D_0 の境界の成分に円周 $\{|z - z_k| = r_k\}$ があるが，その円周上の D_0 から定まる向きは $\Delta(z_k, r_k)$ から定まる向きとは異なることに注意せよ．このとき，$f(z)$ は D_0 の閉包を含む領域で正則であるので，コーシーの積分定理（定理 9.3）から

$$\begin{aligned} 0 &= \frac{1}{2\pi i} \int_{\partial D_0} f(z)dz \\ &= \frac{1}{2\pi i} \int_{\partial D} f(z)dz - \sum_{k=1}^{N} \frac{1}{2\pi i} \int_{\partial\Delta(z_k, r_k)} f(z)dz \end{aligned}$$

を得るので (13.6) より

$$\frac{1}{2\pi i} \int_{\partial D} f(z)dz = \sum_{k=1}^{N} \frac{1}{2\pi i} \int_{\partial\Delta(z_k, r_k)} f(z)dz = \sum_{k=1}^{N} \mathrm{Res}(f, z_k) \tag{13.7}$$

を得る．以上まとめると次のようになる．

定理 13.1 **（留数定理）** 区分的に滑らかな境界をもつ領域 D と D 内の孤立特異点を除いて D の閉包を含む領域で正則な関数 $f(z)$ を考える．さらに $f(z)$ は ∂D 上には除去可能特異点以外の孤立特異点を持たないと仮定する．このとき，

$$\int_{\partial D} f(z)dz = 2\pi i \sum_{z \in D} \operatorname{Res}(f, z) \tag{13.8}$$

が成立する．ただし，$f(z)$ が $z = z_0$ で正則であるときは $\operatorname{Res}(f, z_0) = 0$ であると約束する．

注意 (13.8) の右辺は有限和であり，上記の (13.7) と同等である．

注意 定理 13.1 において，関数 $f(z)$ が領域 D 内で正則であれば，すべての孤立特異点は除去可能特異点であるので，(13.8) の右辺は 0 である．したがって，これはコーシーの積分定理（定理 9.3）の主張も含んでいる（しかし別証明ではない）．

例 13.7 $f(z) = \dfrac{1}{z(z-1)^2(z^2+1)}$ とする．区分的に滑らかな曲線 C_1，C_2，C_3 を図 13.3 のように取る．

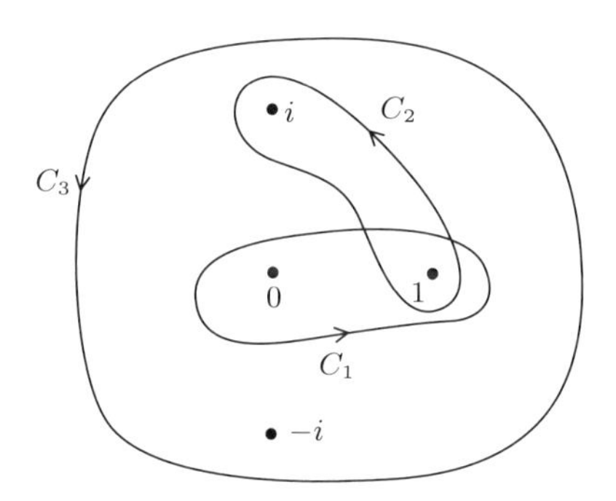

図 13.3 例 13.7 における曲線

$f(z)$ は $z = 0$, $z = \pm i$ を一位の極に持ち．$z = 1$ を 2 位の極に持つ．このとき，それぞれの留数は

$$\operatorname{Res}(f, 0) = \lim_{z \to 0} z f(z) = 1$$

$$\mathrm{Res}(f,i)=\lim_{z\to i}(z-i)f(z)=-\frac{1}{4}$$
$$\mathrm{Res}(f,-i)=\lim_{z\to -i}(z+i)f(z)=\frac{1}{4}$$
$$\mathrm{Res}(f,1)=\frac{1}{(2-1)!}\lim_{z\to 1}\frac{d^{2-1}}{dz^{2-1}}(z-1)^2f(z)=-1$$

である．したがって留数定理（定理 13.1）から

$$\int_{C_1}f(z)dz=2\pi i(\mathrm{Res}(f,0)+\mathrm{Res}(f,1))=2\pi i(1-1)=0$$
$$\int_{C_2}f(z)dz=2\pi i(\mathrm{Res}(f,1)+\mathrm{Res}(f,i))=2\pi i\left(1-\frac{1}{4}\right)=\frac{3\pi i}{2}$$
$$\begin{aligned}\int_{C_3}f(z)dz&=2\pi i(\mathrm{Res}(f,0)+\mathrm{Res}(f,i)+\mathrm{Res}(f,-i)+\mathrm{Res}(f,1))\\&=2\pi i\left(1-\frac{1}{4}+\frac{1}{4}-1\right)=0\end{aligned}$$

である．

13.3　偏角の原理

13.3.1　導入：回転数

ここで滑らかな閉曲線 C_1

$$w(t)=\left(\frac{1}{4}+\frac{3}{4}e^{it}\right)^3\quad(0\leqq t\leqq 2\pi)$$

を考える（図 13.4）．原点 $w=0$ に立っている人から閉曲線 C_1 を見ると，この曲線が原点のまわりを 3 回まわっている（図 13.5）．このようなときに閉曲線 C_1 の $w=0$ の周りの**回転数**は 3 であるという．同様に考えると $w=1/2$ のまわりは 1 回まわっていることがわかるので，閉曲線 C_1 の $w=1/2$ の周りの回転数は 1 である一方，$w=i$ のまわりはまわっていないので閉曲線 C_1 の $w=i$ の周りの回転数は 0 である．

冷静になって考えてみると，この回転数は偏角の増分を 2π で割って得られたものであることがわかる．たとえば，図 13.5 のように c 地点において偏角の増分は 2π をすこし超えていて，b 地点においての偏角の増分は 4π をすこし超えてい

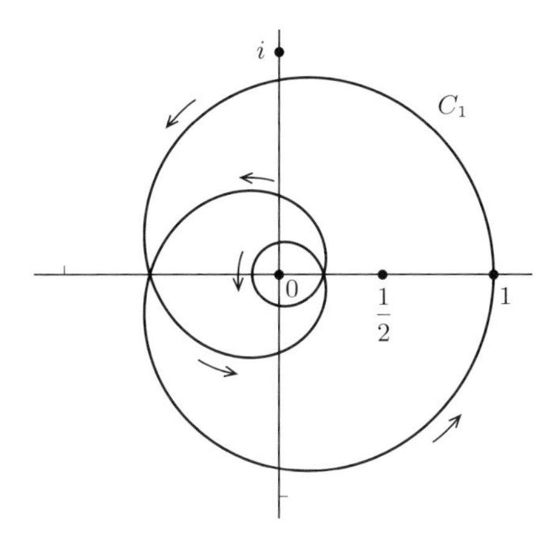

図 13.4　曲線 C_1

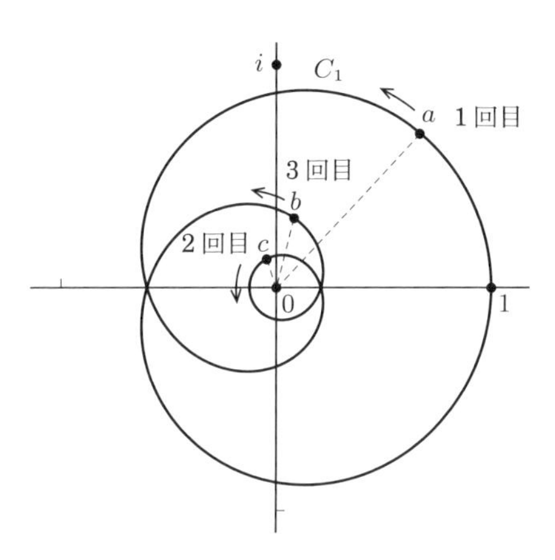

図 13.5　$w = 0$ から見た曲線 C_1 の軌跡．3 回まわっている．

る．最終的に $w = 1 = w(2\pi)$ に到達したときに偏角の増分が 6π となる．このことから回転数は $6\pi/2\pi = 3$ となることがわかる．ここで偏角の増分を定式化しておく．各点での偏角の増分は偏角の微分で表現されるので，

$$\frac{d\arg(w)(t)}{dt} = \frac{d\,\mathrm{Im}\,(\log w(t))}{dt} = \mathrm{Im}\left(\frac{d\log w(t)}{dt}\right)$$

を得る．したがって全体での偏角の増分はその積分

$$
\begin{aligned}
(w=0\text{ の周りの回転数}) &= \frac{1}{2\pi}\int_{C_1} d\arg(w) = \frac{1}{2\pi}\operatorname{Im}\left(\int_0^{2\pi}\frac{d\log w(t)}{dt}\right)\\
&= \frac{1}{2\pi}\operatorname{Im}\left(\int_0^{2\pi}\frac{w'(t)}{w(t)}dt\right) = \frac{1}{2\pi}\operatorname{Im}\left(\int_{C_1}\frac{dw}{w}\right)\\
&= \frac{1}{2\pi i}\int_{C_1}\frac{dw}{w} \qquad (13.9)
\end{aligned}
$$

となる[1]．こうして C_1 を円周 $\{w \in \mathbb{C} \mid |w| = 1\}$ を 3 回まわる曲線に変形する．このことにより線積分 $\displaystyle\int_{C_1}\frac{dw}{w}$ が純虚数になることがわかる（実際 $6\pi i$ となる）．同様に考えることにより，$w = 1/2$ のまわり

$$
(w=1/2\text{ の周りの回転数}) = \frac{1}{2\pi i}\int_{C_1}\frac{dw}{w-1/2} \qquad (13.10)
$$

を得る．

ここで見た観測を複素関数の立場からもう一度見てみる．円周 $C_0 = \{z \in \mathbb{C} \mid |z - 1/4| = 3/4\}$ を考える．複素関数 $f(z) = z^3$ による C_0 の像 $f(C_0)$ は C_1 となる．このとき $w = z^3 = f(z)$ よる置換積分によって回転数 (13.10) は

$$
\begin{aligned}
(w=1/2\text{ の周りの回転数}) &= \frac{1}{2\pi i}\int_{C_1}\frac{dw}{w-1/2} = \frac{1}{2\pi i}\int_{f(C_0)}\frac{dw}{w-1/2}\\
&= \frac{1}{2\pi i}\int\int_{C_0}\frac{f'(z)}{f(z)-1/2}dz
\end{aligned}
$$

となる．ここで部分分数展開

$$
\frac{f'(z)}{f(z)-1/2} = \frac{1}{z-(1/\sqrt[3]{2})} + \frac{1}{z-(\omega/\sqrt[3]{2})} + \frac{1}{z-(\omega^2/\sqrt[3]{2})} \qquad (13.11)
$$

であるので，

$$
\begin{aligned}
&(w=1/2\text{ の周りの回転数})\\
&= \frac{1}{2\pi i}\int_{C_0}\left(\frac{1}{z-(1/\sqrt[3]{2})} + \frac{1}{z-(\omega/\sqrt[3]{2})} + \frac{1}{z-(\omega^2/\sqrt[3]{2})}\right)dz\\
&= 1 + 0 + 0 = 1 \qquad (13.12)
\end{aligned}
$$

1]　(13.9) は非自明である．ここでは詳細を述べないが，9.3 節において議論したホモロジー不変性を用いるとわかる．実際，正則関数の線積分を計算する際には曲線を $w = 0$ を触らない間はいくらでも変形しても良い．

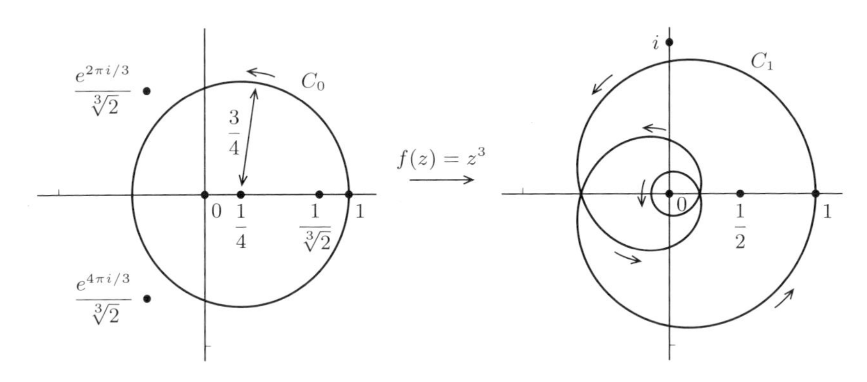

図 13.6　$z^3 = 1/2$ の分布．$\Delta(1/4, 3/4)$ 内には $z^3 = 1/2$ の根のうちの一つを含んでいる．

となる．ただし $\omega = e^{2\pi i/3}$ である．ここまで計算をしたところで話を整理しよう．ここで複素関数 $f(z) = z^3$ 定義域内の円板 $\Delta(1/4, 3/4)$ に着目する．円板 $\Delta(1/4, 3/4)$ 内には方程式 $z^3 = 1/2$ の根 $\{1/\sqrt[3]{2}, \omega/\sqrt[3]{2}, \omega^2/\sqrt[3]{2}\}$ のうち，$1/\sqrt[3]{2}$ 1 つのみを含んでいる（図 13.6）．線積分（13.12）には $\Delta(1/4, 3/4)$ に含まれる根 $1/\sqrt[3]{2}$ に対応する項

$$\frac{1}{z - (1/\sqrt[3]{2})}$$

の線積分のみが寄与することになる．これらから

$$\begin{aligned}&(w = 1/2 \text{ の周りの } C_1 \text{ の回転数})\\&= (\Delta(1/4, 3/4) \text{ 内の方程式 } z^3 = 1/2 \text{ の根の個数})\end{aligned} \tag{13.13}$$

となることの理由が説明される．次節で学ぶ偏角の原理は（13.13）の右辺の立場から述べられているが，その原理のアイデアは左辺の回転数の考え方から素朴に理解される．

13.3.2　偏角の原理

留数定理を用いて偏角の原理を説明しよう．区分的に滑らかな境界をもつ領域 D と D の閉包を含む領域で正則な関数 $f(z)$ を考える．さらに境界 ∂D 上には $f(z)$ の零点がないと仮定する．このとき関数

$$F(z) = \frac{f'(z)}{f(z)}$$

を考える.

ここで D 内の $f(z)$ の零点を $\{z_k\}_{k=1}^N$ として[2],

$$m_k = \mathrm{ord}(f, z_k)$$

とする. このとき $f(z)$ のテイラー展開を

$$f(z) = a_{n_k}^k (z - z_k)^{n_k} + \cdots$$

とすると $z = z_k$ のまわりの $F(z)$ のローラン展開は

$$\begin{aligned} F(z) = \frac{f'(z)}{f(z)} &= \frac{n_k a_{n_k}^k (z - z_k)^{n_k - 1} + \cdots}{a_{n_k}^k (z - z_k)^{n_k} + \cdots} \\ &= \frac{n_k}{z - z_k} + \cdots \end{aligned}$$

となる[3]. つまり $z = z_k$ は $F(z)$ の一位の極でありその留数は n_k となる. したがって留数定理 (定理 13.1) から

$$\frac{1}{2\pi i} \int_{\partial D} \frac{f'(z)}{f(z)} dz = \sum_{k=1}^{N} n_k$$

となる. 特にこの積分は整数である. 以上をまとめると次のようになる.

定理 13.2 (偏角の原理) 区分的に滑らかな境界をもつ領域 D と D の閉包を含む領域で正則な関数 $f(z)$ を考える. このとき線積分

$$\frac{1}{2\pi i} \int_{\partial D} \frac{f'(z)}{f(z)} dz = \sum_{z \in D} \mathrm{ord}(f, z) \tag{13.14}$$

が成立する. ただし $z \in D$ が $f(z)$ の零点でない場合には $\mathrm{ord}(f, z) = 0$ とする.

13.3.3 偏角の原理の一般形

多項式 $P(z)$ およびその根を $z_1, \cdots, z_m$ とする. 区分的に滑らかな境界をもつ領域 D をとる. ただし境界 ∂D 上には $P(z) = 0$ の根はないとする.

2] 仮定から有限個である. ここではその詳細には触れない.

3] 形式的な計算に見えるが, 意味のある計算をしている. 最初はその詳細を理解しようとせず, このような計算ができることを学んでほしい.

領域 D の閉包 $\overline{D}$ を含む領域で正則な関数 $g(z)$ をとる．このとき（13.17）より

$$g(z)\frac{P'(z)}{P(z)} = \frac{g(z)}{z-z_1} + \frac{g(z)}{z-z_2} + \cdots + \frac{g(z)}{z-z_m}$$

である．ゆえにコーシーの積分公式により

$$\frac{1}{2\pi i}\int_{\partial D} g(z)\frac{P'(z)}{P(z)}dz = \sum_{z_k \in D} g(z_k) \tag{13.15}$$

を得る．特に $g(z) = z^n$ とすると

$$\frac{1}{2\pi i}\int_{\partial D} z^n \frac{P'(z)}{P(z)}dz = \sum_{z_k \in D} z_k^n$$

となる．

（13.15）は次のように一般化される．

定理 13.3（偏角の原理の一般形） 区分的に滑らかな境界をもつ領域 D と領域 D の閉包 $\overline{D}$ を含む正則関数 $f(z)$ と $g(z)$ をとる．さらに境界 ∂D 上には $f(z)$ の零点がないする．このとき，

$$\frac{1}{2\pi i}\int_{\partial D} g(z)\frac{f'(z)}{f(z)}dz = \sum_{z \in D} \mathrm{ord}(f, z)g(z) \tag{13.16}$$

が成立する．

証明は，留数定理（定理 13.1）と上記の（13.15）とがほとんど同じであることから省略する．各自チャレンジしてほしい．

13.3.4　多項式の場合の偏角の原理の意味

多項式 $P(z)$ およびその根を $z_1, \cdots, z_m$ とする．このとき，

$$\frac{P'(z)}{P(z)} = \frac{1}{z-z_1} + \frac{1}{z-z_2} + \cdots + \frac{1}{z-z_m} \tag{13.17}$$

が成立することに注意する．

区分的に滑らかな境界をもつ領域 D を考える．ここで境界 ∂D には $P(z)$ の根が乗っていないとする．このとき

$$\frac{1}{2\pi i}\int_{\partial D} \frac{dz}{z-z_k} = \begin{cases} 1 & (z_k \in D) \\ 0 & (z_k \notin D) \end{cases} \tag{13.18}$$

が成立する．したがって

$$(D \text{ 内の方程式 } P(z)=0 \text{ の根の個数}) = \frac{1}{2\pi i}\int_{\partial D}\frac{P'(z)}{P(z)}dz$$

が成立する．ただし左辺の個数は重複も込めて数えているため，重根があった場合にはその個数も数えている．このことから（13.14）の右辺では位数 $\mathrm{ord}(P, z_k)$ が現れているのである[4]．これが，多項式の場合の偏角の原理の主張である（13.14）の意味である．

例 13.8 偏角の原理（回転数）の幾何学的な意味を再確認するため，13.3.1 節で議論した回転数と根の個数の関係を用いて，多項式

$$P(z) = z^4 + 8z^3 + 8z^2 + 8z + 3$$

のすべての根の実部が負であることを示す．

はじめに複素関数 $w = P(z)$ によって虚軸がどのように写像されるかをみる．$P(iy) = y^4 - 8y^2 + 3 + i \cdot 8y(y - y^2)$ であるので，実部 $u = u(y) = y^4 - 8y^2 + 3$ と虚部 $v = v(y) = 8y(y - y^2)$ のグラフは図 13.7 のようになる．このとき $u(y) = 0$ の解を $\pm\alpha, \pm\beta$ とすると，$0 < \alpha < 1 < 2 < \beta$ が成立する．したがって特に負の実数における符号は表 13.1 のようになる．$P(z)$ が実係数多項式であることから得

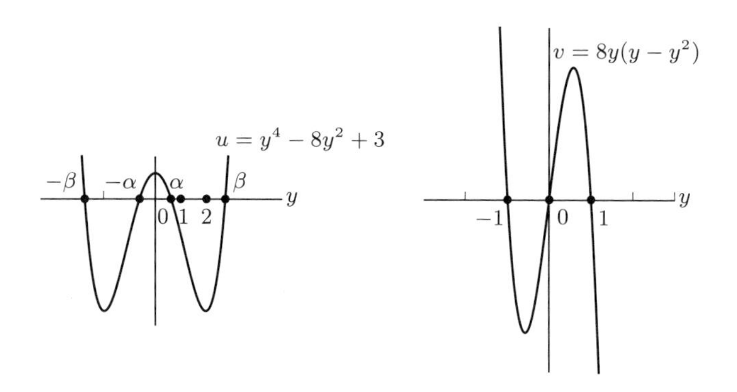

図 13.7　$P(iy)$ の実部 $u(y)$ と虚部 $v(y)$ のグラフ

4］ z_k のまわりを $2\pi \times \mathrm{ord}(P, z_k)$ の角度の回転をしていると考えても良い．たとえば，13.3.1 節において $z = 0$ は $z^3 = 0$ の 3 重根であったことに注意する．

表 13.1 $P(iy)$ の実部と虚部の符号.「$P(iy)$ の位置」の行において I, II, III, IV はそれぞれ第 1 象限, 第 2 象限, 第 3 象限, 第 4 象限を表し, $\mathbb{R}$ および $i\mathbb{R}$ は実軸および虚軸を意味する.

		$-\beta$		-2		-1		$-\alpha$		0
実部の符号	$+$	0	$-$	$-$	$-$	$-$	$-$	0	$+$	$+$
虚部の符号	$+$	$+$	$+$	$+$	$+$	0	$-$	$-$	$-$	0
$P(iy)$ の位置	I	$i\mathbb{R}$	II	II	II	$\mathbb{R}$	III	$i\mathbb{R}$	IV	$\mathbb{R}$

られる対称性 $P(-iy) = P(\overline{iy}) = \overline{P(iy)}$ から, 複素関数 $w = P(z)$ による虚軸の像の概形は図 13.8 のようになる.

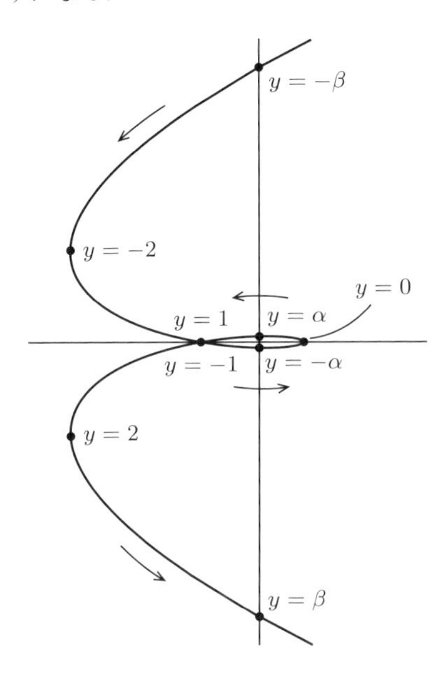

図 13.8 複素関数 $w = P(z)$ による虚軸の像の概略図

ここで $R > 0$ を十分大きくとって

$$I_R = \{z = iy \in \mathbb{C} \mid |y| \leqq R\}$$

とする. このとき曲線 $P(I_R)$ の端点 $P(iR)$, $P(-iR)$ の間の偏角を θ_1 とすると $P(iR)$ と $P(-iR)$ の最高次はともに R^4 であるから, $|P(iR) - P(-iR)| = o(R^4)$ $(R \to \infty)$ である. したがって余弦定理より

$$\begin{aligned}\cos\theta_1 &= \frac{|P(iR)|^2+|P(-iR)|^2-|P(iR)-P(-iR)|^2}{2|P(iR)||P(-iR)|}\\ &= \frac{1}{2}\left(\frac{|P(iR)|}{|P(-iR)|}+\frac{|P(-iR)|}{|P(iR)|}\right)-\frac{|P(iR)-P(-iR)|^2}{2|P(iR)||P(-iR)|}\\ &\to 1 \quad (R\to\infty)\end{aligned}$$

であるので R が大きければ大きいほど θ_1 は 0 に近い．したがって，R が十分大きいときには，曲線 $P(I_R)$ は原点の周りを正の向きにほぼ 2 周まわっている（図 13.9）．

また，

$$C_R = \{z\in\mathbb{C} \mid |z|=R, \mathrm{Re}\,(z)\leqq 0\}$$

とする．$|z|$ が十分大きいときに $P(z)$ と z の間の偏角を θ_2 とすると，$|P(z)-z^4|^2=o(|z|^8)$（$|z|\to\infty$）なので余弦定理から

$$\begin{aligned}\cos\theta_2 &= \frac{|P(z)|^2+|z^4|^2-|P(z)-z^4|^2}{2|P(z)||z^4|}\\ &= \frac{1}{2}\left(\frac{|P(z)|}{|z^4|}+\frac{|z^4|}{|P(z)|}\right)-\frac{|P(z)-z^4|^2}{2|P(z)||z^4|}\to 1 \quad (|z|\to\infty)\end{aligned}$$

であるので，$|z|$ が大きければ大きいほど偏角 θ_2 は 0 に近い（図 13.9）．したがって，R が十分大きければ，曲線 $P(C_R)$ の始点から終点の偏角の増分は $4\times\pi=4\pi$ にほぼ一致している．つまり，$P(C_R)$ は原点を正の向きにほぼ 2 周まわっている．

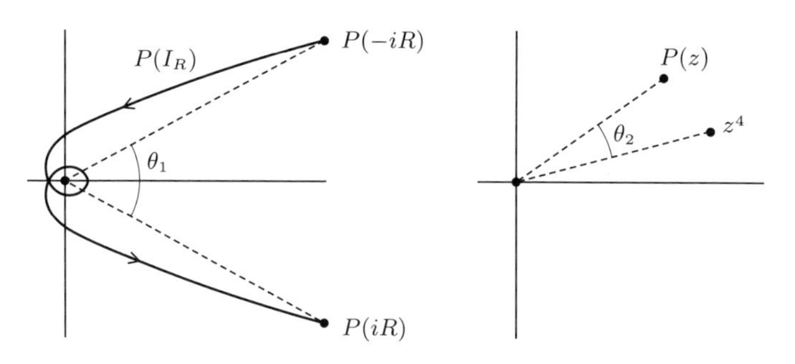

図 13.9　曲線 $P(I_R)$ の概略図と端点の偏角 θ_1，および $P(z)$ と z^4 の間の偏角 θ_2

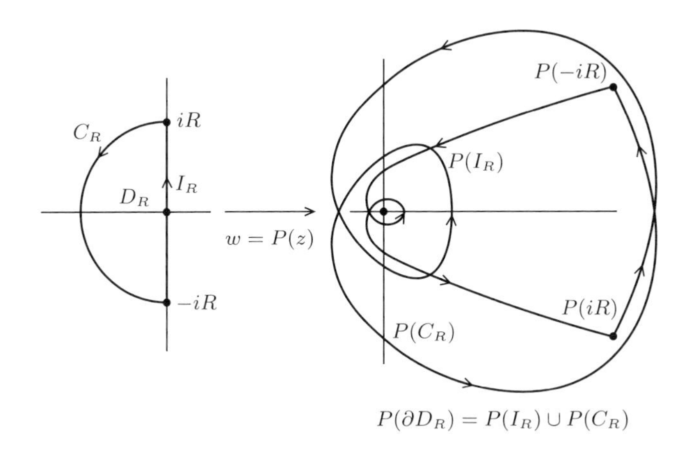

図 13.10　曲線 $P(\partial D_R)$ の概略図．原点の周りを正の向きに 4 回まわる．

以上より，R が十分大きいときには領域

$$D_R = \{z \in \mathbb{C} \mid |z| < R, \mathrm{Re}\,(z) < 0\}$$

の境界の複素関数 $w = P(z)$ による像 $P(\partial D_R) = P(I_R) \cup P(C_R)$ は，原点の周りを正の向きに 4 回まわっていることがわかる（図 13.10）．$P(z)$ は 4 次式であるので，回転数と根の個数の関係から $P(z) = 0$ の根はすべて D_R に含まれることがわかる．したがって $P(z) = 0$ の根はすべて左半平面 $\{z \in \mathbb{C} \mid \mathrm{Re}\,(z) < 0\}$ に含まれる．つまり，すべての根の実部は負である．

注意　$P(z) = 0$ の根を実際に計算してみると，

$$-7.01325\cdots, \quad -0.511304\cdots,$$
$$(-0.237721\cdots) - (0.883231\cdots)i, \quad (-0.237721\cdots) + (0.883231\cdots)i$$

であるので，確かにすべての根の実部は負である．

注意　次章のルーシェの定理（定理 14.1）を用いると，$|z| = 9$ のとき

$$|z^4| = 6561 > 2210 = 8 \times 9^3 + 8 \times 9^2 + 8 \times 9 + 3 \geqq |P(z) - z^4|$$

であるので，**根を具体的に計算しなくても** $P(z) = 0$ の根はすべて円板 $\Delta(0, 9)$ に含まれていることはすぐにわかる．

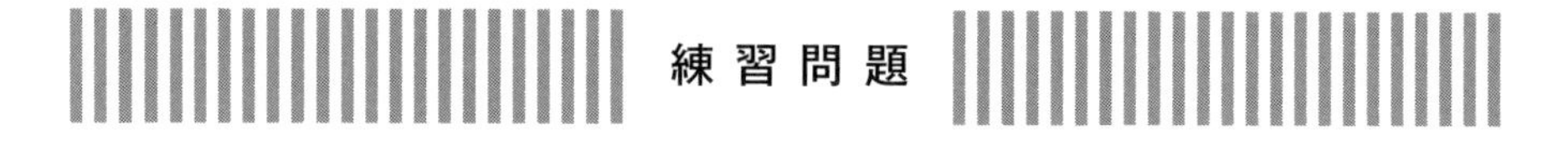

練習問題

問 13.1　次の関数の極，極の位数と極における留数を求めよ．

(1)　$f(z) = \dfrac{1}{z^4+1}$

(2)　$f(z) = \dfrac{1}{\sin z}$

(3)　$f(z) = \dfrac{1}{(z-1)(z+1)^2}$

(4)　$f(z) = \dfrac{\sin z}{z^3}$

(5)　$f(z) = \dfrac{\cos z}{1-e^z}$

(6)　$f(z) = \dfrac{1}{\tan(e^z-1)}$

(7)　$f(z) = z^n e^{1/z^m} \qquad (n, m \in \mathbb{N})$

問 13.2　次の線積分を求めよ．

(1)　$\displaystyle\int_{|z|=1} \frac{z}{(z-2)(z-3)^2} dz$

(2)　$\displaystyle\int_{|z|=2} \frac{z}{(z-1)(z-3)^2} dz$

(3)　$\displaystyle\int_{|z|=1} \frac{z}{\sin z} dz$

(4)　$\displaystyle\int_{|z-\pi/2|=2} \frac{z}{\sin z} dz$

(5)　$\displaystyle\int_{|z|=10} \left(z+\frac{1}{z}\right)^{2n} dz$

(6)　$\displaystyle\int_{|z|=10} \left(z+\frac{1}{z}\right)^{2n+1} dz$

(7)　$\displaystyle\int_{|z|=1} z^m e^{1/z} dz \ \ (m \in \mathbb{Z})$

問 13.3　例 13.8 で考えた $P(z)$ において，同様の議論を行うことより

$$D_R^+ = \{z \in \mathbb{C} \mid |z| < R, \mathrm{Re}\,(z) > 0\}$$

の境界の像の概略図を書くことによりの原点に関する回転数が 0 になることを証明せよ．このことにより右半平面 $\{z \in \mathbb{C} \mid \mathrm{Re}\,(z) > 0\}$ 内には方程式 $P(z) = 0$ の根が存在しないことを証明せよ．

第14章

留数定理と偏角の原理の応用

この章では留数定理（定理 13.1）の応用を述べる．

14.1 方程式の根の個数

14.1.1 ルーシェの定理

ここでは，留数定理の応用の 1 つとしてルーシェの定理とその応用について述べる．

例 14.1 偏角の原理を用いて，多項式

$$P(z) = z^{20} - 3z^{11} + 10z^3 - 3z + 1$$

の単位円板 $\mathbb{D} = \{z \in \mathbb{C} \mid |z| < 1\}$ 内にある解の（重複を込めた）個数 N を数えてみよう．偏角の原理および 13.3.4 節で行った議論から，もし $\partial\mathbb{D}$ 上に $P(z) = 0$ の根がなければ，

$$N = \frac{1}{2\pi i}\int_{\partial\mathbb{D}} \frac{P'(z)}{P(z)} dz$$

になっているはずである．

ここで $0 \leqq t \leqq 1$ に対して

$$P_t(z) = 10z^3 + t(z^{20} - 3z^{11} - 3z + 1)$$

を考えてみる．$P_1(z) = P(z)$ であることに注意する．このとき $|z| = 1$ と $0 \leqq t \leqq$

1 のとき

$$\begin{aligned}|P_t(z)| &= |10z^3 + t(z^{20} - 3z^{11} - 3z + 1)| \\ &\geqq 10|z|^3 - t|z^{20} - 3z^{11} - 3z + 1| \\ &\geqq 10 - t(1 + 3 + 3 + 1) = 10 - 8t \geqq 2\end{aligned}$$

であるので $0 \leqq t \leqq 1$ のとき $P_t(z)$ は $\partial\mathbb{D} = \{z \in \mathbb{C} \mid |z| = 1\}$ 上に根を持たない．したがって留数定理（定理 13.1）から従う偏角の原理（定理 13.2）より

$$N(t) = \frac{1}{2\pi i}\int_{\partial\mathbb{D}} \frac{P_t'(z)}{P_t(z)}dz$$

は $\mathbb{D}$ 内に含まれる $P_t(z) = 0$ の根の個数である．特に

$$N(0) = \frac{1}{2\pi i}\int_{\partial\mathbb{D}} \frac{(10z^3)'}{10z^3}dz = \frac{1}{2\pi i}\int_{\partial\mathbb{D}} \frac{3}{z}dz = 3$$

であり，$N(t)$ は連続である[1]

すべての $0 \leqq t \leqq 1$ に対して $N(t)$ は整数であるので結局 $N = N(1) = 3$ でなければならない．これは $P(z) = 0$ の根が $\mathbb{D}$ 内に（重複を含めて）3 個あることを示す．

注意 例 14.1 の $P_t(z) = 0$ の単位円板内の根の動きを見てみる．ここで $P_t(z) = U_t(x, y) + iV_t(x, y)$ のように実部と虚部に分解する．そして例 11.1 のように，

$$\{z = x + iy \in \mathbb{C} \mid U_t(x, y) = 0, V_t(x, y) = 0\}$$

を図示する（図 14.1）．ここでは $t = 1,\ 1/10,\ 1/50,\ 0$ に対応するパラメータを単位円板内の根を図示した．それぞれの図において円周は単位円周を表す．このように $P_t(z) = 0$ の根で連続的に動き，$t \to 0$ のときに $10z^3 = 0$ の根，つまり 0（3 重根）に "収束" する．

例 14.2 ここで $0 \leqq t \leqq 1$ に対して，

$$Q_t(z) = z^{20} + t(-3z^{11} + 10z^3 - 3z + 1)$$

とする．$Q_1(z) = P(z)$ である．例 14.1 と同様の議論を用いると，$|z| = 2$ のとき

$$|Q_t(z)| \geqq |z^{20}| - t| - 3z^{11} + 10z^3 - 3z + 1|$$

1] $t \to t_0$ のとき $P_t(z)$ が $P_{t_0}(z)$ に $\partial\mathbb{D}$ 上一様収束するからである．本当はきちんと証明した方が良い．たとえばコーシーの積分定理の逆の証明を見ながら証明してほしい．

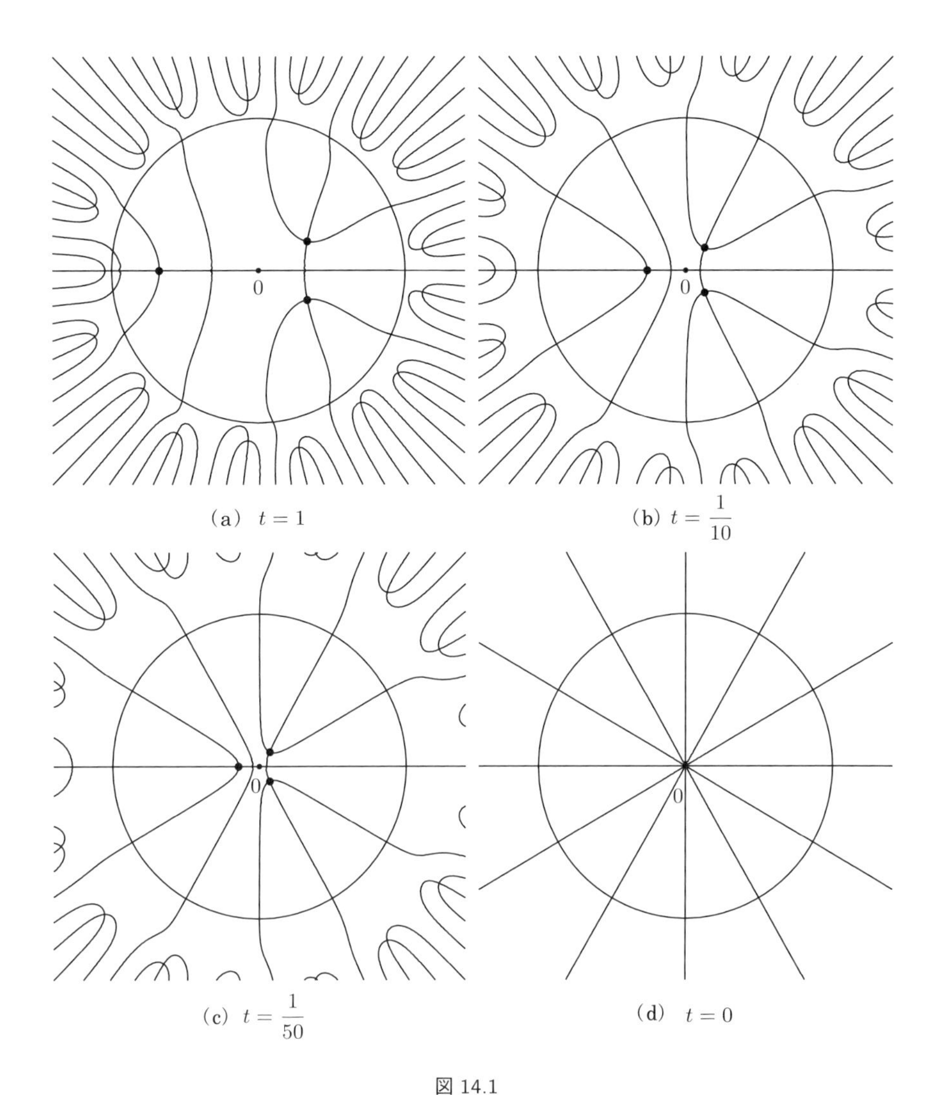

(a) $t=1$ (b) $t=\frac{1}{10}$

(c) $t=\frac{1}{50}$ (d) $t=0$

図 14.1

$$\geqq 2^{20} - t(3 \times 2^{11} + 10 \times 2^3 + 3 \times 2 + 1)$$
$$= 1048576 - 6175t > 0$$

であるので，円板 $\Delta(0,2) = \{z \in \mathbb{C} \mid |z| < 2\}$ 内には $P(z) = Q_1(z) = 0$ のすべての根が現れていることがわかる（次ページの図 14.2）．

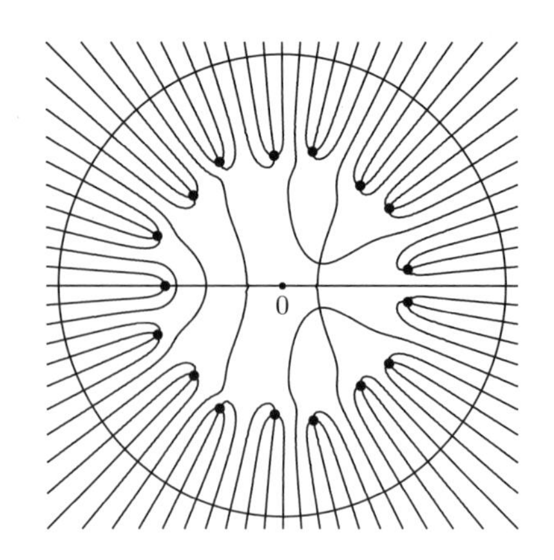

図 14.2　円板 $\Delta(0,2)=\{z\in\mathbb{C}\mid |z|<2\}$ 内に $P(z)=0$ のすべての根（20 個）が現れている．図内の円周は原点中心，半径 2 の円周を表す．

例 14.1 と例 14.2 の観測は一般化されていて次のようにまとめられる．

定理 14.1 **（ルーシェの定理）** 区分的に滑らかな境界をもつ領域 D および D の閉包を含む領域で正則な関数 $f(z)$ と $g(z)$ が与えられたとする．もし ∂D 上で $|f(z)|>|f(z)-g(z)|$ であれば[2]，$f(z)$ と $g(z)$ は重複度を込めて D 内で同数の零点をもつ．

例 14.1 の説明において $P(z)$ と $10z^3$ の代わりに $f(z)$ と $g(z)$ とすれば定理 14.1 が証明されるので，各自確かめてほしい．

14.2　正則関数の局所的性質

集合 E と F の間の写像 $f\colon E\to F$ が，$x,y\in E$ について $f(x)=f(y)$ であれば $x=y$ が成立するとき，写像 f は**単射**であるという．

正則関数については下記に述べる通り,「局所的に単射である」という幾何学的性質と「導関数の非零性」なる解析的な性質が同値である．下記の証明はすこし込み入っているが，ポイントは偏角の原理の一般形（定理 13.3）によって，正則関

2］ この条件から $f(z)$ は ∂D 上に零点を持たない．

数を用いた方程式 $f(z)=w$ の解が積分を用いて表されるということである．これは関数（写像）を主とする観点から見ると**逆関数（逆写像）の積分表示** (14.3) が得られたことに他ならない．

定理 14.2（正則関数の等角性） 領域 D 上の正則関数 $f(z)$ について次は同値である．

(1) $z_0 \in D$ に対して $f'(z_0) \neq 0$ である．

(2) $f(z)$ の $\Delta(z_0,\delta)$ への制限が単射になるような $\delta>0$ が存在する．

証明 ここで $f(z_0)=0$ としても一般性を損なわない．

(1) ⇒ (2) 系 10.8 より $\Delta(z_0,\delta_1)$ 上の $f(z)$ の零点は z_0 のみであるような $\delta_1>0$ を取ることができる．したがって，十分小さな $\varepsilon_1>0$ をとれば，$z\in\partial\Delta(z_0,\delta_1)$ であれば $|f(z)|\geqq\varepsilon_1$ を満たすように取ることができる．ここで $w\in\Delta(0,\varepsilon_1)$ に対して

$$n(w)=\frac{1}{2\pi i}\int_{\partial\Delta(z_0,\delta_1)}\frac{f'(z)}{f(z)-w}dz \tag{14.1}$$

を考える．偏角の原理から $n(0)$ は $\Delta(z_0,\delta_1)$ 内の零点の（重複を含めた）個数であり，$f'(z_0)\neq 0$ であるので，

$$n(0)=\mathrm{ord}(f(z),z_0)=1$$

である．一方，定義から $n(w)$ は $\Delta(0,\varepsilon_1)$ 上で連続であるので

$$n(w)=1 \quad (w\in\Delta(0,\varepsilon_1)) \tag{14.2}$$

が成立する．ここで

$$F(w)=\frac{1}{2\pi i}\int_{\partial\Delta(z_0,\delta_1)}z\frac{f'(z)}{f(z)-w}dz \quad (w\in\Delta(0,\varepsilon_1)) \tag{14.3}$$

と定義する．偏角の原理の一般形（定理 13.3）および (14.2) により $z\in\Delta(z_0,\delta_1)$ と $w\in\Delta(0,\varepsilon_1)$ に対して $F(w)=z$ であることと $f(z)=w$ であることは同値である．ここで $f(z)$ の連続性から $\delta>0$ を十分小さくとれば $(\delta<\delta_1)$，$f(\Delta(z_0,\delta))\subset\Delta(0,\varepsilon_1)$ とできる．上記の通り $F(f(z))=z$ $(z\in\Delta(z_0,\delta))$ が成立するので $f(z)$ は $\Delta(z_0,\delta)$ 上で単射である．

(2) ⇒ (1) $\overline{\Delta}(z_0,\delta) \subset D$ かつ $f(z)$ は $\overline{\Delta}(z_0,\delta)$ 上で単射であると仮定しても良い．したがって $f(z) \neq 0$ が $\partial\Delta(z_0,\delta)$ 上では 0 ではないので，$f(z)$ の連続性から $|f(z)| \geqq \varepsilon_1$ （$z \in \partial\Delta(z_0,\delta)$）を満たすような $\varepsilon_1 > 0$ を取ることができる．ここで $w \in \Delta(0,\varepsilon_1)$ に対して

$$n(w) = \frac{1}{2\pi i}\int_{\partial\Delta(z_0,\delta_1)} \frac{f'(z)}{f(z)-w}dz$$

と定義する．ここで $n(w)=1$ であることを示す．はじめに，導関数 $f'(z)$ は z_0 のまわりの非定数正則関数であるとする．命題 10.4 より導関数 $f'(z)$ も正則であるので，系 10.8 から $\delta > 0$ を十分小さくとって，$f'(z) \neq 0$ が $\overline{\Delta}(z_0,\delta) - \{z_0\}$ において成立するとしても良い．いま，$f(z)$ は連続であるので $\delta_1 > 0$ （$0 < \delta_1 < \delta$）を $f(\Delta(z_0,\delta_1)) \subset \Delta(0,\varepsilon_1)$ を満たすようにできる．このとき $z_1 \in \Delta(z_0,\delta_1) - \{z_0\}$ について $w_1 = f(z_1) \in \Delta(0,\varepsilon_1)$ かつ $f'(z_1) \neq 0$ なので f の単射性から $1 = n(w) = \mathrm{ord}(f(z),z_0)$ である．いま $n(w)$ は $\Delta(0,\varepsilon_1)$ 上で整数値かつ連続であるので $n(w)=1$ （$\Delta(0,\varepsilon_1)$）が成立する．導関数 $f'(z)$ は z_0 のまわりの定数関数である場合，z_0 のまわりで $f'(z)=0$ であれば $f(z)$ も定数関数である．これは $f(z)$ が z_0 のまわりで単射であることに反する．したがって $f'(z) \neq 0$ であり上記と同様に単射性から $n(w)=1$ （$w \in \Delta(0,\varepsilon_1)$）が成立する．

偏角の原理から $n(0)$ は $\Delta(z_0,\delta_1)$ の（重複を込めた）零点の個数である．単射性から $\Delta(z_0,\delta_1)$ 内の零点は z_0 のみである．したがって

$$1 = n(0) = \mathrm{ord}(f(z),z_0)$$

が成立する．これは $f'(z_0) \neq 0$ であることを示す． ■

定理 14.2 および (6.16) から次の**逆関数の定理**が従う．

系 14.3 （逆関数の定理） 領域 D 上の正則関数 $f(z)$ をとる．$z_0 \in D$ について $f'(z_0) \neq 0$ であれば z_0 の近傍 U と $w_0 = f(z_0)$ の近傍 V および正則関数 $F\colon V \to U$ が存在して，$F(w_0) = z_0$ かつ，

$$F(f(z)) = z, \quad f(F(w)) = w \quad (z \in U, w \in V)$$

を満たすものが存在する．さらに，このとき

$$F'(w_0) = \frac{1}{f'(z_0)}$$

は成立する．

集合 E 上の写像 $f\colon E \to \mathbb{C}$ について，任意の開集合 $U \subset E$ の像 $f(U)$ が開集合であるとき，$f(z)$ は**開写像**であるという．(14.1) により定義された $n(w)$ は，$f(z)$ が単射でなくても整数値連続関数であることから，$f(z_0) = 0$ の近傍で定数関数であることが従う．これにより $f(z)$ の像 $f(D)$ は $f(z_0) = 0$ の近傍を含むことがわかる．したがって次の定理を得る．

系 14.4（**正則写像は開写像**）非定数正則関数は開写像である．

14.3 定積分の計算への応用

ここでは留数定理を用いての定積分（広義積分）

$$\int_a^b f(x)dx \tag{14.4}$$

($a = -\infty$ もしくは $b = \infty$ もありうる）を計算する方法について解説する．ここで与える手法は，ある程度の公式としてまとめられるものの技術的な側面が非常に強い．そこで，ここでは技術的なところも惜しみなく丁寧に計算を書くこととする．

留数定理のココロは「**（閉）曲線に沿った線積分の値は，それが囲む領域に含まれる孤立特異点に集中する**」である．したがって，留数定理を用いての定積分（広義積分）(14.4) の計算では，「いかにして，与えられた定積分の情報を残しつつ，それを孤立特異点を囲む（閉）曲線の線積分に書き直すか」がポイントとなる．ここでは次のような手法を考える[3]．

(1) 閉曲線 $z(t)$ $(a \leqq t \leqq b)$ および，その閉曲線の囲む領域 D の閉包を含む領域で定義された，$F(z(t))z'(t) = f(t)$ を満たし，かつ孤立特異点を除いて正則である関数 $F(z)$ を見つけることにより，置換積分（線積分の

3] ここに挙げた以外の手法ももちろん考えられる．

定義）

$$\int_{\partial D} F(z)dz = \int_a^b F(z(t))\frac{dz}{dt}(t)dt = \int_a^b f(t)dt$$

から領域の境界に関する線積分（留数定理）に書き直す.

(2) 積分区間 $[a,b]$ を境界に含むような区分的に滑らかな境界をもつ領域 D をとる．さらに，$f(x)$ は閉包 $\overline{D}$ を含む領域で正則な関数 $F(z)$ の制限になっているとする．ここで $C = \partial D - (a,b)$ とするとき，

$$\int_a^b f(x)dx = \int_{\partial D} F(z)dz - \int_C F(z)dz \tag{14.5}$$

が成立することに注意する．したがって，線積分 $\displaystyle\int_C F(z)dz = 0$ が計算できた場合には定積分（14.4）は領域の境界に関する線積分（留数定理）を用いて計算できる.

(3) 積分区間 $[a,b]$ もしくは積分開区間 (a,b) を閉区間の族 $[a_m, b_m]$ により近似して，各 $[a_m, b_m]$ 上の定積分を上記（1）もしくは（2）の手法を用いて計算し，その値の極限をとることにより広義積分を求める.

14.3.1　三角関数の有理式の定積分

まずは例題から始める.

例題 14.1　$a > 1$ に対して，積分

$$\int_0^{2\pi} \frac{1}{a+\sin\theta}d\theta = \frac{2\pi}{\sqrt{a^2-1}}$$

が成立する.

証明　$z = e^{i\theta}$ $(0 \leqq t \leqq 2\pi)$ とすると $\dfrac{dz}{d\theta} = ie^{i\theta} = iz$ であるので，

$$d\theta = \frac{dz}{iz} \tag{14.6}$$

が成立する．ここで $\sin\theta = \dfrac{z-\overline{z}}{2i}$ および円周 $\partial\Delta(0,1) = \{z \in \mathbb{C} \mid |z| = 1\}$ の上では $\overline{z} = \dfrac{1}{z}$ であるので，留数定理（定理 13.1）から

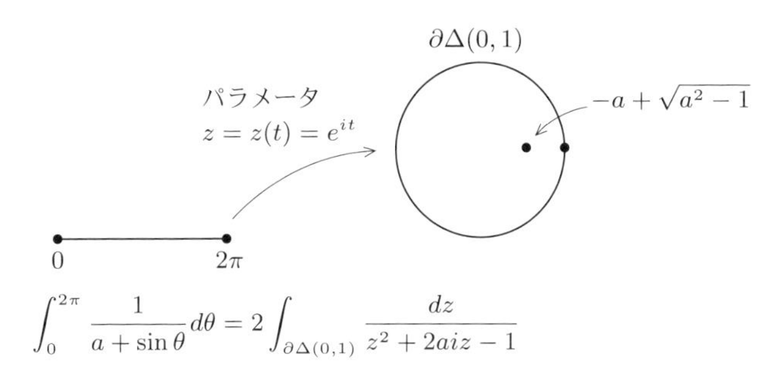

図 14.3 例題 14.1 におけるパラメータ $z(t)=e^{it}$ による変数変換．変数変換後は有理関数の線積分に変わっているので，留数定理が使用できる．

$$\begin{aligned}\int_0^{2\pi}\frac{1}{a+\sin\theta}d\theta &= \int_{\partial\Delta(0,1)}\frac{1}{a+\frac{1}{2i}\left(z-\frac{1}{z}\right)}\frac{dz}{iz}\\ &= 2\int_{\partial\Delta(0,1)}\frac{dz}{z^2+2aiz-1}\\ &= 2\times 2\pi i\sum_{z\in\Delta(0,1)}\mathrm{Res}\left(\frac{1}{z^2+2aiz-1},z\right)\end{aligned}\tag{14.7}$$

が成立する（図 14.3）．ここで $z^2+2aiz-1=(z-(-a+\sqrt{a^2-1})i)(z-(-a-\sqrt{a^2-1})i)$ であるので，関数 $\frac{1}{z^2+2aiz-1}$ は $\Delta(0,1)$ 内に $z=(\sqrt{a^2-1})-a)i$ を一位に極に持ち，それ以外の点では正則である．以上より

$$\begin{aligned}\int_0^{2\pi}\frac{1}{a+\sin\theta}d\theta &= 4\pi i\mathrm{Res}\left(\frac{1}{z^2+2aiz-1},(\sqrt{a^2-1})-a)i\right)\\ &= \frac{4\pi i}{((\sqrt{a^2-1})-a)i-(-a-\sqrt{a^2-1})i)}=\frac{2\pi}{\sqrt{a^2-1}}\end{aligned}$$

を得る．■

例題 14.2 $a>0$ に対して，積分

$$\int_0^{2\pi}\frac{1}{a+\cos^2\theta}d\theta=\frac{2\pi}{\sqrt{a(a+1)}}$$

が成立する．

証明　$z = e^{i\theta}$（$0 \leqq t \leqq 2\pi$）とすると $\dfrac{dz}{d\theta} = ie^{i\theta} = iz$ であるので，

$$d\theta = \frac{dz}{iz} \tag{14.8}$$

が成立する．ここで $\cos\theta = \dfrac{z+\overline{z}}{2}$ および円周 $\partial\Delta(0,1) = \{z \in \mathbb{C} \mid |z| = 1\}$ の上では $\overline{z} = \dfrac{1}{z}$ であるので，留数定理（定理 13.1）から

$$\begin{aligned}
\int_0^{2\pi} \frac{1}{a+\cos^2\theta}d\theta &= \int_{\partial\Delta(0,1)} \frac{1}{a + \frac{1}{4}\left(z + \frac{1}{z}\right)^2}\frac{dz}{iz} \\
&= \frac{2}{i}\int_{\partial\Delta(0,1)} \frac{4zdz}{z^4 + 2(2a+1)z^2 + 1} \\
&= \frac{2}{i} \times 2\pi i \sum_{z\in\Delta(0,1)} \mathrm{Res}\left(\frac{4z}{z^4+2(2a+1)z^2+1}, z\right)
\end{aligned} \tag{14.9}$$

が成立する．いま，

$$\begin{aligned}
&z^4 + 2(2a+1)z^2 + 1 \\
&= (z^2 - (-(2a+1) + 2\sqrt{a(a+1)}))(z^2 - (-(2a+1) - 2\sqrt{a(a+1)}))
\end{aligned}$$

であることと，$|-(2a+1) - 2\sqrt{a(a+1)}| = (2a+1) + 2\sqrt{a(a+1)} > 1$ であることから，$\alpha > 0$ を $\alpha^2 = (2a+1) - 2\sqrt{a(a+1)}$（$> 0$）を満たす実数とするとき，関数 $\dfrac{4z}{z^4+2(2a+1)z^2+1}$ は $\Delta(0,1)$ 内に $z = \alpha i$, $-\alpha i$ を一位に極に持ち，それ以外の点では正則であることがわかる．ここで，

$$\frac{4z}{(z^4+2(2a+1)z^2+1)'} = \frac{4z}{4z^3+4(2a+1)z} = \frac{1}{z^2+(2a+1)}$$

であることに注意すると，(13.5) と（14.9）より

$$\begin{aligned}
&\int_0^{2\pi} \frac{1}{a+\cos^2\theta}d\theta \\
&= 4\pi\left(\mathrm{Res}\left(\frac{4z}{z^4+2(2a+1)z^2+1}, \alpha i\right) + \mathrm{Res}\left(\frac{4z}{z^4+2(2a+1)z^2+1}, -\alpha i\right)\right) \\
&= 4\pi\left(\frac{1}{(\alpha i)^2 + (2a+1)} + \frac{1}{(-\alpha i)^2 + (2a+1)}\right) = \frac{2\pi}{\sqrt{a(a+1)}}
\end{aligned}$$

を得る．■

以上の計算方法は次のようにまとめられる．

定理 14.5（三角関数の有理式の定積分） 2 変数[4] の有理関数 $R(x,y)$ について，

$$\int_0^{2\pi} R(\cos\theta,\sin\theta)d\theta = \int_{\partial\Delta(0,1)} R\left(\frac{1}{2}\left(z+\frac{1}{z}\right),\frac{1}{2i}\left(z-\frac{1}{z}\right)\right)\frac{dz}{iz}$$
$$= 2\pi \sum_{a\in\Delta(0,1)} \mathrm{Res}\left(\frac{1}{z}R\left(\frac{1}{2}\left(z+\frac{1}{z}\right),\frac{1}{2i}\left(z-\frac{1}{z}\right)\right),z\right)$$

が成立する．

上記の考え方を用いて次のような線積分も求めることができる．

例題 14.3 正数 $r>0$ および $a\in\mathbb{C}$ を $|a|<r$ を満たすように取る．このとき任意の非負の整数 n に対して，線積分

$$\int_{|z|=r}\frac{|dz|}{|z-a|^{2n}} = \frac{2\pi r}{(r^2-|a|^2)^n}\sum_{k=0}^{n-1}\frac{(n-1+k)!}{(n-1-k)!}{}_{n-1}C_k\left(\frac{|a|^2}{r^2-|a|^2}\right)^k \tag{14.10}$$

が成立する．

証明 いま，$z=re^{it}$ $(0\leqq t\leqq 2\pi)$ とするとき $dz=ire^{it}dt$ であるので，

$$|dz| = rdt = r\frac{dz}{iz}$$

となる．このとき，$|z|=r$ のとき $\overline{z}=r^2/z$ であるので，

$$\int_{|z|=r}\frac{|dz|}{|z-a|^{2n}} = \frac{r}{i}\int_{|z|=r}\frac{dz}{(z-a)^n\overline{(z-a)^n}}$$
$$= \frac{r}{i}\int_{|z|=r}\frac{dz}{z(z-a)^n\left(\dfrac{r^2}{z}-\overline{a}\right)^n}$$
$$= \frac{r}{i}\int_{|z|=r}\frac{z^{n-1}dz}{(z-a)^n\left(r^2-\overline{a}z\right)^n}$$

となる．ここで $R(z)=\dfrac{z^{n-1}}{(z-a)^n\left(r^2-\overline{a}z\right)^n}$ とおく．$R(z)$ は円板 $\Delta(0,r)$ 上で $z=a$ を n 位の極に持ち，

4] 例では実変数を扱ったがこの計算は複素変数でも構わない．

$$\begin{aligned}
\mathrm{Res}(R,a) &= \frac{1}{(n-1)!}\lim_{z\to a}\frac{d^{n-1}}{dz^{n-1}}(z-a)^n R(z) \\
&= \frac{1}{(n-1)!}\lim_{z\to a}\frac{d^{n-1}}{dz^{n-1}}\frac{z^{n-1}}{(r^2-\overline{a}z)^n} \\
&= \frac{1}{(r^2-|a|^2)^n}\sum_{k=0}^{n-1}\frac{(n-1+k)!}{(n-1-k)!}{}_{n-1}C_k\left(\frac{|a|^2}{r^2-|a|^2}\right)^k
\end{aligned}$$

となる[5]. したがって (14.10) を得る. ■

14.3.2　広義積分の計算への応用

留数定理を用いて広義積分を求める.

典型例

14.3.1 節と同様に例題から始める.

例題 14.4　広義積分

$$\int_{-\infty}^{\infty}\frac{dx}{1+x^4}=\frac{\pi}{\sqrt{2}}$$

が成立する.

証明　$R>1$ を固定する. 領域 $D_R=\{z\in\mathbb{C}\mid |z|<R, \mathrm{Im}\,(z)>0\}$ および境界内の部分弧 $C_R=\{z\in\mathbb{C}\mid |z|=R, \mathrm{Im}\,(z)\geqq 0\}$ を考える (図 14.4).

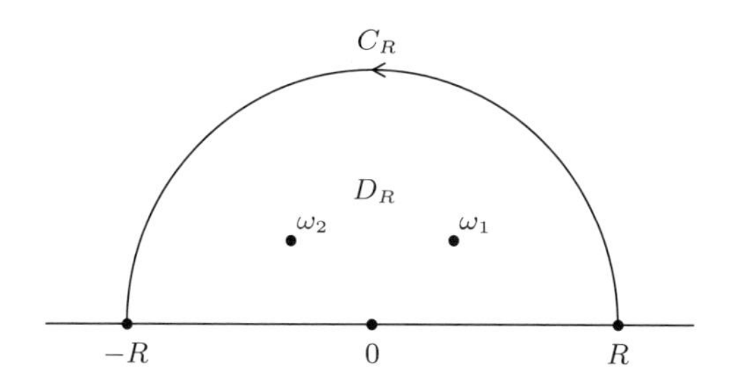

図 14.4　例題 14.4 における領域 D_R と部分弧 C_R

5] ここの計算では, ライプニッツの公式 $(fg)^{(m)}=\sum_{k=0}^{m}{}_mC_k f^{(k)}g^{(m-k)}$ を用いた.

関数 $\dfrac{1}{1+z^4}$ は D_R 内に $\omega_1 = e^{\pi i/4}$ および $\omega_2 = e^{3\pi i/4} = \omega_1^3$ を一位の極に持ち，それぞれの留数は

$$\mathrm{Res}\left(\frac{1}{1+z^4}, \omega_1\right) = \frac{1}{4\omega_1^3} = -\frac{\omega_1}{4}$$
$$\mathrm{Res}\left(\frac{1}{1+z^4}, \omega_2\right) = \frac{1}{4\omega_2^3} = \frac{\omega_1}{4}$$

である．ゆえに留数定理から

$$\int_{-R}^{R} \frac{dz}{1+z^4} + \int_{C_R} \frac{dz}{1+z^4} = 2\pi i \left(\mathrm{Res}\left(\frac{1}{1+z^4}, \omega_1\right) + \mathrm{Res}\left(\frac{1}{1+z^4}, \omega_2\right)\right) \tag{14.11}$$
$$= 2\pi i \left(-\frac{\omega_1}{4} + \frac{\omega_1}{4}\right)$$
$$= -\frac{\pi i}{2} \times 2i\,\mathrm{Im}\,(\omega_1) = \frac{\pi}{\sqrt{2}}$$

を得る．ここで

$$\left|\int_{C_R} \frac{dz}{1+z^4}\right| \leqq \int_{C_R} \frac{|dz|}{|z|^4 - 1} \leqq \frac{\pi R}{R^4 - 1} \to 0 \quad (R \to \infty) \tag{14.12}$$

であるので，結局

$$\int_{-\infty}^{\infty} \frac{dz}{1+z^4} = \lim_{R\to\infty} \int_{-R}^{R} \frac{dz}{1+z^4} = \frac{\pi}{\sqrt{2}}$$

が成立する．■

例題 14.5 広義積分

$$\int_{-\infty}^{\infty} \frac{\cos x}{(1+x^2)^2} = \frac{\pi}{e}$$

が成立する．

証明 関数 $f(z) = \dfrac{e^{iz}}{(1+z^2)^2}$ を考えると $x \in \mathbb{R}$ のとき $\mathrm{Re}\,(f(x)) = \dfrac{\cos x}{(1+x^2)^2}$ が成立する．$R > 1$ を固定する．$D_R = \{z \in \mathbb{C} \mid |z| < R, \mathrm{Im}\,(z) > 0\}$ および $C_R = \{z \in \mathbb{C} \mid |z| = R, \mathrm{Im}\,(z) \geqq 0\}$ とする．円弧 C_R には D_R から定まる向きを入れておく．ここで $f(z)$ は $z = i$ を除き，D_R の閉包を含む領域で正則である．さらに $z = i$ は $f(z)$ の 2 位の極である（次ページの図 14.5）．したがって留数定理から

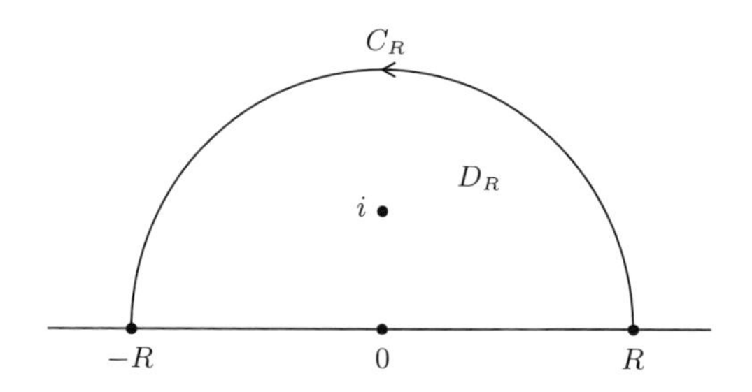

図 14.5 例題 14.5 における領域 D_R と部分弧 C_R

$$\begin{aligned}\int_{-R}^{R} f(z)dz + \int_{C_R} f(z)dz &= 2\pi i \mathrm{Res}(f(z), i) \\ &= 2\pi i \times \left.\frac{d}{dz}(z-i)^2 \frac{e^{iz}}{(1+z^2)^2}\right|_{z=i} \\ &= 2\pi i \times \left.\left(\frac{ie^{iz}}{(z+i)^2} - \frac{2e^{iz}}{(z+i)^3}\right)\right|_{z=i} \\ &= \frac{\pi}{e} \end{aligned} \tag{14.13}$$

が成立する．ここで $z = x + iy$ とするとき

$$\left|\int_{C_R} f(z)dz\right| \leqq \int_{C_R} \left|\frac{e^{iz}}{(1+z^2)^2}\right| |dz| \leqq \int_{C_R} \frac{e^{-y}}{(|z|^2-1)^2}|dz| \leqq \frac{\pi R}{(R^2-1)^2} \to 0$$

が成立する．(14.13) により

$$\int_{-\infty}^{\infty} \frac{\cos x}{(1+x^2)^2} dx = \lim_{R\to\infty} \mathrm{Re}\left(\int_{-R}^{R} f(z)dz\right) = \frac{\pi}{e}$$

を得る． ■

例題 14.4 と例題 14.5 は一般化されて次のようにまとめることができる．証明は例題 14.4 と同じであるので，各自確かめてほしい．

定理 14.6（広義積分（その 1）） 上半平面 $\mathbb{H} = \{z \in \mathbb{C} \mid \mathrm{Im}\,(z) > 0\}$ の閉包を含む領域で定義されていて，$\mathbb{H}$ 内の有限個の孤立特異点を除いて正則な関数 $f(z)$ が与えられたとする．そして，半円 $C_R = \{z \in \mathbb{C} \mid |z| = R, \mathrm{Im}\,(z) \geqq 0\}$ 上の $f(z)$ の線積分について

$$\int_{C_R} f(z)dz \to 0 \quad (R \to \infty)$$

が成立するとする．このとき，

$$\int_{-\infty}^{\infty} f(x)dx = 2\pi i \sum_{z \in \mathbb{H}} \mathrm{Res}(f(z), z)$$

が成立する．

注意 $\deg(P) \leqq \deg(Q) + 2$ を満たす多項式 $P(z)$ と実軸上に零点を持たない多項式 $Q(z)$，そして $\lambda \geqq 0$ を用いて，$\dfrac{P(z)}{Q(z)} e^{i\lambda z}$ と書かれる関数は定理 14.6 の性質を満たす．

技術的な広義積分の例

留数定理を適用する際に，領域の選び方などの技術を必要とする広義積分の例を紹介する．実際，下記の例題 14.6 は領域の取り方が技術的である．しかし，計算の本質は例題 14.4 と同様である．つまり，考える部分弧が多くなるが，結局近似する区間 $[0, R]$ と真の値の差（誤差）である

$$\int_{C_\varepsilon} f(z)dz + \int_{C_R} f(z)dz$$

を（14.16）のように，$\varepsilon \to 0$ および $R \to \infty$ のときに 0 に収束することを示すのである．

例題 14.6 任意の $\alpha > 2$ に対して，広義積分

$$\int_0^{\infty} \frac{x}{1 + x^{\alpha}} dx = \frac{\pi}{\alpha \sin \dfrac{2\pi}{\alpha}} \tag{14.14}$$

が成立する．

証明 $\varepsilon, R > 0$ を $\varepsilon < 1 < R$ を満たすようにとり固定する．このとき

$$D_{\varepsilon,R} = \{z \in \mathbb{C} \mid \varepsilon < |z| < R \mid 0 < \mathrm{Arg}(z) < 2\pi/\alpha\}$$

を考える．このとき関数

$$f(z) = \frac{z}{1 + e^{\alpha \,\mathrm{Log}\, z}}$$

は $z=e^{\pi i/\alpha}\in D_{\varepsilon,R}$ 以外で閉包 $\overline{D_{\varepsilon,R}}$ を含む領域で正則である．そして $x>0$ に対して対数の主値 $\mathrm{Log}\,x$ は通常の意味の対数関数であったので，

$$\frac{z}{1+e^{\alpha\,\mathrm{Log}\,z}}=\frac{x}{1+e^{\alpha\,\mathrm{Log}\,z}}=\frac{x}{1+x^{\alpha}}$$

が成立する．さらに対数の主値の定義により

$$1+e^{\alpha\,\mathrm{Log}\,z}\Big|_{z=e^{\pi i/\alpha}}=1+e^{\pi i}=0$$
$$(1+e^{\alpha\,\mathrm{Log}\,z})'\Big|_{z=e^{\pi i/\alpha}}=\alpha e^{\pi i}\frac{1}{e^{\pi i/\alpha}}=-\frac{\alpha}{e^{\pi i/\alpha}}\neq 0$$

であるので $z=e^{\pi i/\alpha}$ は $f(z)$ の一位の極である．

ここで $\partial D_{\varepsilon,R}$ 内の $\mathrm{Arg}(z)=2\pi/\alpha$ の部分を $I_{\varepsilon,R}$, 円 $\{|z|=\varepsilon\}$, $\{|z|=R\}$ に含まれる部分をそれぞれ C_ε, C_R と書く．ここで $I_{\varepsilon,R}$, C_R, C_ε には $D_{\varepsilon,R}$ から定まる向きを入れておく（図 14.6）．このとき，

$$\int_\varepsilon^R f(z)dz+\int_{I_{\varepsilon,R}}f(z)dz+\int_{C_\varepsilon}f(z)dz+\int_{C_R}f(z)dz$$
$$=\int_{\partial D_{\varepsilon,R}}f(z)dz=2\pi i\mathrm{Res}(f(z),e^{\pi i/\alpha})$$
$$=2\pi i\times\left.\frac{z}{\alpha e^{\alpha\,\mathrm{Log}\,z}\dfrac{1}{z}}\right|_{z=e^{\pi i/\alpha}}=-\frac{2\pi i e^{2\pi i/\alpha}}{\alpha}$$

である．一方，

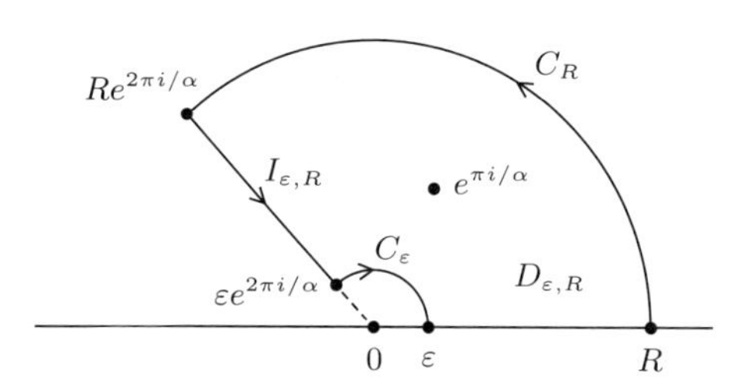

図 14.6 例題 14.6 において考える領域 $D_{\varepsilon,R}$ と部分弧 C_R, C_ε および $I_{\varepsilon,R}$. 仮定 $\alpha>2$ から $0<2\pi/\alpha<\pi$ であることに注意する．対数の主値 $\mathrm{Log}\,z$ は $\mathbb{C}-(-\infty,0]$ において正則であるので，特に，領域 $D_{\varepsilon,R}$ の閉包を含む領域で正則である．

$$\int_{I_{\varepsilon,R}} f(z)dz = \int_R^{\varepsilon} f(xe^{2\pi i/\alpha})e^{2\pi i/\alpha}dx = -e^{4\pi i/\alpha}\int_{\varepsilon}^{R} f(x)dx \tag{14.15}$$

であり，$\alpha > 2$ であることから，$r \to 0$ もしくは $r \to \infty$ のとき

$$\left|\int_{C_r} f(z)dz\right| = \int_{C_r} \frac{|z||dz|}{||z|^\alpha - 1|} = \frac{2\alpha r^2}{|r^\alpha - 1|} \to 0 \tag{14.16}$$

が成立する．以上より，

$$(1 - e^{4\pi i/\alpha})\int_{\varepsilon}^{R} f(z)dz + \int_{C_\varepsilon} f(z)dz + \int_{C_R} f(z)dz = -\frac{2\pi i e^{2\pi i/\alpha}}{\alpha}$$

であるので $\varepsilon \to 0$ および $R \to \infty$ とすれば

$$\int_0^{\infty} \frac{x}{1+x^\alpha}dx = \lim_{\varepsilon\to 0, R\to\infty}\int_{\varepsilon}^{R} f(z)dz = -\frac{2\pi i e^{2\pi i/\alpha}}{\alpha(1 - e^{4\pi i/\alpha})} = \frac{\pi}{\alpha \sin\dfrac{2\pi}{\alpha}}$$

が成立する．■

例題 14.7 任意の $\lambda > 0$ に対して，広義積分

$$\int_{-\infty}^{\infty} \frac{x\sin\lambda x}{1+x^2}dx = \frac{\pi}{e^\lambda} \tag{14.17}$$

が成立する．

証明 $R > 0$ および $Y > 1$ を固定する．このとき長方形

$$D_{Y,R} = \{z = x + iy \in \mathbb{C} \mid |x| < R,\ 0 < y < Y\}$$

を考える．ここで $D_{Y,R}$ の境界の部分線分 $I^1_{Y,R}$，$I^2_{Y,R}$ および $J_{Y,R}$ を次ページの図 14.7 のように取る．それぞれの線分には $D_{Y,R}$ から定まる向きを定めておく．

関数 $f(z) = \dfrac{ze^{i\lambda z}}{1+z^2}$ は $z = i$ を除いて，領域 $D_{Y,R}$ の閉包を含む領域で正則である．また $z = i$ は $f(z)$ の一位の極である．ゆえに，

$$\begin{aligned}&\int_{-R}^{R} f(z)dz + \int_{I^1_{Y,R}} f(z)dz + \int_{I^2_{Y,R}} f(z)dz + \int_{J_{Y,R}} f(z)dz \\ &= \int_{\partial D_{Y,R}} f(z)dz = 2\pi i \mathrm{Res}\left(\frac{ze^{i\lambda z}}{1+z^2}, i\right)\end{aligned}$$

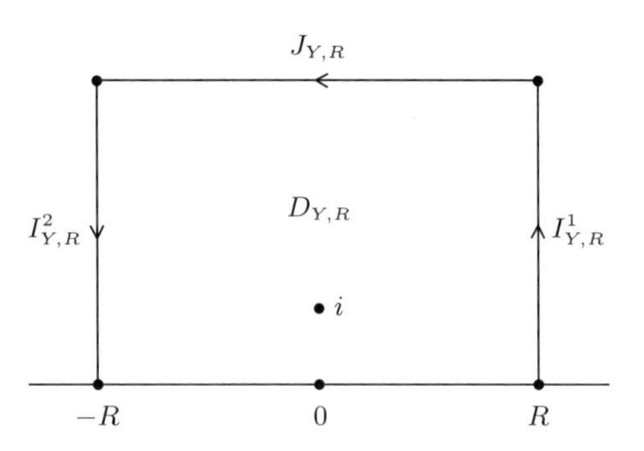

図 14.7　例題 14.7 における領域 $D_{Y,R}$ と境界内の部分線分 $I^1_{Y,R}$, $I^2_{Y,R}$ および $J_{Y,R}$

$$= 2\pi i \times \frac{ie^{-\lambda}}{2i} = \frac{\pi i}{e^{\lambda}} \tag{14.18}$$

が成立する.

一方, $z = R + iy \in I^1_{Y,R}$ に対して $R > 2$ であれば $\dfrac{|z|^2}{|z|^2 - 1} \leqq \dfrac{4}{3}$ かつ $|z| \geqq R$ であるので,

$$\begin{aligned}\left|\int_{I^1_{Y,R}} f(z)dz\right| &\leqq \int_{I^1_{Y,R}} \left|\frac{ze^{i\lambda z}}{1+z^2}\right| |dz| \leqq \int_{I^1_{Y,R}} \frac{|z|^2 e^{-\lambda y}}{|z|^2 - 1} \frac{|dz|}{|z|} \\ &\leqq \frac{4}{3R} \int_0^Y e^{-\lambda y} dy \leqq \frac{4}{3R} \int_0^\infty e^{-\lambda y} dy = \frac{4}{3\lambda R}\end{aligned} \tag{14.19}$$

が $R > 2$ のときに成立する. 同様に

$$\left|\int_{I^2_{Y,R}} f(z)dz\right| \leqq \frac{4}{3\lambda R} \quad (R > 2) \tag{14.20}$$

が成立する.

また $z = x + iY \in J_{Y,R}$ について $\dfrac{|ze^{i\lambda z}|}{|z|^2 - 1} \leqq \dfrac{Ye^{-\lambda Y}}{Y^2 - 1}$ であるので,

$$\begin{aligned}\left|\int_{J_{Y,R}} f(z)dz\right| &\leqq \int_{J_{Y,R}} \left|\frac{ze^{i\lambda z}}{1+z^2}\right| |dz| \leqq \int_{J_{Y,R}} \frac{|z|e^{-\lambda y}}{|z|^2 - 1} |dz| \\ &\leqq \frac{Ye^{-\lambda Y}}{Y^2 - 1} \int_{-R}^{R} dx = \frac{2RYe^{-\lambda Y}}{Y^2 - 1}\end{aligned} \tag{14.21}$$

である. ゆえに, (14.18), (14.19), (14.20) および (14.21) より $R > 2$ であれば

$$\left|\int_{-R}^{R}\frac{ze^{i\lambda z}}{1+z^2}dz-\frac{\pi i}{e^{\lambda}}\right| \leqq \frac{4}{3\lambda R}+\frac{4}{3\lambda R}+\frac{2RYe^{-\lambda Y}}{Y^2-1} \tag{14.22}$$

が成立する．ここで（14.22）において $Y \to \infty$ とすると

$$\left|\int_{-R}^{R}\frac{ze^{i\lambda z}}{1+z^2}dz-\frac{\pi i}{e^{\lambda}}\right| \leqq \frac{4}{3\lambda R}+\frac{4}{3\lambda R} \tag{14.23}$$

を得る．最後に（14.23）において $R \to \infty$ とすると

$$\int_{-\infty}^{\infty}\frac{x\sin\lambda x}{1+x^2}dz = \lim_{R\to\infty}\mathrm{Im}\left(\int_{-R}^{R}\frac{ze^{i\lambda z}}{1+z^2}dz\right) = \frac{\pi}{e^{\lambda}}$$

を得る．■

例題 14.7 の積分の計算は次のように一般化される．証明は例題 14.7 と同様の方法でできるので，各自チャレンジしてほしい．

定理 14.7（広義積分（その 2）） 多項式 $P(z)$ および $Q(z)$ が

(1) $\deg(P) \leqq \deg(Q)+1$

(2) $Q(x) \neq 0 \quad (x \in \mathbb{R})$

を満たすとする．このとき $\lambda > 0$ に対して

$$\int_{-\infty}^{\infty}\frac{P(x)}{Q(x)}\cos\lambda x dx = \sum_{\mathrm{Im}(z)>0}\mathrm{Re}\left(2\pi i\mathrm{Res}\left(\frac{P(z)}{Q(z)}e^{i\lambda z}, z\right)\right)$$
$$\int_{-\infty}^{\infty}\frac{P(x)}{Q(x)}\sin\lambda x dx = \sum_{\mathrm{Im}(z)>0}\mathrm{Im}\left(2\pi i\mathrm{Res}\left(\frac{P(z)}{Q(z)}e^{i\lambda z}, z\right)\right)$$

が成立する．

コーシーの主値

一般に実軸には有限個の 1 位の極を持つ有理関数 $R(z)$ を考える（実軸以外では任意の位数の極を持っても良い）．このとき $\lambda > 0$ に対して，積分

$$\int_{-\infty}^{\infty}R(x)e^{i\lambda x}dx$$

を考えたい．下記の例題 14.3 で行った計算はその典型例である．$-\infty < x_1 < x_2 < \cdots < x_m < \infty$ を有限点として，$f(x)$ を $\mathbb{R}-\{x_k\}_{k=1}^{m}$ で定義された連続関数とする．このとき下記の極限値が存在したとき，次のように定義される積分

$$\begin{aligned}
&\text{p.v.} \int_{-\infty}^{\infty} f(x)dx \\
&= \lim_{r\to\infty,\varepsilon\to 0} \left(\int_{-r}^{x_1-\varepsilon} f(x)dx + \int_{x_1+\varepsilon}^{x_2-\varepsilon} f(x)dx + \right. \\
&\qquad \left. \cdots + \int_{x_{m-1}+\varepsilon}^{x_m-\varepsilon} f(x)dx + \int_{x_m+\varepsilon}^{r} f(x)dx \right) \qquad (14.24)
\end{aligned}$$

を**コーシーの主値**と呼ぶ．たとえば

$$\text{p.v.} \int_{-\infty}^{\infty} \frac{dx}{x} = \lim_{r\to\infty,\varepsilon\to 0} \left(\log\frac{\varepsilon}{r} + \log\frac{r}{\varepsilon} \right) = 0$$

である．$f(x)$ がすべての x_k で連続であったときにはコーシーの主値（14.24）は通常の広義積分と一致する．

例 14.3　$\lambda > 0$ に対して，広義積分

$$\int_{-\infty}^{\infty} \frac{\sin\lambda x}{x(x^2+1)} dx = \pi \left(1 - \frac{1}{e^{\lambda}} \right) \qquad (14.25)$$

が成立する．

証明　$f(z) = \dfrac{e^{i\lambda z}}{z(z^2+1)}$ とする．$\varepsilon, R > 0$ を $\varepsilon < 1 < R$ を満たすようにとり固定する．このとき

$$D_{\varepsilon,R} = \{ z \in \mathbb{C} \mid \varepsilon < |z| < R \mid 0 < \mathrm{Arg}(z) < 2\pi \}$$

を考える．$\partial D_{\varepsilon,R}$ の円弧の部分をそれぞれ C_ε と C_R と書く（図 14.8）．$f(z) =$

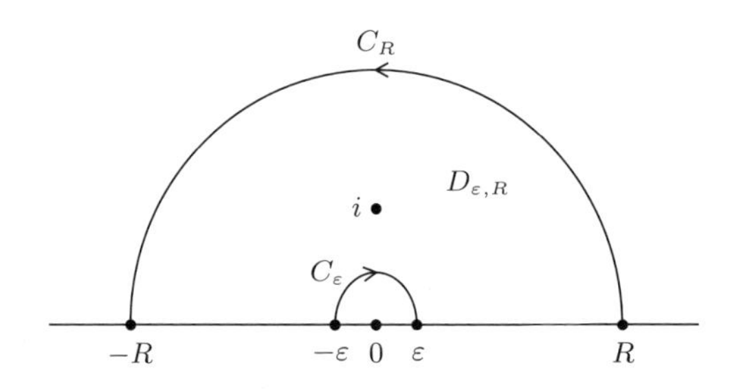

図 14.8　例題 14.3 における領域 $D_{\varepsilon,R}$ と円弧 C_ε と C_R

$\dfrac{e^{i\lambda z}}{z(z^2+1)}$ は $D_{\varepsilon,R}$ 内に一位の極 $z=i$ を持つため，留数定理から

$$\int_{\partial D_{\varepsilon,R}} f(z)dz = 2\pi i \mathrm{Res}\left(\frac{e^{i\lambda z}}{z(z^2+1)}, i\right) = -\frac{\pi i}{e^{\lambda}} \tag{14.26}$$

一方，

$$\int_{\partial D_{\varepsilon,R}} f(z)dz = \int_{\varepsilon}^{R} f(z)dz + \int_{C_R} f(z)dz + \int_{-R}^{-\varepsilon} f(z)dz + \int_{C_\varepsilon} f(z)dz \tag{14.27}$$

である．ここで $z = x+iy$ とすると，

$$\left|\int_{C_R} f(z)dz\right| \leqq \int_{C_R} \frac{e^{-y}}{|z|(|z|^2-1)}|dz| = \frac{2\pi e^{-y}}{R^2-1} \to 0 \quad (R\to\infty)$$

であり，$z=0$ の周りでは

$$f(z) = \frac{1}{z} + g(z)$$

満たすような正則関数 $g(z)$ が存在するので，

$$\begin{aligned}\int_{C_\varepsilon} f(z)dz &= \int_{C_\varepsilon}\left(\frac{1}{z}+g(z)\right)dz = \int_{C_\varepsilon}\frac{1}{z}dz + \int_{C_\varepsilon} g(z)dz \\ &= -\pi i + \int_{C_\varepsilon} g(z)dz \end{aligned} \tag{14.28}$$

であり，そして $g(z)$ は $z=0$ の周りで正則であるので，

$$\left|\int_{C_\varepsilon} g(z)dz\right| \to 0 \quad (\varepsilon\to 0)$$

である．まとめると，(14.26) と (14.27) より

$$\begin{aligned}&\mathrm{p.v.}\int_{-\infty}^{\infty} \frac{e^{i\lambda z}}{z(z^2+1)}dx \qquad (14.29)\\ &= \lim_{R\to\infty}\left\{\int_{\varepsilon}^{R} f(z)dz + \int_{-R}^{-\varepsilon} f(z)dz + \int_{C_\varepsilon} f(z)dz + \int_{C_R} f(z)dz\right\} \\ &= \lim_{R\to\infty}\left\{-\pi i - \frac{\pi i}{e^{\lambda}} + \int_{C_\varepsilon} g(z)dz + \int_{C_R} f(z)dz\right\} \\ &= \left(\pi - \frac{\pi}{e^{\lambda}}\right)i\end{aligned}$$

である．以上より，

$$\int_{-\infty}^{\infty} \frac{\sin \lambda x}{x(x^2+1)} dx = \mathrm{Im}\left(\mathrm{p.v.} \int_{-\infty}^{\infty} \frac{e^{i\lambda z}}{z(z^2+1)} dx\right) = \pi\left(1 - \frac{1}{e^{\lambda}}\right)$$

を得る．■

(14.28) のように上記のコーシーの主値の計算においては実軸にある極の積分への寄与は通常の半分である πi 倍の留数である．例題 14.7 と上記の計算と同様にして次の定理を得る．各自その証明にチャレンジしてほしい．

定理 14.8（広義積分（その 3）） 多項式 $P(z)$ および $Q(z)$ が

- $\deg(P) \leqq \deg(Q) + 1$
- $R(z) = \dfrac{P(z)}{Q(z)}$ は実軸 $\mathbb{R}$ においては一位の極 $\{x_k\}_{k=1}^{m} \subset \mathbb{R}$ のみを持つ

を満たすとする．このとき $\lambda > 0$ に対して

$$\mathrm{p.v.} \int_{-\infty}^{\infty} \frac{P(x)}{Q(x)} e^{i\lambda x} dx = 2\pi i \sum_{\mathrm{Im}(z)>0} \mathrm{Res}\left(\frac{P(z)}{Q(z)} e^{i\lambda z}, z\right) + \pi i \sum_{k=1}^{m} \mathrm{Res}\left(\frac{P(z)}{Q(z)} e^{i\lambda z}, x_k\right)$$

が成立する．

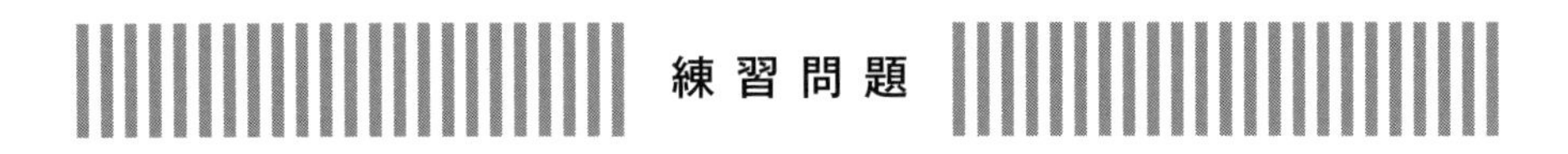

練習問題

問 14.1 次の広義積分を求めよ．

(1) $\displaystyle\int_{-\infty}^{\infty} \frac{x^2}{x^4+1} dx$

(2) $\displaystyle\int_{-\infty}^{\infty} \frac{dx}{(x^2+a^2)^n} \qquad (n \in \mathbb{N})$

(3) $\displaystyle\int_{-\infty}^{\infty} \frac{\sin x}{x} dx$

(4) $\displaystyle\int_{-\infty}^{\infty} \frac{\log x}{x^2+a^2} dx \qquad (a > 0)$

(5) $\displaystyle\int_{-\infty}^{\infty} \frac{e^{i\lambda x}}{x^2+a^2} dx \qquad (\lambda > 0)$

(6) $\displaystyle\int_{-\infty}^{\infty} \frac{e^{-2\pi i x\xi}}{(1+x^2)^2}dx \quad (\xi \in \mathbb{R})$

問 14.2　次の問いに答えよ．

(1) $1-e^{2\pi iz} \in \mathbb{R}$ かつ $1-e^{2\pi iz} \leqq 0$ であることと，$z=n+iy$（$n \in \mathbb{Z}, y \leqq 0$）であることは同値であることを示せ．

(2) 図 14.9 の領域 $D_{\varepsilon,R}$ の閉包 $\overline{D_{\varepsilon,R}}$ において

$$\mathrm{Log}(1-e^{2\pi iz}) = \mathrm{Log}(-2ie^{\pi iz}\sin\pi z) = -\frac{\pi}{2}i + \log 2 + \pi iz + \mathrm{Log}\sin\pi z \tag{14.30}$$

が成立することを示せ．

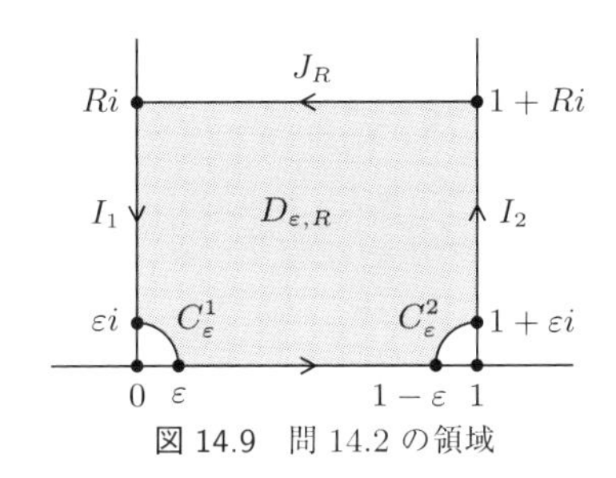

図 14.9　問 14.2 の領域

(3) 図 14.9 内の J_R について

$$\int_{J_R} \mathrm{Log}(1-e^{2\pi iz})\,dz \to 0 \quad (R\to\infty)$$

を示せ．

(4) 図 14.9 内の I_1 と I_2 について

$$\int_{I_1} \mathrm{Log}(1-e^{2\pi iz})\,dz + \int_{I_2} \mathrm{Log}(1-e^{2\pi iz})\,dz = 0$$

を示せ．ただし I_1 と I_2 は $D_{\varepsilon,R}$ から誘導される向き（図 14.9 にかいてある向き）を持つとする．

(5) 図 14.9 内の C_ε^1 と C_ε^2 について

$$\int_{C_\varepsilon^k} \mathrm{Log}(1-e^{2\pi iz})\,dz \to 0 \quad (\varepsilon\to 0, k=1,2)$$

を示せ．ただし C_ε^1 と C_ε^2 は $D_{\varepsilon,R}$ から誘導される向きを持つとする．

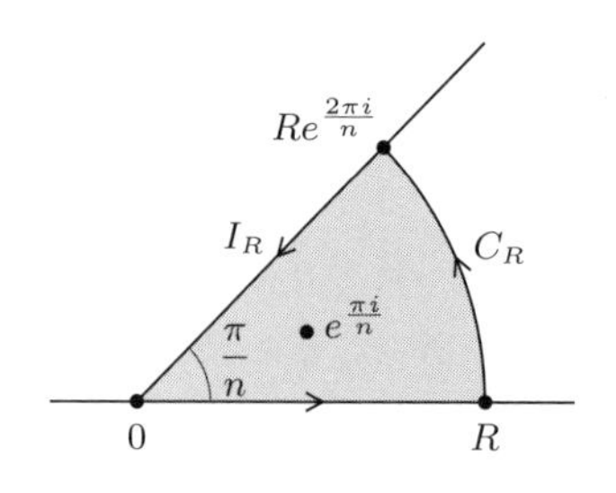

図 14.10 問 14.3 の領域

(6) 広義積分

$$\int_0^1 \log(\sin \pi x)\, dx = -\log 2$$

を証明せよ．

問 14.3 図 14.10 の領域を用いることにより，自然数 $n \geqq 2$ に対して，広義積分

$$\int_0^\infty \frac{dx}{1+x^n}$$

を計算せよ．

問 14.4 次の問いに答えよ．

(1) 不等式

$$|e^z - z^3 - z - i| \leqq e + 1 \quad (|z| = 1)$$

を証明せよ．

(2) ルーシェの定理を用いて，方程式 $e^z = z^3 - 4z^2 + z + i$ の単位円板 $\mathbb{D}$ 内にある解の個数を求めよ．

参考文献

[1] L.V. アールフォルス，笠原乾吉訳『複素解析』現代数学社, 1982.

[2] 今吉洋一『複素関数概説』サイエンス社, 1997.

[3] 楠幸男『無限級数入門』朝倉書店, 1967, 2005.

[4] 楠幸男『解析函数論』廣川書店, 1962.

[5] 志賀啓成『複素解析学 I, II』培風館，1997, 1999.

[6] 神保道夫『複素関数入門』岩波書店, 2003.

[7] 辻正次『複素函数論』槇書店, 1968.

[8] 藤家龍雄『複素解析学』朝倉書店, 1982.

練習問題の略解

第1章の解答

問 1.1　図は省略する.（1）$z = x + iy$ とすると問題の方程式は $x^2 + y^2 = (x+1)^2$ と同値である. これは放物線 $y^2 = 2x + 1$ である.（2）問題の方程式は $(1-k^2)|z|^2 + 2\,\mathrm{Re}\left(\overline{(a-k^2b)}z\right) + |a|^2 - k^2|b|^2 = 0$ と同値である. ゆえに $k \neq 1$ のときは中心 $\dfrac{k^2(b-a)}{1-k^2}$, 半径 $\dfrac{k|b-a|}{|1-k^2|}$ の円であり, $k=1$ のときは a と b の垂直 2 等分線である.（3）b を通り方向ベクトル a の直線の左側（a 方向に向いて）にある半平面.

問 1.2　（1）$\pi/4 + 2n\pi i$（$n \in \mathbb{Z}$）（2）$\pi/3 + 2n\pi i$（$n \in \mathbb{Z}$）（3）$3\pi/4 + 2n\pi i$（$n \in \mathbb{Z}$）（4）$\pi/6 + 2n\pi i$（$n \in \mathbb{Z}$）

問 1.3　$0 = \omega^n - 1 = (\omega - 1)(\omega^{n-1} + \cdots + 1)$ から（1.27）は従う. $\omega = e^{2\pi ki/n}$（$1 \leqq k \leqq n-1$）と書くことができる. k と n が互いに素であるときは（1.27）は単位円周に頂点をもつ正 n 角形の重心が原点であることを意味する. k と n が互いに素ではないときは $k/n = a/b$（a と b は互いに素）としておいて, 同じように考えればよい. このとき正 b 角形が n/b 枚重なっていると考えても良い.

問 1.4　（1）定義よりすぐに従う.（2）関係式 $P_{n+1} + iQ_{n+1} = (P_n + iQ_n)(x+iy)$ を用いて漸化式 $A_{n+1} = xA_n + (x^2-1)D_n$, $B_{n+1} = xB_n - C_n$, $C_{n+1} = (1-x^2)B_n + xC_n$, $A_{n+1} = A_n + xD_n$ を得る. $B_1 = C_1 = 0$ であるので $B_n = C_n = 0$ を得る. 上記の（2）の計算より A_n と D_n に関する漸化式を得る.（3）$A_2 = 2x^2 - 1$, $A_3 = -3x + 4x^3$, $D_2 = 2x$, $D_3 = -1 + 4x^2$

第2章の解答

問 2.1　（1）$\log(n!)^{1/n} = \dfrac{1}{n}\sum\limits_{k=1}^{n} \log n \geqq \dfrac{1}{n}\displaystyle\int_1^n \log x dx = \dfrac{n\log n - n + 1}{n} \to \infty$ であるので $1/(n!)^{1/n} \to 0$ である.（2）$1/a = e^{\alpha}$（$\alpha > 0$）とすると $1/a^n = 1 + \alpha n + \cdots \dfrac{n^{k+1}}{(k+1)!} + \cdots \geqq \dfrac{n^{k+1}}{(k+1)!}$ だから $n^k a^n \leqq (k+1)!/n \to 0$（$n \to \infty$）である.

問 2.3　（1）仮定は $\lim\limits_{n\to\infty} s_n = A$ である. 任意の $\varepsilon > 0$ に対して $n \geqq N$ であれば $|s_n - A| < \varepsilon$ が成立するような $N \in \mathbb{N}$ が存在する. ゆえに $n > N$ であれば

$\left|\dfrac{s_1+s_2+\cdots+s_n}{n}-A\right| \leqq \dfrac{|s_1-A|+\cdots+|s_N-A|}{n}+\dfrac{(n-N)}{n}\varepsilon$ が成立する．これより (2.17) を導くことができる．(2) たとえば $a_n=(-1)^n$ を考えればよい．

問 2.4　(1) 収束する．実際，この手の級数の収束は，$s>1$ のときに $\sum_{n=1}^{\infty}\dfrac{1}{n^s} \leqq \int_1^{n+1} x^{-s}dx \leqq \dfrac{1}{1-s}$ であることから従う．(2) $0<s\leqq 1$ のとき発散，$s>1$ のとき収束する．実際，$s\neq 1$ のとき $\int_2^N \dfrac{dx}{x(\log x)^s}=\dfrac{(\log N)^{1-s}-(\log 2)^{1-s}}{1-s}$ であることを用いると，$0<s<1$ のとき発散して，$s>1$ のとき収束することがわかる．$s=1$ のときは $\int_2^N \dfrac{dx}{x(\log x)}=\log\dfrac{\log N}{\log 2}$ であることを用いると発散することがわかる．(3) 収束する．実際，$n\geqq 9>e^2$ であれば $\log n \geqq 2$ であるので $\sum_{n=9}^{\infty}\dfrac{1}{(\log n)^n} \leqq \sum_{n=9}^{\infty}\dfrac{1}{(2)^n}<\infty$ である．(4) $0<s\leqq 1$ のとき発散して，$s>1$ のとき収束する．実際，$\dfrac{\tan x}{x}\to 1$ $(x\to 1)$ であるので $\dfrac{A_1}{n^s} \leqq \tan^s\dfrac{1}{n} \leqq \dfrac{A_2}{n^s}$ を満たす $A_1, A_2>0$ が存在するからである．

問 2.5　$(n^k(\sqrt{|a|})^n \to 0$ であるので $n\geqq N$ であれば $(n^k(\sqrt{|a|})^n \leqq 1$ である．したがって $\sum_{n=N}^{\infty}|n^k a^n| \leqq \sum_{n=N}^{\infty}|n^k(\sqrt{|a|})^n$ である．左辺は幾何級数であるので主張を得る．

問 2.6　コーシー–シュワルツの不等式より，任意の $N>0$ に対して $\sum_{n=1}^{N}\dfrac{|a_n|}{n^s} \leqq \left(\sum_{n=1}^{N}a_n^2\right)^{1/2}\left(\sum_{n=1}^{N}\dfrac{1}{n^{2s}}\right)^{1/2}$ である．仮定から右辺は上に有界であるので，極限を取ることにより主張を得る．

問 2.7　これらは幾何級数と比べれば良い．(1) 仮定から, $n\geqq N$ であれば $\left|\dfrac{a_{n+1}}{a_n}\right|<r$ が成立するような $0<r<1$ および $N>0$ が存在する．したがって $|a_{k+N}| \leqq r^k|a_N|$ であるので幾何級数と比較することにより絶対収束することを得る．(2) 仮定から, $n\geqq N$ であれば $\left|\dfrac{a_{n+1}}{a_n}\right|>r$ が成立するような $r>1$ および $N>0$ が存在する．したがって $|a_{k+N}| \geqq r^k|a_N|\to\infty$ であるので a_k は 0 に収束しない．つまり級数は収束しない．

問 2.8　(1) $\sum_{n=0}^{\infty}z^n=\dfrac{1}{1-z}$ であるので，

$$\frac{1}{(1-z)^2}=\left(\sum_{n=0}^{\infty}z^n\right)^2=\sum_{n=0}^{\infty}\left(\sum_{k+m=n,k,m\geqq 0}1\times 1\right)z^n=\sum_{n=0}^{\infty}(n+1)z^n$$

を得る．(2) 同様に

$$\frac{1}{(1-z)^3}=\left(\sum_{n=0}^{\infty}z^n\right)^{2+1}=\sum_{n=0}^{\infty}\left(\sum_{k=0}^{n}(k+1)\right)z^n=\sum_{n=0}^{\infty}\frac{n(n+1)}{2}z^n$$

および $\dfrac{1}{(1-z)^4}=\left(\sum_{n=0}^{\infty}z^n\right)^{3+1}=\sum_{n=0}^{\infty}\left(\sum_{k=0}^{n}\dfrac{k(k+1)}{2}\right)z^n=\sum_{n=0}^{\infty}\dfrac{(n+1)(n+2)(n+3)}{6}z^n$ を得る. (3) $\dfrac{1}{(1-z)^4}=\left(\sum_{n=0}^{\infty}z^n\right)^{2+2}=\sum_{n=0}^{\infty}\left(\sum_{k+m=n,k,m\geqq 0}(m+1)(k+1)\right)z^n$ であるので係数を比較することにより主張を得る.

第3章の解答

問 3.1 開円板も同様であるので長方形のときのみを示す. 開円板 R は凸であるので, 任意の $z_1, z_2 \in R$ を結ぶ線分は R に含まれる. ゆえに D は連結である. また任意の $z_0 = x_0 + iy_0 \in R$ に対して $0 < r < \min\{|a-x_0|, |x_0-b|, |c-y_0|, |y_0-d|\}$ とすると $\Delta(z_0, r) \subset D$ である. ゆえに D は開集合. 以上より D は連結な開集合であるので領域である.

問 3.2 $\mathbb{C}-\overline{A}(z_0,r,R)=\Delta(z_0,r)\cup\{z\in\mathbb{C}\mid |z-z_0|>R\}$ である. $z\in\mathbb{C}-\overline{A}(z_0,r,R)$ について $|z-z_0|<r$ であれば $\delta=r-|z-z_0|$ として $|z-z_0|>R$ であれば $\delta=|z-z_0|-R$ とすると $\Delta(z,\delta)\subset\mathbb{C}-\overline{A}(z_0,r,R)$ である. ゆえに $\overline{A}(z_0,r,R)$ の補集合は開集合であるので $\overline{A}(z_0,r,R)$ は閉集合である.

問 3.3 (1) $\overline{A\cup B}$ は $A\cup B$ を含む最小の閉集合であり $\overline{A}\cup\overline{B}$ は $A\cup B$ を含む閉集合であるので, $\overline{A\cup B}\subset\overline{A}\cup\overline{B}$ が成立する. また, $\overline{A}\cup\overline{B}-\overline{A\cup B}\neq\varnothing$ とすると, $\overline{A\cup B}$ は閉集合であるので $z\in\overline{A}\cup\overline{B}-\overline{A\cup B}$ の近傍 N で $N\cap\overline{A\cup B}=\varnothing$ を満たすように取ることができる. いま, $z\in\overline{A}\cup\overline{B}$ であるので $z\in\overline{A}$ としても一般性を損なわない. このとき $N\cap A=\varnothing$ であれば $\overline{A}-N$ は A を含む閉集合であるので $\overline{A}\subset\overline{A}-N$ である. これは $z\in N\cap\overline{A}$ に反する. ゆえに $N\cap A\neq\varnothing$ である. これより $(N\cap A)\cap\overline{A\cup B}=\varnothing$ であるが, これは $A\subset\overline{A\cup B}$ に矛盾する. (2) $\mathrm{Int}(A)$ は開集合であるので, $\mathbb{C}-\mathrm{Int}(A)$ および $\mathbb{C}-\mathrm{Int}(B)$ に対して, 上記の (1) を適用すれば良い. (3) 定義から $z\in\mathrm{Int}(A)$ に対して $\Delta(z,\delta)\subset A$ となる $\delta>0$ が存在する. ゆえに $\Delta(z,\delta)\subset A\cup B$ であるので $z\in\mathrm{Int}(A\cup B)$ である. 反例は, $A=\{z\in\mathbb{C}\mid \mathrm{Im}\,(z)\geqq 0\}$ および $B=\{z\in\mathbb{C}\mid \mathrm{Im}\,(z)\leqq 0\}$ とすればよい. 実際, このとき $\mathrm{Int}(A\cup B)=\mathbb{C}$ であるが $\mathrm{Int}(A)\cup\mathrm{Int}(B)=\mathbb{C}-\mathbb{R}$ である.

第4章の解答

問 4.1 ここで任意の複素数 $\theta\in\mathbb{R}$ に対して $f(e^{i\theta}z)=e^{2i\theta}f(z)$ が成立することに注意する. この意味は,「集合 E の $f(z)$ による像は E の原点に関する $-\theta$ 回転で得られた集合

$e^{-i\theta}E = \{e^{-i\theta}z \mid z \in E\}$ の $f(z)$ による像を原点に関する 2θ 回転で得られた集合と一致する」という意味である．したがって以下では原点に関する回転により計算しやすい状況に持って行って話を簡略化する．

(1) 原点による回転により直線は虚軸と平行な直線に移る．直線が原点を通らないときは例 4.2 で見たように放物線に移る．原点を通るときには実軸の非正の部分 $(-\infty, 0]$ である．したがって $f(z)$ の直線 L の像はこれらの原点に関する回転で得られる．(2) $f^{-1}(0) = 0$ であるので，$0 \notin H$ のときは放物線 $f(\partial H)$ の補集合の原点を含まない成分である．$0 \in H$ のときは複素平面 $\mathbb{C}$ 全体となる．(3) 回転により $C = \partial\{z \in \mathbb{C} \mid |z| \leqq R, \mathrm{Re}\,(z) \geqq 0\}$ としてもよい．このとき $f(C) = \partial\Delta(0,1) \cup [-1, 0]$ となる．ただし，$[-1, 1]$ は -1 と 1 を結ぶ実軸内の閉区間である．

問 4.2 $z(t) = t(1+i)$ $(t > 0)$ とすると $f(z(t)) = 1$ であるので $t \to 0$ のときに $f(z(t)) \to 1 \neq 0 = f(0)$ であるから連続ではない．一方で $x \in \mathbb{R} - \{0\}$ に対して $\dfrac{1}{x}f(x) = 0$ であるので $f_x(0)$ は存在して $f_x(0) = 0$ である．同様に $f_y(0)$ は存在して $f_y(0) = 0$ となる．このように $f(z)$ は $z = 0$ において偏微分可能である．

問 4.3 仮定より $Q(z)$ の零点はすべて 1 位であるので，$\dfrac{P(z)}{Q(z)}$ の部分分数展開は $\dfrac{P(z)}{Q(z)} = \displaystyle\sum_{k=1}^{m} \frac{A_k}{z - \alpha_k}$ と書くことができる．このとき $P(z) = \displaystyle\sum_{k=1}^{m} \frac{A_k Q(z)}{z - \alpha_k}$ であるので $z \to z_k$ とすると $P(\alpha_k) = A_k Q'(\alpha_k)$ である．

問 4.4 実際，定義から $\dfrac{|f(x) - f(x_0) - f'(x_0)(x - x_0)|}{|x - x_0|} = \left|\dfrac{f(x) - f(x_0)}{x - x_0} - f'(x_0)\right| \to 0$ $(x \to x_0)$ であるのでランダウの記号の定義から $f(x) - f(x_0) - f'(x_0)(x - x_0) = o(|x - x_0|)$ である．

問 4.5 $\dfrac{1}{1-z} = 1 + z + o(|z|)$ であるので $\dfrac{1}{(1-z)} = (1 + z + o(|z|))^n = 1 + nz + o(|z|)$ である．

問 4.6 $P(z) = (z - \alpha)^m Q(z)$ $(Q(\alpha) \neq 0)$ とするとき，$o(|z - \alpha|) = \dfrac{|P(z)|}{|z - \alpha|} = |z - \alpha|^{m-1}|Q(z)|$ であるから $m - 1 > 0$ つまり $m \geqq 2$ でなくてはならない．

第5章の解答

問 5.1 $f_n'\left(\dfrac{1}{4}\right) = \cos\left(4\pi n \times \dfrac{1}{4}\right) = (-1)^n$ であるので，どのような関数にも各点収束しない．

問 5.2 $f_n(x)$ については例 5.4 と同様である．$f_n'(x) = -\dfrac{1}{4\pi n}\sin(4\pi n)$ であるので例 5.4 と同様の議論より一応収束する．しかし，$f_n''\left(\dfrac{1}{4}\right) = -\cos\left(4\pi n \times \dfrac{1}{4}\right) = (-1)^{n+1}$ であるの

でどのような関数にも各点収束しない．

問 5.3　(1) $\log a_n = \log \dfrac{1}{n} + \cdots + \log \dfrac{n-1}{n}$ であるので主張を得る．(2) 上記の (1) より $\log a_n^{1/n} \to \int_0^1 \log x dx = -1$ であるので，$a_n^{1/n} \to e^{-1}$ である．

問 5.4　(1) 収束半径は 1 である．(2) $\left(\left(1+\dfrac{a}{n}\right)^{n^2}\right)^{1/n} = \left(\left(1+\dfrac{a}{n}\right)^{n/a}\right)^{a} \to e^a$ であるので，収束半径は e^{-a} である．(3) 問題 5.3 より収束半径は e である．(4) 係数は n が偶数のときは 2^n であり，奇数のときは 0 である．ゆえに n 乗根の上極限をとると 2 に収束する．したがって収束半径は 1/2 である．(5) $(3^n)^{1/n!} = 3^{1/(n-1)!} \to 1$ であるので収束半径は 1 である．

問 5.5　(1) $(n^k)^{1/n} \to 1$ $(n \to \infty)$ であるので収束半径は 1 である．(2) 収束円内では項別微分可能であるので，$T_k'(z) = \sum_{n=1}^{\infty} n^{k+1} z^{k-1}$ である．ゆえに成立する．(3) 仮定から $T_0(z) = \dfrac{1}{1-z}$ であるので $P_0(z) = 1$ である．漸化式は $\dfrac{P_k(z)}{(1-z)^{k+1}}$ を微分して分子を比較することにより得られる．また，漸化式から $P_1(z) = z$ である．ゆえにモニックである．ここで，$P_k(z)$ がモニックであるとすると，漸化式内の第 1 項 $z(1-z)P_k'(z)$ の最高次は $-kz^{k+1}$ であり，漸化式内の第 2 項 $(k+1)zP_k(z)$ の最高次は $(1+k)z^{k+1}$ でありである．ゆえに $P_{k+1}(z)$ はモニックである．

問 5.6　(1) $R = 1$ である．(2) $|z| \leqq 1$ のとき，任意の $N \geqq 1$ に対して $\sum_{n=1}^{N} \dfrac{|z^n|}{n^s} \leqq \sum_{n=1}^{N} \dfrac{1}{n^s}$ であるので絶対値級数 $\sum_{n=1}^{\infty} \dfrac{|z^n|}{n^s}$ は収束する．命題 5.11 より，絶対収束する級数により定義される関数は定義域において連続であるので主張を得る．

第6章の解答

問 6.1　(1) $\sin iz = \dfrac{e^{i(iz)} - e^{-i(iz)}}{2i} = -\dfrac{1}{i}\dfrac{e^z - e^{-z}}{2} = i \sinh z$ である．(2) (1) と同様である．(3) (1) と (2) および加法定理から $\sin(x+iy) = \cos iy \sin x + \sin iy \cos x = \cosh y \sin x + i \sinh y \cos x$ である．(4)　(3) と同様である．(5) $\cosh^2 y - \sinh^2 y = \cos^2 x + \sin^2 x = 1$ $(x, y \in \mathbb{R})$ を用いて，$|\sin(x+iy)|^2 = (\cosh y \sin x)^2 + (\sinh y \cos x)^2$ を整理すると得られる．(6)　上記 (5) と同様である．(7)　$\sin z$ の加法定理と上記 (1)，(2) を用いる．(8)　上記 (7) と同様である．(9)　上記 (5) と同様である．(10)　上記 (6) と同様である．(11)　上記 (1)，(2) 上記 (7)，(8) によって得られた加法定理から従う．

問 6.2　(1) 三角不等式から $|e^z-1|=\left|\sum_{n=1}^{\infty}\frac{z^n}{n!}\right|\leqq\sum_{n=1}^{\infty}\frac{|z|^n}{n!}=e^{|z|}-1$ である．また $\sum_{n=1}^{\infty}=|z|\sum_{n=1}^{\infty}\frac{|z|^{n-1}}{n!}\leqq|z|\sum_{n=1}^{\infty}\frac{|z|^{n-1}}{(n-1)!}=|z|^{|z|}$ である．(2) (1) と同様である．(3) $(\sinh y)'=\cosh y\geqq 1$，$\sinh(-y)=-\sinh y$ かつ $\sinh 0=0$ であるので $|y|\leqq|\sinh y|$ が成立する．$|\sin z|^2=\sin^2 x+\sinh^2 y\geqq\sinh^2 y$ であるので $|\sin z|\geqq|\sinh y|$ が従う．さらに $|\sin z|^2=\sin^2 x+\sinh^2 y\leqq 1+\sinh^2 y=\cosh^2 y$ であるので $|\sin z|\leqq\cosh y$ が従う．

問 6.3　(1) (6.23) より $\cos z$ と $\sin z$ は共通零点を持たない．したがって，命題 6.9 より $\tan z$ は正則である．同様に問 6.1 の (11) より $\sinh z$ と $\cosh z$ は共通零点を持たないので同様に $\tanh z$ の正則性を得る．$\sin^2 z+\cos^2 z=1$ および $\cosh^2 z-\sinh^2 z=1$ を用いて複素微分により得られた関数を具体的に整理すれば導関数を得る．(2) (a) $\sin^2 z+\cos^2 z=1$ の両辺を $\cos^2 z$ で割れば良い．(b) $\cosh^2 z-\sinh^2 z=1$ の両辺を $\cosh^2 z$ で割れば良い．

問 6.4　正当化について，$f'(w_0)\neq 0$ を用いて仮定の式 $f(g(z_0+\Delta z))-f(g(z_0))=h(z_0+\Delta z)-h(z_0)$ を変形することにより $|\Delta w|\leqq C|\Delta z|$ $(|\Delta w|\to 0)$ を満たす $C>0$ を見つけることが本質である[1]．これにより $o(|\Delta w|)=o(|\Delta z|)$ が従うので，(6.38) のあたりで行った形式的な議論がすべて意味のある議論となる．後半についてはアイデアのみを述べる．$\Delta w=g(f(z_0+\Delta z))-g(f(z_0))$ とすると，$f'(z_0)\neq 0$ であることから，上記と同様に，仮定の式 $g(f(z_0+\Delta z))-g(f(z_0))=h(z_0+\Delta z)-h(z_0)$ を変形することにより $|\Delta z|\leqq C|\Delta w|$ $(|\Delta w|\to 0)$ を満たす $C>0$ を見つけることができる．これにより形式的な議論が正当化されるので，後は $g(f(z_0+\Delta z))-g(f(z_0))=h(z_0+\Delta z)-h(z_0)$ を変形すれば良い．

第7章の解答

問 7.1　$(\arg(z))_x=-\frac{y}{x^2+y^2}$，$(\arg(z))_y=\frac{x}{x^2+y^2}$ である．x に関する偏導関数のみを求める．y に関する偏導関数も同様に計算される．$\log z=\log|z|+i\arg(z)$ は多価関数であるが局所的には通常の正則関数とみなすことができる．したがって $z=x+iy$ とするときコーシー–リーマンの方程式から $(\arg(z))_x=-(\log|z|)_y=-\left(\frac{1}{2}\log(x^2+y^2)\right)_y=-\frac{y}{x^2+y^2}$ が成立する．

問 7.2　L_a について．$a\neq 0,\pi/2$ のとき．$\sin z=u+iy$ とするとき，$u=\sin(a+iy)=\cosh(y)\sin a$，$v=\sin(a+iy)=\sinh(y)\cos a$ であるので，L_a の像は双曲線 $\frac{u^2}{\sin^2 a}-$

1] これが比例という意味である．

$\dfrac{v^2}{\cos^2 a}=1$ に含まれる．また $y\geqq 0$ であるので L_a の像は特に．双曲線の第一象限に含まれる部分と一致する．$a=0$ のときは $u=0,\ v=\sinh y$ であるので，L_a の像は虚軸の正の部分と一致する．$a=\pi/2$ のときは $u=\cosh y,\ v=1$ であるので L_a の像は実軸の 1 以上のところに一致する．像が a に関して連続的に変形していることを確認してほしい．l_b については，$b\neq 0$ のとき，$u=\sin(x+ib)=\cosh b\sin x$，$v=\sin(x+ib)=\sinh b\cos x$ であるので，像は楕円 $\dfrac{u^2}{\cosh^2 b}+\dfrac{v^2}{\sinh^2 b}$ に含まれる．特に $0\leqq x\leqq \pi/2$ であるので l_b の像は 楕円の第一象限の部分である．$b=0$ のときは，$u=\sin x,\ v=0$ であるので l_b の像は実軸内の閉区間 $[0,1]$ である．この場合も像が b に関して連続的に変形していることを確認してほしい．

問 7.3　(1) $f=u+iv$ とすると，$(\overline{f})_z=(u-iv)_z=\dfrac{1}{2}((u-iv)_x-i(u-iv)_y)=\dfrac{1}{2}\overline{((u+iv)_x+i(u+iv)_y)}=\overline{f_{\overline{z}}}$ となる．$\overline{f}_{\overline{z}}(z)=\overline{f_z(z)}$ も同様である．(2) と (3) は具体的に計算するだけである．ここではランダウの記号を使って同時に示す．これらが正当化されることはきちんと考えてみてほしい．$w_0=f(z_0)$ とする．$A=f_z(z_0)$，$B=f_{\overline{z}}(z_0)$，$C=g_w(w_0)$，$D=g_{\overline{w}}(w_0)$ とすると，$f(z_0+\Delta z)-f(z_0)=A\Delta z+B\overline{\Delta z}+o(|\Delta z|)$ および $g(w_0+\Delta w)-g(w_0)=C\Delta w+D\overline{\Delta w}+o(|\Delta w|)$ である．ところで，$g(f(z_0+\Delta z))-g(f(z_0))=C(A\Delta z+B\overline{\Delta z}+o(|\Delta z|))+D\overline{(A\Delta z+B\overline{\Delta z}+o(|\Delta z|))}+o(|\Delta z|)=C(A+\overline{B})\Delta z+D(B+\overline{A})\overline{\Delta z}+o(|\Delta z|)$ であるので主張を得る．

問 7.4　$2|z|(|z|)_z=(|z|^2)_z=\overline{z}$ であるから．$(|z|)_{\overline{z}}$ も同様に計算される．

問 7.5　実際，f が実数値であれば $\overline{f_z}=\overline{\overline{f}}_z=f_{\overline{z}}$ である．

問 7.6　実際，$(\overline{f(\overline{z})})_{\overline{z}}=\overline{f_z(\overline{z})}=\overline{f'(z)(\overline{z})_z}=0$ であるのでコーシー–リーマンの方程式から正則である．

問 7.7　合成関数の微分法から $x=r\cos\theta,\ x=r\sin\theta$ とすると，$\begin{pmatrix}u_r & u_\theta\\ v_r & v_\theta\end{pmatrix}=\begin{pmatrix}u_x & u_y\\ v_x & v_y\end{pmatrix}\begin{pmatrix}\cos\theta & \sin\theta\\ -r\sin\theta & r\cos\theta\end{pmatrix}$ であるので，f が（x,y に関して）コーシー–リーマンの方程式を満たすとき，$u_r=u_x\cos\theta+rv_x\sin\theta$，$u_\theta=u_x\sin\theta-rv_x\cos\theta$，$v_r=v_x\cos\theta-ru_x\sin\theta$，$v_\theta=v_x\sin\theta-ru_x\cos\theta$ である．このことから題意の式が従う．

問 7.8　実際，$(f)_{z\overline{z}}=(f_z)_{z\overline{z}}=\dfrac{1}{2}(f_x-if_y)_{\overline{z}}=\dfrac{1}{4}((f_x-if_y)_x+i(f_x-if_y)_y)=\dfrac{1}{4}(f_{xx}-if_{yx}+if_{xy}+f_{yy})=\dfrac{1}{4}\Delta f$ である．

問 7.9　実際，$0=\Delta f/4=(f_z)_{\overline{z}}$ が D 上で成り立つので，D が領域であることと，コーシー–リーマンの方程式から f_z は正則であることがわかる．

問 7.10 実際，$f(z)$ が正則であるので $f_{\overline{z}}(z)=0$ および $f_z(z)=f'(z)$ が成立する．したがって，上記の問 7.3 により $(\log f^*\rho)_{z\overline{z}} = (\log\rho(f(z))|f'(z)|^2)_{z\overline{z}} = \left(\dfrac{\rho_w(f(z))}{\rho(f(z))}f'(z)\right)_{\overline{z}} = -\dfrac{\rho_{\overline{w}}(f(z))}{\rho(f(z))^2}\overline{f'(z)}\cdot\rho_w(f(z))f'(z)+\dfrac{\rho_{w\overline{w}}(f(z))}{\rho(f(z))^2}\overline{f'(z)}f'(z) = \dfrac{-|\rho_w(f(z))|^2+\rho_{w\overline{w}}(f(z))}{\rho(f(z))^2}|f'(z)|^2$ が成立する．したがって，$K(f^*\rho)(z) = \dfrac{2|\rho_w(f(z))|^2-2\rho_{w\overline{w}}(f(z))}{\rho(f(z))^3}$ であることがわかる．一方で，同様の計算よりこれは $K(f(z))$ と一致することが確かめることができる．

第8章の解答

問 8.1 定義に基づいて計算すれば良い．(1) $\displaystyle\int_{C_1} xdz = \int_0^1 t(1+2it)dt = \frac{1}{2}+\frac{2i}{3}$, $\displaystyle\int_{C_1} x|dz| = \int_0^1 t\sqrt{1+(2t)^2}dt = \frac{5\sqrt{5}-1}{12}$ (2) $\displaystyle\int_{C_2} zd\overline{z} = \int_0^1((t+1)^3+it^2)(3(t+1)-2it)dt = \frac{191}{10}-\frac{63i}{20}$ (3) $\displaystyle\int_{C_3}(z^2+\overline{z})dz = \int_0^{2\pi}((r\cos t+i\sin t)^2+(r\cos t-i\sin t))(-r\sin t+ir\cos t)dt = 2\pi i$ (4) $\displaystyle\int_{C_4} z^3dz = \int_0^{\pi}(2t+\cos t+i\sin t)^3(2-\sin t+i\cos t)dt = 2\pi-2$

問 8.2 2 項定理から $\cos^m\theta = \dfrac{1}{2^m}\sum\limits_{k=0}^{m} {}_mC_k z^{m-2k}$, $\sin^m\theta = \dfrac{1}{(2i)^m}\sum\limits_{k=0}^{m}(-1)^k{}_mC_k z^{m-2k}$ となる．また $z(t)=e^{i\theta}$ のとき $\dfrac{dz}{d\theta} = ie^{i\theta} = iz$ である．したがって $\displaystyle\int_0^{2\pi}\cos^m d\theta = \sum_{k=0}^{m}{}_mC_k\int_{\partial\Delta(0,1)} z^{m-2k}\frac{dz}{iz} = -i\sum_{k=0}^{m}{}_mC_k\int_{\partial\Delta(0,1)} z^{m-2k-1}dz$ となる．例 8.4 の式 (8.11) より m が奇数の場合は $1/z$ の項が無いので積分値は 0 となる．m が偶数の場合，$m=2m_0$ とすると，$\displaystyle\int_0^{2\pi}\cos^m d\theta = -i_{2m_0}C_{m_0}\times 2\pi i = 2\pi_{2m_0}C_{m_0}$ となる．同様に，m が奇数の場合，$\displaystyle\int_0^{2\pi}\sin^m d\theta = 0$ であり，m が偶数の場合，$m=2m_0$ とすると $\displaystyle\int_0^{2\pi}\sin^m d\theta = 2\pi_{2m_0}C_{m_0}$ となる．

問 8.3 C の定義関数を $z(t)=x(t)+iy(t)$ $(a\leqq t\leqq b)$ とする．そして $f(z)=u(z)+iv(z)$ とする．$\displaystyle\int_C\overline{f(z)}d\overline{z} = \int_a^b(u(z(t))-iv(z(t)))(x'(t)-iy'(t))dt$

$$= \overline{\int_a^b(u(z(t))+iv(z(t)))(x'(t)+iy'(t))dt} = \overline{\int_C f(z)dz}$$ となる．

問 8.4 $\displaystyle\int_C f(z)dz = \int_a^b f(z(t))\frac{dz}{dt}(t)dt$ であった．$s=b+a-t$ により置換積分すると $\displaystyle\int_C f(z)dz = \int_b^a f(z(b+a-s))\frac{dz}{dt}(b+a-s)(-ds) = -\int_a^b f(z(b+a-s))\left(\frac{d}{ds}z(b+a-s)\right)ds = -\int_{-C}f(z)dz$ となる．$\displaystyle\int_C f(z)d\overline{z} = -\int_{-C}f(z)d\overline{z}$ も同様である．また同様の計算によ

り $\displaystyle\int_C f(z)|dz| = \int_b^a f(z(b+a-s))\left|\frac{dz}{dt}(b+a-s)\right|(-ds) = \int_a^b f(z(b+a-s))\left|\frac{d}{ds}z(b+a-s)\right|ds = \int_{-C} f(z)|dz|$ となる．

第9章の解答

問 9.1 コーシーの積分定理から $\displaystyle 0 = \int_{\partial D} f(z)dz = \int_{C_0} f(z)dz + \sum_{k=1}^{m}\int_{C_i} f(z)dz$ であるので，$\displaystyle\int_{C_0} f(z)dz = -\sum_{k=1}^{m}\int_{C_i} f(z)dz = \sum_{k=1}^{m}\int_{-C_i} f(z)dz$ となる（最後の計算は 8 章の問 8.4 を参照せよ）．

問 9.2 I_k，J_k を 9.1.3 節のようにとる．任意の $a \leqq x \leqq b$ および $c \leqq y \leqq d$ に対して，(9.4) と (9.5) により $\displaystyle\int_{\partial D} f(z)d\overline{z} = \int_{J_1} f(z)d\overline{z} + \int_{I_2} f(z)d\overline{z} + \int_{J_2} f(z)d\overline{z} + \int_{I_1} f(z)d\overline{z} = \int_a^b f(x+ic)dx + \int_c^d f(b+iy)\cdot(-idy) - \int_a^b f(x+id)dx - \int_c^d f(a+iy)\cdot(-idy) = \int_a^b (f(x+ic)-f(x+id))dx - i\int_c^d (f(b+iy)-f(a+iy))dy = -\int_a^b\int_c^d f_y(x+iy)dydx - i\int_c^d\int_a^b f_x(x+iy)dxdy = -i\int_a^b\int_c^d (f_z(x+iy)-f_{\overline{z}}(x+iy))dydx - i\int_c^d\int_a^b (f_z(x+iy)+f_{\overline{z}}(x+iy))dxdy = -2i\iint_D f_z(z)dxdy$ を得る．

問 9.3 9.1.4 節と 9.1.5 節で行った，グリーンの定理（定理 9.1）の証明とまったく同じ議論でできるので，各自確かめてほしい．

問 9.4 (1) $\varepsilon > 0$ を $\overline{\Delta}(a,\varepsilon) \subset \Delta(0,1)$ となるようにとる．関数 $\dfrac{1}{(z-a)(z-b)}$ は $\overline{\Delta}(0,1) - \Delta(a,\varepsilon)$ を含む領域で正則であるので，コーシーの積分定理から $\displaystyle\int_{\partial\Delta(0,1)} \frac{1}{(z-a)(z-b)}dz = \int_{\partial\Delta(a,\varepsilon)} \frac{1}{(z-a)(z-b)}dz = \int_{\partial\Delta(a,\varepsilon)} \left(\frac{a-b}{z-a} - \frac{a-b}{z-b}\right)dz$ である．一方，関数 $\dfrac{a-b}{z-b}$ は $\overline{\Delta}(a,\varepsilon)$ を含む領域で正則であるので，再びコーシーの積分定理からこの部分の積分は 0 となる．以上より $\displaystyle\int_{\partial\Delta(0,1)} \frac{1}{(z-a)(z-b)}dz = \int_{\partial\Delta(a,\varepsilon)} \frac{a-b}{z-a}dz = 2\pi i(a-b)$ となる．

(2) グリーンの定理から $\displaystyle\int_{\partial D} |1+z|^2 dz = 2i\iint_D (1+z)dxdy = i(b-a)(d-c)(2+a+b+i(c+d))$ を得る．

(3) グリーンの定理から $\displaystyle\int_{\partial D} |e^z|^2 d\overline{z} = -2i\iint_D |e^z|^2 dxdy = -2i\iint_D e^{2x}dxdy = i(e^{2b}-e^{2a})(c-d)$ を得る．

第10章の解答

問 10.1 (1) $\sin z = \sum_{n=0}^{\infty} \frac{(-1)^{n+1}}{(2n+1)!}(z-\pi)^{2n+1}$ (2) コーシーの積公式を用いると $\frac{\sin z}{1-z} = \left(\sum_{n=0}^{\infty} \frac{(-1)^n}{(2n-1)!} z^{2n-1}\right)\left(\sum_{n=0}^{\infty} z^n\right) = \sum_{n=0}^{\infty} a_n z^n,\ a_n = \sum_{k=0}^{n} \frac{1-(-1)^k}{2} \frac{(-1)^{\frac{k+1}{2}}}{n!}$ (3) $\mathrm{Log}(1+z) = \sum_{n=1}^{\infty} \frac{(-1)^{n-1}}{n} z^n$ (4) $((1+z)^{\alpha})' = (e^{\alpha\,\mathrm{Log}\,z})' = \alpha e^{\alpha\,\mathrm{Log}(1+z)}(1+z)^{-1} = (\alpha-1)e^{\alpha\,\mathrm{Log}(1+z)}$ であることに注意すると，$((1+z)^{\alpha})^{(n)} = \prod_{k=0}^{n-1}(\alpha-k)e^{(\alpha-n)\,\mathrm{Log}(1+z)}$ となる．したがって，$(1+z)^{\alpha} = \sum_{n=1}^{\infty}\left(\prod_{k=0}^{n-1} \frac{\alpha-k}{k+1}\right) z^n$ である．

問 10.2 コーシーの積公式を用いると $\frac{f(z)}{1-z} = \left(\sum_{n=0}^{\infty} z^n\right)\left(\sum_{n=0}^{\infty} \frac{f^{(n)}(0)}{n!} z^n\right) = \sum_{n=0}^{\infty}\left(\sum_{k=0}^{n} \frac{f^{(k)}(0)}{k!}\right) z^n$ となる．

問 10.3 任意の $\varepsilon > 0$ に対して $n \geqq N$ であれば $|f_n(x) - f(x)| < \varepsilon$ が任意の $x \in [a,b]$ について成立するような $N > 0$ が存在する．したがって，$\left|\int_a^b f_n(x)dx - \int_a^b f(x)dx\right| \leqq \int_a^b |f_n(x) - f(x)|dx < \varepsilon(b-a)$ となる．したがって ε–N 論法（極限の定義）より $\lim_{n\to\infty} \int_a^b f_n(x)dx = \int_a^b f(x)dx$ となる．

問 10.4 (1) $\overline{z-z_0} = re^{-i\theta}$ であるので，$|f_m(z)|^2 = \left(\sum_{n=0}^{m} a_n r^{in\theta}\right)\left(\sum_{n=0}^{m} \overline{a_n} r^{-in\theta}\right) = \sum_{n,k=1,\cdots,m} a_n\overline{a_k} r^{n+k} e^{i(n-k)\theta}$ となる．(2) 命題 5.10 より $f_m(z)$ は C_r 上で $f(z)$ に一様収束する．ゆえに任意の $\varepsilon > 0$ に対して $m \geqq N$ であれば $|f_m(z) - f(z)| < \varepsilon$ が任意の $z \in C_r$ に対して成立するような $N > 0$ が存在する．このとき特に $|f_m(z)| \leqq |f(z)| + \varepsilon \leqq M + \varepsilon$ が成立する．したがって $||f_m(z)|^2 - |f(z)|^2| \leqq |f_m(z) - f(z)||\overline{f_m(z)}| + |\overline{f_m(z) - f(z)}||f(z)| \leqq \varepsilon(M+\varepsilon) + \varepsilon M = (2M+\varepsilon)\varepsilon$ ($m \geqq N$) であるので一様収束する．(3) 上記の (1) より $\frac{1}{2\pi}\int_0^{2\pi} |f(z_0 + re^{i\theta})|^2 d\theta = \lim_{m\to\infty} \sum_{n,k=0,1,\cdots,m} a_n\overline{a_k} r^{n+k} \int_0^{2\pi} e^{i(n-k)\theta} d\theta = \sum_{n=0}^{\infty} |a_n|^2 r^{2n}$ となる．(4) 任意の $0 < r < R$ に対して，上記 (3) より $\sum_{n=0}^{\infty} |a_n|^2 r^{2n} = \frac{1}{2\pi}\int_0^{2\pi} |f(z_0 + re^{i\theta})|^2 d\theta \leqq M^2$ である．左辺を $r \to R$ とすると主張を得る．

問 10.5 $|f(z)|$ が $z_0 \in D$ で最大値 M を取ったとする．z_0 における $f(z)$ のテイラー展開 $f(z) = \sum_{n=0}^{\infty} a_n(z-z_0)^n$ の収束半径を R とする．任意の $0 < r < R$ に対して問 10.4 の (4) より $\sum_{n=0}^{\infty} |a_n|^2 r^{2n} \leqq M^2$ となるが，$M^2 = |f(z_0)|^2 = |a_0|^2$ であるので $a_k = 0$ ($k \geqq 1$) で

なければならない．ゆえに一致の定理（系 10.10）より $f(z)$ は D 上で定数でなければならない．これは矛盾である．

問 10.6　(1) $\left(\dfrac{f(\zeta)}{\zeta - z}\right)_{\overline{\zeta}} = \dfrac{f_{\overline{\zeta}}(\zeta)}{\zeta - z}$ であるので，グリーンの定理そのものである．(2) $\zeta = z + r^{i\theta}$ $(R_1 \leqq r \leqq R_2,\ 0 \leqq \theta \leqq 2\pi)$ とするとき $\displaystyle\iint_{\{R_1 \leqq |\zeta - z| \leqq R_2\}} \frac{1}{|\zeta - z|} dudv = \int_{R_1}^{R_2} drd\theta = 2\pi(R_2 - R_1)$ である．(3) $g(z)$ が C^1 級であるので，$\delta > 0$ を十分小さくとれば $|\zeta - z| \leqq \delta$ であれば $|g(\zeta)| \leqq M$ および $\left|\dfrac{g(\zeta) - g(z)}{\zeta - z}\right| \leqq M$ をみたすような $M > 0$ が存在する．したがって，$0 < \varepsilon_1 < \varepsilon_2 < \delta$ であれば $\displaystyle\left|\iint_{D_{\varepsilon_1}} \frac{g(\zeta)}{\zeta - z} dudv - \iint_{D_{\varepsilon_2}} \frac{g(\zeta)}{\zeta - z} dudv\right| \leqq \iint_{\{\varepsilon_2 \leqq |\zeta - z| \leqq \varepsilon_1\}} \frac{|g(\zeta)|}{|\zeta - z|} dudv = \iint_{\{\varepsilon_2 \leqq |\zeta - z| \leqq \varepsilon_1\}} \left|\frac{g(\zeta) - g(z)}{\zeta - z}\right| dudv \leqq 2M \times 2\pi(\varepsilon_2 - \varepsilon_1)$. ゆえに任意の正値減少列 $\{\varepsilon_m\}$，$\varepsilon_m \to 0$ に対して $\displaystyle\left\{\iint_{D_{\varepsilon_m}} \frac{g(\zeta)}{\zeta - z} dudv\right\}_{m=1}^{\infty}$ はコーシー列になる．ゆえに収束する．この極限が正値減少列の取り方によらないことも $\displaystyle\left|\iint_{D_{\varepsilon_1}} \frac{g(\zeta)}{\zeta - z} dudv - \iint_{D_{\varepsilon_2}} \frac{g(\zeta)}{\zeta - z} dudv\right| \leqq 2M \times 2\pi(\varepsilon_2 - \varepsilon_1)$ からわかる．(4) 実際，連続性から $\varepsilon \to 0$ であれば $\displaystyle\int_{\partial\Delta(z,\varepsilon)} \frac{f(\zeta)}{\zeta - z} d\zeta \to 2\pi i f(z)$ がわかる（定理 10.1 の証明を参照せよ）．したがって上記 (1) より主張を得る．(5) コーシー–リーマンの方程式から $f_{\overline{z}} = 0$ が D 上で成立する．したがってポンペイユの定理の右辺の第 2 項の積分は 0 となる．つまり，$\displaystyle f(z) = \frac{1}{2\pi i} \int_{\partial D} \frac{f(\zeta)}{\zeta - z} d\zeta$ が成立する．これはコーシーの積分公式にほかならない．

第11章の解答

問 11.1　$f(z)$ の原点におけるテイラー展開を $f(z) = \sum_{n=0}^{\infty} a_n z^n$ とする．仮定より $\max_{|z| = r_k} |f(z)| \leqq M r^m$ をみたすような正値増加列 $\{r_k\}_{k=1}^{\infty}$ および $M > 0$ が存在する．このときコーシーの評価より $|a_n| \leqq M r_k^{m-n}$ が成立する．ゆえに $n > m$ であれば $k \to \infty$ とすることにより $a_n = 0$ を得る．したがって $f(z)$ は高々m 次の多項式である．

問 11.2　e^z は $\mathbb{C}$ 上に零点を持たないので，$\dfrac{f(z)}{e^z}$ は $\mathbb{C}$ 上の正則関数である．仮定より $\dfrac{f(z)}{e^z}$ は $\mathbb{C}$ 上で有界であるので，リュービルの定理から $\dfrac{f(z)}{e^z}$ は定数関数である．この定数を $A \in \mathbb{C}$ とすると $f(z) = Ae^z$ を得る．

問 11.3　最大値の原理を用いても証明できるが，ここではリュービルの定理を用いて示す．$D = \{ta + sb \mid 0 \leqq s \leqq 1, 0 \leqq t \leqq 1\}$ とする．これは平行四辺形であり，特に $\mathbb{C}$ 上でコンパクトである．$|f(z)|$ は連続であるので D 上で最大値 M を取る．仮定から a, b は $\mathbb{R}$ 上で 1 次独立であるので，任意の $z \in \mathbb{C}$ に対して $z = t'a + s'b$ となる $t', s' \in \mathbb{R}$ を取ることができる．このとき $t, s \in [0,1]$ および $n, m \in \mathbb{Z}$ を $t' = t + n$，$s' = s + m$ となるように取ると，$|f(z)| = |f(t'a + s'b)| = |f(ta + sb + na + mb)| = |f(ta + sb)| \leqq M$ が成立することがわかる．ゆえに $f(z)$ が $\mathbb{C}$ 上で有界であるのでリュービルの定理から $f(z)$ は定数でなければならない．

問 11.4　(1) $\log z$ は 2π を法として定まることに注意する．$f(z+a) = f\left(\dfrac{a}{2\pi i}(z + 2\pi i)\right)$ であることに注意すると $\log z$ を表す数の選び方によらずに $g(z) = f\left(\dfrac{a}{2\pi i}\log z\right)$ $(z \in \mathbb{C} - \{0\})$ が定まることがわかる．(2) 同様に $\log e^z = z \pmod{2\pi i}$ であるので $g(e^z) = f\left(\dfrac{a}{2\pi i}\log e^z\right) = f\left(\dfrac{a}{2\pi i}z\right)$ である．つまり $f(z) = g(e^{(2\pi i/a)z})$ が成立する．

第12章の解答

問 12.1　(1) $\sin z = \sum_{n=0}^{\infty} \dfrac{(-1)^n}{(2n+1)!} z^{2n+1}$ であるのでローラン展開の主要部は 0 である．ゆえに $z=0$ は除去可能特異点. (2) $(z-1)(z+1) = -1 + z^2$ であるのでローラン展開の主要部は 0 である．ゆえに $z = 0$ は除去可能特異点. (3) $\dfrac{1}{z-1} = \sum_{n=0}^{\infty}(-1)z^n$ であるのでローラン展開の主要部は 0 である．ゆえに $z=0$ は除去可能特異点. (4) $\dfrac{\sin z}{z} = \sum_{n=0}^{\infty}\dfrac{(-1)^n}{(2n+1)!}z^{2n}$ であるのでローラン展開の主要部は 0 である．ゆえに $z=0$ は除去可能特異点. (5) $\dfrac{\cos z}{z} = \sum_{n=0}^{\infty}\dfrac{(-1)^n}{(2n)!}z^{2n-1}$ であるのでローラン展開の主要部は $\dfrac{1}{z}$ である．ゆえに $z=0$ は 1 位の極である. (6) $\dfrac{\tan z}{z} = \dfrac{z + \dfrac{z^3}{3} + \dfrac{2z^5}{15} + \cdots}{z} = 1 + \dfrac{z^2}{3} + \dfrac{2z^4}{15} + \cdots$ であるのでローラン展開の主要部は 0 である．ゆえに $z=0$ は除去可能特異点である. (7) $z^n e^{1/z} = \sum_{k=0}^{\infty}\dfrac{z^{n-k}}{k!} = \sum_{k=-\infty}^{n}\dfrac{z^k}{|k-n|!}$ であるので，ローラン展開の主要部は $\sum_{k=-\infty}^{-1}\dfrac{z^k}{|k-n|!}$ である．ゆえに $z=0$ は真性特異点である. (8) $e^{z^2}/z^5 = \sum_{n=0}^{\infty}\dfrac{z^{2n-5}}{n!}$ であるのでローラン展開の主要部は $\dfrac{1}{z^5} + \dfrac{1}{z^3} + \dfrac{1}{2z}$ である．ゆえに $z=0$ は 5 位の極である. (9) $z^2 \sin\dfrac{1}{z} = \sum_{n=0}^{\infty}\dfrac{(-1)^n}{(2n+1)!}z^{-2n+1} =$

$\sum_{n=-\infty}^{0} \frac{(-1)^n}{(2|n|+1)!} z^{2n+1}$ であるので，ローラン展開の主要部は $\sum_{n=-\infty}^{-1} \frac{(-1)^n}{(2|n|+1)!} z^{2n+1}$ である．したがって $z=0$ は真性特異点である．

問 12.2 $f(0)=0$ であるのでテイラー展開は $f(z)=a_1z+a_2z^2+\cdots$ となる．ゆえに $\frac{f(z)}{z}=a_1+a_2z+\cdots$ となり，$\frac{f(z)}{z}$ のローラン展開の主要部は 0 である．ゆえに $z=0$ は $\frac{f(z)}{z}$ の除去可能特異点である．

問 12.3 仮定から $|z| \leqq r < \delta$ であれば $|z-z_0|^k|f(z)| \leqq M$ となるような $\delta', M>0$ が存在する．ゆえに $f(z)$ の $z=z_0$ におけるローラン展開を $f(z)=\sum_{n=-\infty}^{\infty} a_n(z-z_0)^n$ とすると $a_n = \frac{1}{2\pi i}\int_{\partial\Delta(0,r)} (\zeta-z_0)^{-n-1}f(\zeta)d\zeta$ であるので $n<-k$ であれば $-n-k-1 \geqq 0$ であることに注意すると，$|a_n| \leqq \frac{1}{2\pi}\int_{\partial\Delta(0,r)} |\zeta-z_0|^{-n-1}|f(\zeta)||d\zeta| = \int_{\partial\Delta(0,r)} |\zeta-z_0|^{-n-k-1}|\zeta-z_0|^k|f(\zeta)||d\zeta| \leqq \frac{1}{2\pi}\cdot Mr^{-n-k+1}\cdot 2\pi r = Mr^{-n-k+2}$ である．ゆえに $r\to 0$ とすることにより $a_n=0$（$n<-k$）を得る．つまり，$z=z_0$ は $f(z)$ の高々k 位の極である．

問 12.4 (1) $|z|=r$ において $\left|\frac{f(z)}{z}\right| \leqq \frac{1}{r}$ である．また $f(0)=0$ であるから $\frac{f(z)}{z}$ は $\mathbb{D}$ において正則である．ゆえに最大値の原理から $|z| \leqq r$ において $\left|\frac{f(z)}{z}\right| \leqq \frac{1}{r}$ である．(2) $z\in\mathbb{D}$ について $r>0$ を $|z|<r<1$ を満たすように取る．このとき上記 (1) より $\left|\frac{f(z)}{z}\right| \leqq \frac{1}{r}$ が成り立つので $r\to 1$ とすると $\left|\frac{f(z)}{z}\right| \leqq 1$ を得る．ゆえに $|f(z)| \leqq |z|$ である．(3) いま，任意の $z\in\mathbb{D}$ に対して $\left|\frac{f(z)}{z}\right| \leqq 1$ なのであった．もし $|f(z_0)|=|z_0|$（$z_0\neq 0$）が成立したとすると，$\left|\frac{f(z_0)}{z_0}\right|=1$ が成立する．最大値の原理から $\frac{f(z)}{z}$ は定数関数でなければならない．ゆえに $\frac{f(z)}{z}=e^{i\theta}$ であるので $f(z)=e^{i\theta}z$ である．

問 12.5 (1) $(-z)^{2n}=z^{2n}$ であるので $a_{2n+1}=0$（$n \geqq 0$）であれば明らかに $f(-z)=f(z)$ が成立する．$f(z)$ を偶関数とする．また，$0<r<R$ を固定する．このときローラン展開の係数は $a_m = \frac{1}{2\pi i}\int_{\partial\Delta(0,r)} \zeta^{-m-1}f(\zeta)d\zeta$ である．特に $m=2n+1$ のときに，$\theta=t+\pi$ と置換積分すると，$a_{2n+1} = \frac{1}{2\pi}\int_0^{2\pi} (re^{i\theta})^{-2n+1}f(re^{i\theta})d\theta$

$= \frac{1}{2\pi}\int_{-\pi}^{\pi} (re^{i(t+\pi)})^{-2n+1}f(re^{i(t+\pi)})dt = -\frac{1}{2\pi}\int_{-\pi}^{\pi} (re^{it})^{-2n+1}f(-re^{it})dt =$

$-\dfrac{1}{2\pi}\displaystyle\int_{-\pi}^{\pi}(re^{it})^{-2n+1}f(re^{it})dt$ を得る．最後の式変形に $f(z)$ が偶関数であることを用いた．一方で，周期性から $\dfrac{1}{2\pi}\displaystyle\int_{-\pi}^{0}(re^{it})^{-2n+1}f(re^{it})dt = \dfrac{1}{2\pi}\displaystyle\int_{\pi}^{2\pi}(re^{it})^{-2n+1}f(re^{it})dt$ であるので，結局 $a_{2n+1} = -\dfrac{1}{2\pi}\displaystyle\int_{0}^{2\pi}(re^{it})^{-2n+1}f(re^{it})dt = -a_{2n+1}$ となる．ゆえに $a_{2n+1} = 0$ である．(2) 上記と同様であるので簡単に書く．$m = 2n$ のとき，置換積分 $\theta = t + \pi$ を施すと，上記と同様の計算により $a_{2n} = \dfrac{1}{2\pi}\displaystyle\int_{0}^{2\pi}(-re^{i\theta})^{-2n}f(re^{i\theta})d\theta$ $= \dfrac{1}{2\pi}\displaystyle\int_{-\pi}^{\pi}(re^{i(t+\pi)})^{-2n}f(re^{i(t+\pi)})dt = \dfrac{1}{2\pi}\displaystyle\int_{-\pi}^{\pi}(re^{it})^{-2n}f(-re^{it})dt$ $= -\dfrac{1}{2\pi}\displaystyle\int_{-\pi}^{\pi}(re^{it})^{-2n}f(re^{it})dt = -a_{2n}$ を得る．最後の式変形に $f(z)$ が奇関数であることを用いた．ゆえに $a_{2n} = 0$ $(n \in \mathbb{Z})$ である．

問 12.6 (1) $\displaystyle\lim_{z\to 0}\frac{z}{e^z - 1} = 1$ であるので除去可能特異点である．(2) $1 = f(z)\dfrac{e^z - 1}{z}$ であるので，コーシーの積公式から $1 = \left(\displaystyle\sum_{n=0}^{\infty}\frac{B_n}{n!}z^n\right)\left(\sum_{n=0}^{\infty}\frac{z^n}{(n+1)!}\right) = \displaystyle\sum_{n=0}^{\infty}\left(\sum_{k=0}^{n}\frac{B_k}{k!(n-k+1)!}\right)z^n$ を得る．ゆえに恒等式 $B_0 = 1, \displaystyle\sum_{k=0}^{n}\frac{B_k}{k!(n-k+1)!} = 0$ $(n \geqq 1)$ を得る．(3) $n = 1$ のとき，漸化式は $\dfrac{B_0}{0!(1-0+1)!} + \dfrac{B_1}{1!(1-1+1)!} = 0$ である．ゆえに $B_1 = -\dfrac{1}{2}$ である．$n = 2$ のとき，漸化式は $\dfrac{B_0}{0!(2-0+1)!} + \dfrac{B_1}{1!(2-1+1)!} + \dfrac{B_2}{1!(2-2+1)!} = 0$ であるので $B_2 = \dfrac{1}{6}$ である．$n = 2$ のとき，漸化式は $\dfrac{B_0}{0!(3-0+1)!} + \dfrac{B_1}{1!(3-1+1)!} + \dfrac{B_2}{1!(3-2+1)!} + \dfrac{B_3}{1!(3-3+1)!} = 0$ であるので $B_3 = 0$ である．(4) 実際，$\dfrac{z}{e^z - 1} + \dfrac{z}{2} = \dfrac{z}{2}\dfrac{2 + (e^z - 1)}{e^z - 1} = \dfrac{z}{2}\dfrac{e^z + 1}{e^z - 1}$ である．ゆえに $f(-z) - B_1(-z) = \dfrac{-z}{2}\dfrac{e^{-z} + 1}{e^{-z} - 1} = \dfrac{z}{2}\dfrac{e^z + 1}{e^z - 1} = f(z) - B_1 z$ であるので，$f(z) - B_1 z$ の奇数番目のテイラー係数は 0 となる．つまり $B_{2n+1} = 0$ $(n \in \mathbb{N})$ となる．

第13章の解答

問 13.1 (1) 極は $z = e^{(2\pi k+1)/4}$ $(k = 0, 1, 2, 3)$ であり，それぞれの位数は 1 である．$z = e^{(2\pi k+1)/4}$ における留数は $\operatorname{Res}\left(\dfrac{1}{z^4+1}, e^{(2\pi k+1)/4}\right) = \displaystyle\lim_{z\to e^{(2\pi k+1)/4}}(z - e^{(2\pi k+1)/4})\frac{1}{z^4+1} = \frac{1}{4e^{(6\pi k+3)/4}} = -\frac{e^{(2\pi k+1)/4}}{4}$ である．(2) 極は $z = n\pi$ $(n \in \mathbb{Z})$ であり，それぞれ 1 位の極である．$z = n\pi$ における留数は $\operatorname{Res}\left(\dfrac{1}{\sin z}, n\pi\right) = \displaystyle\lim_{z\to n\pi}(z - n\pi)\frac{1}{\sin z}$

$= \dfrac{1}{\cos n\pi} = (-1)^n$ である．(3) 極は $z = 1, -1$ であり，それぞれ 1 位と 2 位の極である．$z = 1$ の留数は $\mathrm{Res}\left(\dfrac{1}{(z-1)(z+1)^2}, 1\right) = \lim_{z\to 1}(z-1)\dfrac{1}{(z-1)(z+1)^2} = \dfrac{1}{4}$ である．$z = -1$ の留数は $\mathrm{Res}\left(\dfrac{1}{(z-1)(z+1)^2}, -1\right) = \lim_{z\to -1}\dfrac{d}{dz}\left\{(z+1)^2\dfrac{1}{(z-1)(z+1)^2}\right\} = -\dfrac{1}{4}$ である．(4) 極は $z = 0$ で位数は 2 位である．$z = 0$ での留数は $\mathrm{Res}\left(\dfrac{\sin z}{z^3}, 0\right) = \lim_{z\to 0}\dfrac{d}{dz}\left\{z^2\dfrac{\sin z}{z^3}\right\}$ $= 0$ である．(5) 極は $z = 0$ で 1 位の極である．$z = 0$ での留数は $\mathrm{Res}\left(\dfrac{\cos z}{1-e^z}, 0\right) = \lim_{z\to 0} z\dfrac{\cos z}{1-e^z} = 1$ である．(6) 極は $z = \mathrm{Log}(1+n\pi) + 2m\pi i$ ($n, m \in \mathbb{Z}$) で 1 位の極である．$z = \mathrm{Log}(1+n\pi) + 2m\pi i$ での留数は $\mathrm{Res}\left(\dfrac{1}{\tan(e^z-1)}, \mathrm{Log}(1+n\pi)+2m\pi i\right) = \lim_{z\to \mathrm{Log}(1+n\pi)+2m\pi i}(z - (\mathrm{Log}(1+n\pi)+2m\pi i))\dfrac{1}{\tan(e^z-1)} = \dfrac{1}{1+n\pi}$ である．(7) 極はない（$z = 0$ は真性特異点である）．

問 13.2　(1) $\dfrac{z}{(z-2)(z-3)^2}$ は $\overline{\Delta}(0,1)$ を含む領域で正則であるので，$\displaystyle\int_{|z|=1}\frac{z}{(z-2)(z-3)^2}dz = 0$ (2) $\dfrac{z}{(z-1)(z-3)^2}$ の $\Delta(0,2)$ 内の孤立特異点は $z=1$ であり，1 位の極である．ゆえに，留数定理より $\displaystyle\int_{|z|=2}\frac{z}{(z-1)(z-3)^2}dz = 2\pi i\,\mathrm{Res}\left(\frac{z}{(z-1)(z-3)^2}, 1\right)$ $= 2\pi i \lim_{z\to 0}(z-1)\dfrac{z}{(z-1)(z-3)^2} = \dfrac{\pi i}{2}$ (3) $\dfrac{z}{\sin z}$ は $\overline{\Delta}(0,1)$ を含む領域で正則であるので，$\displaystyle\int_{|z|=1}\frac{z}{\sin z}dz = 0$ (4) $\dfrac{z}{\sin z}$ の $\Delta(\pi/2, 2)$ 内の孤立特異点は $z = \pi$ であり，1 位の極である．ゆえに，留数定理より $\displaystyle\int_{|z-\pi/2|=2}\frac{z}{\sin z}dz = 2\pi i\mathrm{Res}\left(\frac{z}{\sin z}, \pi\right) = 2\pi i\lim_{z\to\pi}(z-\pi)\frac{z}{\sin z}$ $= 2\pi^2 i$ (5) $\left(z+\dfrac{1}{z}\right)^{2n} = \displaystyle\sum_{k=0}^{2n} {}_{2n}C_k z^{2n-2k}$ の $\Delta(0,10)$ 内の孤立特異点は $z = 0$ であり $2n$ 位の極である．展開はすべて偶数項からなるので $z = 0$ における留数は 0，したがって留数定理から $\displaystyle\int_{|z|=10}\left(z+\frac{1}{z}\right)^{2n}dz = 0$ (6) $\left(z+\dfrac{1}{z}\right)^{2n+1} = \displaystyle\sum_{k=0}^{2n+1} {}_{2n+1}C_k z^{2n+1-2k}$ の $\Delta(0,10)$ 内の孤立特異点は $z = 0$ であり $2n+1$ 位の極である．項 $\dfrac{1}{z}$ の係数はの留数は ${}_{2n+1}C_{n+1}$．したがって留数定理から $\displaystyle\int_{|z|=10}\left(z+\frac{1}{z}\right)^{2n}dz = 2\pi i {}_{2n+1}C_{n+1}\ \frac{2\pi i(2n+1)!}{n!(n+1)!}$
(7) $z^m e^{1/z}$ の $\Delta(0,1)$ 内の孤立特異点は $z = 0$ であり真性特異点である．留数は $m \geqq -1$ のとき $\dfrac{1}{(m+1)!}$ であり $m \geqq -2$ のとき 0 である．ゆえに留数定理より $m \geqq -1$ のとき $\displaystyle\int_{|z|=1} z^m e^{1/z}dz = \frac{2\pi i}{(m+1)!}$ であり，$m \leqq -2$ のとき $\displaystyle\int_{|z|=1} z^m e^{1/z}dz = 0$ である．

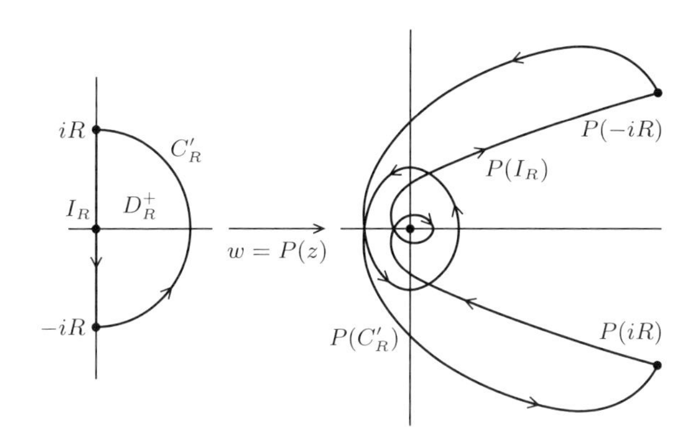

図　曲線 $P(\partial D_R^+)$ の概略図．原点の周りの回転数は 0 である．

問 13.3　ポイントは，D_R^+ から誘導される虚軸上の区間 I_R の向きが 13.3.4 節の場合と逆になるので，それに伴い $P(I_R)$ の向きも逆になることである．したがって R が十分大きいときは $P(I_R)$ は原点の周りを時計回りに 2 回まわる．$C'_R = \{z \in \mathbb{C} \mid \mathrm{Re}\,(z) \geqq 0, |z| = R\}$ にも D_R^+ から誘導される向きを入れておくと，13.3.4 節と同様の計算により $P(C'_R)$ は原点の周りを反時計回りに 2 回まわる．したがって $P(\partial D_R^+)$ に沿った偏角の変分は 0 となる．したがって留数定理から D_R^+ 内に $P(z) = 0$ の根は存在しない（上図）．

第14章の解答

問 14.1　(1) 定理 14.6 およびその後の注意を用いる（定理の仮定を満たすこと，つまり $R \to \infty$ のときに $\displaystyle\int_{C_R} \frac{x^2}{x^4+1}dx \to 0$ が成立することを確かめよ）．上半平面内の極は $z = e^{\pi/4}$，$z = e^{3\pi i/4}$ でありそれぞれ一位である．したがって $\displaystyle\int_{-\infty}^{\infty} \frac{x^2}{x^4+1}dx = 2\pi i\mathrm{Res}\left(\frac{z^2}{z^4+1}, e^{\pi/4}\right) + 2\pi i\mathrm{Res}\left(\frac{z^2}{z^4+1}, e^{3\pi/4}\right) = 2\pi i\left(\frac{e^{-\pi i/4}}{4} + \frac{e^{-3\pi i/4}}{4}\right) = \frac{\pi}{\sqrt{2}}$ である．(2) 定理 14.6 およびその後の注意を用いる（定理の仮定を満たすことを確かめよ）．上半平面における極は $z = ai$ であり位数は n である．ゆえに $\displaystyle\int_{-\infty}^{\infty} \frac{dx}{(x^2+a^2)^n} = 2\pi i\mathrm{Res}\left(\frac{1}{(z^2+a^2)^n}, ai\right) = \frac{2\pi i}{(n-1)!}\cdot\frac{(2n-2)!}{(n-1)!}\frac{1}{(2i)^{2n-1}}\frac{1}{a^{2n-1}} = 2\pi\frac{{}_{2n-2}C_{n-1}}{(2a)^{2n-1}}$ である．(3) $f(z) = \dfrac{e^{iz}}{z}$ に対して定理 14.8 を適用する（定理の仮定を満たすことを確かめ

よ）．$\displaystyle\int_{-\infty}^{\infty}\frac{\sin x}{x}dx=\mathrm{Im}\left(\pi i\times\mathrm{Res}\left(\frac{e^{iz}}{z},0\right)\right)=\pi$ である．(4) 図 14.8 の領域 $D_{\varepsilon,R}$ を用いる．同様に円弧を C_ε，C_R とする．ここで $\varepsilon<1, a<R$ としてもよい．$H_0=\mathbb{C}-\{yi\in\mathbb{C}\mid y<0\}$ として H_0 上の $L(z)=\log|z+i\arg(z)$ とする．ただし $L(x)=\log x$ $(x>0)$ および $L(x)=\log|x|+\pi i$ $(x<0)$ とする．$L(z)$ は H_0 上で正則関数としても良い．ここで $z\in\overline{D_{\varepsilon,R}}$ において $|L(z)|^2\leqq(\log|z|)^2+\pi^2$ が成立していることに注意する．$f(z)=\dfrac{L(z)}{z^2+a^2}$ とすると $f(z)$ は $\overline{D_{\varepsilon,R}}$ を含む領域で $z=ai$ を除き正則であり，$z=ai$ は一位の極となる．したがって留数定理から $\displaystyle\int_{\partial D_{\varepsilon,R}}f(z)dz=2\pi i\mathrm{Res}\left(\frac{L(z)}{z^2+a^2},ai\right)$ $=2\pi i\dfrac{\log|a|+\frac{\pi i}{2}}{2ai}=\dfrac{\pi}{a}\left(\log|a|+\dfrac{\pi i}{2}\right)$ となる．また，$\displaystyle\left|\int_{C_R}f(z)dz\right|\leqq\int_{C_R}\frac{|L(z)|}{||z|^2-1|}|dz|$ $\displaystyle\leqq\int_{C_R}\frac{\sqrt{(\log|z|)^2+\pi^2}}{|z|^2-1}|dz|=\frac{\pi R\sqrt{(\log R)^2+\pi^2}}{R^2-1}\to 0$ $(R\to\infty)$ および $\displaystyle\left|\int_{C_\varepsilon}f(z)dz\right|\leqq$ $\displaystyle\int_{C_\varepsilon}\frac{|L(z)|}{|z|^2-1}|dz|\leqq\int_{C_\varepsilon}\frac{\sqrt{(\log|z|)^2+\pi^2}}{||z|^2-1|}|dz|=\frac{\pi\varepsilon\sqrt{(\log\varepsilon)^2+\pi^2}}{1-\varepsilon^2}\to 0$ $(\varepsilon\to 0)$ である．そして $\displaystyle\int_{-R}^{-\varepsilon}f(z)dz=\int_{-R}^{-\varepsilon}\frac{\log|x|+\pi i}{x^2+a^2}dx=\int_{\varepsilon}^{R}\frac{\log|x|}{x^2+a^2}dx+\int_{\varepsilon}^{R}\frac{\pi i}{x^2+a^2}dx$ である．ここで $\displaystyle\int_0^\infty\frac{1}{x^2+a^2}dx=\frac{1}{a}\int_0^\infty\frac{dx}{1+x^2}=\frac{\pi}{2a}$ であるので結局 $\varepsilon\to 0$ と $R\to\infty$ とすると，$\displaystyle\int_0^\infty\frac{\log x}{x^2+a^2}dx=\frac{\pi}{2a}\log|a|$ が成立する．(5) 定理 14.6 とその後の注意を用いる（仮定を満たすことを示せ）．関数 $\dfrac{e^{i\lambda x}}{x^2+a^2}$ は上半平面において $z=ai$ に 1 位の極を持つので，$\displaystyle\int_{-\infty}^{\infty}\frac{e^{i\lambda x}}{x^2+a^2}dx=2\pi i\mathrm{Res}\left(\frac{e^{i\lambda x}}{x^2+a^2},ai\right)=2\pi i\frac{e^{i\lambda\times ai}}{2ai}=\frac{\pi}{ae^{a\lambda}}$ である．(6) はじめに $\xi<0$ の場合を考える．このとき $e^{-2\pi xi\xi}=e^{2\pi xi|\xi|}$ となる．定理 14.6 とその後の注意を用いる（仮定を満たすことを示せ）．関数 $\dfrac{e^{2\pi|\xi|ix}}{(1+x^2)^2}$ は上半平面において $z=i$ に 2 位の極を持つので，$\displaystyle\int_{-\infty}^{\infty}\frac{e^{2\pi ix|\xi|}}{(1+x^2)^2}dx=2\pi i\mathrm{Res}\left(\frac{e^{2\pi|\xi|iz}}{(1+z^2)^2},i\right)=2\pi i\times\frac{d}{dz}\left.\frac{e^{2\pi|\xi|iz}}{(z+i)^2}\right|_{z=i}$ $=\dfrac{\pi}{2}(1+2\pi|\xi|)e^{2\pi|\xi|}$ となる．$\xi>0$ のとき置換積分 $x=-u$ として置換積分を行うと，$\displaystyle\int_{-\infty}^{\infty}\frac{e^{-2\pi ix\xi}}{(1+x^2)^2}dx=\int_{\infty}^{-\infty}\frac{e^{2\pi iu\xi}}{(1+u^2)^2}(-du)=\int_{-\infty}^{\infty}\frac{e^{2\pi iu|\xi|}}{(1+u^2)^2}du=\frac{\pi}{2}(1+2\pi|\xi|)e^{2\pi|\xi|}$ となる．最後に，$\xi=0$ とするとき，$\displaystyle\int_{-\infty}^{\infty}\frac{e^{-2\pi ix\xi}}{(1+x^2)^2}dx=\int_{-\infty}^{\infty}\frac{1}{(1+x^2)^2}dx=2\pi i\frac{-2}{-8i}=\frac{\pi}{2}.$ いずれの場合も $\displaystyle\int_{-\infty}^{\infty}\frac{e^{-2\pi ix\xi}}{(1+x^2)^2}dx=\frac{\pi}{2}(1+2\pi|\xi|)e^{2\pi|\xi|}$ である．

問 14.2　(1) $z = n + iy$ ($n \in \mathbb{Z},\ y \leqq 0$) のとき $1 - e^{2\pi iz} = 1 - e^{2\pi i(n+iy)} = 1 - e^{-2\pi y} \leqq 0$ である．一方，$z = x + iy$ とするとき，仮定より $1 - e^{2\pi iz} = 1 - e^{2\pi i(x+iy)} = 1 - e^{-2\pi y + 2\pi ix} \in \mathbb{R}$ なので $x \in \mathbb{Z}$ である．さらに仮定 $0 \geqq 1 - e^{2\pi iz} = 1 - e^{2\pi i(n+iy)} = 1 - e^{-2\pi y}$ より $y \leqq 0$ である．(2) ここで $-2ie^{\pi iz} \sin \pi z = -2ie^{\pi iz} \dfrac{e^{\pi iz} - e^{-\pi iz}}{2i} = 1 - e^{2\pi iz}$ であるので (14.30) の始めの等式は成立する．次に $z = iy (y > 0)$ とすると $1 - e^{2\pi iz} = 1 - e^{2\pi i(iy)} = 1 - e^{-2\pi y} > 0$ である．ゆえに正の虚軸上では $\mathrm{Log}(1 - e^{2\pi iz})$ および通常の対数 $\log(1 - e^{-2\pi y})$ と一致する．さらに $\mathrm{Log} \sin \pi z$ に $z = iy$ ($y > 0$) を代入すると，$\mathrm{Log} \sin(\pi iy) = \mathrm{Log}\, \dfrac{e^{-\pi y} - e^{\pi y}}{2i} = \mathrm{Log}\, i \dfrac{e^{\pi y} - e^{-\pi y}}{2}$ である．$y > 0$ であるので $i\dfrac{e^{\pi y} - e^{-\pi y}}{2}$ は正の虚軸上にある．ゆえに $i\dfrac{e^{\pi y} - e^{-\pi y}}{2}$ の偏角の主値は $\dfrac{\pi}{2}$ である．ゆえに $\mathrm{Log} \sin(\pi iy) = \log \dfrac{e^{\pi y} - e^{-\pi y}}{2} + \dfrac{\pi}{2}i = \pi y - \log 2 + \log(1 - e^{-2\pi y}) + \dfrac{\pi}{2}i$ が成り立つ．これを書き換えると $\log(1 - e^{-2\pi y}) = -\dfrac{\pi}{2}i + \log 2 - \pi y + \mathrm{Log} \sin(\pi iy)$ が成立する．つまり (14.30) の左辺と右辺は正の虚軸上で一致する．(14.30) のすべての項は $\overline{D_{\varepsilon,R}}$ を含む領域における正則関数を表すので，一致の定理から $\overline{D_{\varepsilon,R}}$ において一致する．(3) $\mathrm{Log}(1 + z)$ の $z = 0$ における連続性より，任意の $\varepsilon > 0$ に対して $|z| < \delta$ であれば $|\mathrm{Log}(1 + z)| < \varepsilon$ をみたすような $\delta > 0$ を取ることができる．ここで $R > -\dfrac{\log \delta}{2\pi}$ を満たすようにとると，$z = x + iR$ ($0 \leqq x \leqq 1$) のとき $|e^{2\pi iz}| = |e^{-2\pi R + 2\pi ix}| = e^{-2\pi R} < \delta$ となる．したがって，$|\mathrm{Log}(1 - e^{2\pi iz})| = |\mathrm{Log}(1 - e^{2\pi i(x+iR)})| = |\mathrm{Log}(1 - e^{-2\pi R + 2\pi ix})| < \varepsilon$ である．これより $R > -\dfrac{\log \delta}{2\pi}$ であれば $\left| \displaystyle\int_{J_R} \mathrm{Log}(1 - e^{2\pi iz}) dz \right| \leqq \displaystyle\int_{J_R} |\mathrm{Log}(1 - e^{2\pi iz})||dz| \leqq \varepsilon \displaystyle\int_{J_R} |dz| = \varepsilon$ となる．これは $\displaystyle\int_{J_R} \mathrm{Log}(1 - e^{2\pi iz}) dz \to 0$ ($R \to \infty$) を示している．(4) 実際，$\displaystyle\int_{I_1} \mathrm{Log}(1 - e^{2\pi iz}) dz = \displaystyle\int_R^{\varepsilon} \mathrm{Log}(1 - e^{2\pi i(iy)})(idy) = -\displaystyle\int_{\varepsilon}^{R} \mathrm{Log}(1 - e^{2\pi i(1+iy)})(idy) = -\displaystyle\int_{I_2} \mathrm{Log}(1 - e^{2\pi iz}) dz$ である．(5) $k = 1, 2$ いずれも同様であるので $k = 1$ のときを示す．ここで $\delta > 0$ および $A > 0$ を $|z| = \varepsilon < \delta$ のとき $|1 - e^{2\pi iz}| \leqq A\varepsilon$ を満たすようにとる．このとき $|\mathrm{Arg}(z)| \leqq \pi$ であることに注意すると，$\varepsilon < \delta$ $\left| \displaystyle\int_{C_{\varepsilon}^k} \mathrm{Log}(1 - e^{2\pi iz}) dz \right| \leqq \displaystyle\int_{C_{\varepsilon}^k} |\mathrm{Log}(1 - e^{2\pi iz})||dz| \leqq \displaystyle\int_{C_{\varepsilon}^k} \sqrt{(\log A\varepsilon)^2 + \pi^2} |dz| = \dfrac{\pi\varepsilon}{4} \sqrt{(\log A\varepsilon)^2 + \pi^2} \to 0$ ($\varepsilon \to 0$) である．(6) コーシーの積分定理から $0 = \displaystyle\int_{\partial D_{\varepsilon,R}} \mathrm{Log}(1 - e^{2\pi iz}) dz = \displaystyle\int_{\varepsilon}^{1-\varepsilon} \mathrm{Log}(1 - e^{2\pi iz}) dz + \displaystyle\int_{C_{\varepsilon}^2} \mathrm{Log}(1 - e^{2\pi iz}) dz + \displaystyle\int_{I_2} \mathrm{Log}(1 - e^{2\pi iz}) dz + \displaystyle\int_{J_R} \mathrm{Log}(1 - e^{2\pi iz}) dz + \displaystyle\int_{I_1} \mathrm{Log}(1 - e^{2\pi iz}) dz + \displaystyle\int_{C_{\varepsilon}^1} \mathrm{Log}(1 -$

$e^{2\pi iz})dz$ である．ゆえに $\varepsilon \to 0$ かつ $R \to \infty$ とすると $\int_0^1 \mathrm{Log}(1-e^{2\pi iz})dz = 0$ を得る．一方で，上記の (2) より，これは $0 = \int_0^1 (-\frac{\pi}{2}i + \log 2 + \pi iz + \mathrm{Log}\sin\pi z)dz = -\frac{\pi}{2}i + \log 2 + \frac{\pi i}{2} + \int_0^1 \log(\sin\pi x)dx$ となる．つまり，$\int_0^1 \log(\sin\pi x)dx = -\log 2$ を得る．

問 14.3 図 14.10 の領域の D_R とする．I_R と C_R には D_R からの向きを入れておくとする．$R > 1$ としておく．このとき留数定理より $\int_{\partial D_R} \frac{1}{1+z^n}dz = 2\pi i\mathrm{Res}\left(\frac{1}{1+z^n}, e^{\pi i/n}\right) = 2\pi i \frac{1}{ne^{(n-1)\pi i/n}} = -\frac{2\pi ie^{\pi i/n}}{n}$ である．一方で，$\left|\int_{C_R} \frac{1}{1+z^n}dz\right| \leqq \int_{C_R} \frac{1}{|z|^n - 1}|dz| = \frac{2\pi R}{n(R^n-1)} \to 0\ (R \to \infty)$ である．また $z = xe^{2\pi i/n}\ (0 \leqq x \leqq R)$ とすると $\int_{I_R} \frac{1}{1+z^n}dz = \int_R^0 \frac{1}{1+x^n}e^{2\pi i/n}dx = -e^{2\pi i/n}\int_0^R \frac{1}{1+x^n}dx$ である．以上より $(1-e^{2\pi i/n})\int_0^R \frac{1}{1+x^n}dx + \int_{C_R} \frac{1}{1+z^n}dz = -\frac{2\pi ie^{\pi i/n}}{n}$ となる．$R \to \infty$ とすると，以上より広義積分 $\int_0^\infty \frac{1}{1+x^n}dx = -\frac{2\pi ie^{\pi i/n}}{n(1-e^{2\pi i/n})} = \frac{\pi}{n\sin\frac{\pi}{n}}$ を得る．

問 14.4 (1) $|z| = 1$ のとき，$|e^z - z^3 - z - i| = |e^z - z - 1 - (1+i) - z^3| \leqq \sum_{n=2} \frac{|z|^n}{n!} + |1+i| + |z|^3 = \sum_{n=2} \frac{1}{n!} + \sqrt{2} + 1 = e - 1 + \sqrt{2} < e + 1$ となる．(2) $|z| = 1$ 上で $4|z|^2 = 4 > e + 1 \geqq |e^z - z^3 - z - i|$ であるので，ルーシェの定理より $\mathbb{D} = \Delta(0,1)$ 内では方程式 $4z^2 = 0$ の根の個数と方程式 $-4z^2 - (e^z - z^3 - z - i) = 0$ の根の個数は一致する．つまり，$e^z = z^3 - 4z^2 + z + i$ の $\mathbb{D}$ 内の根の個数は 2 個である．

索引

数字・アルファベット

あ　行

か　行

さ　行

た　行

宮地 秀樹（みやち・ひでき）

1970年，大阪生まれ．1992年，立命館大学理工学部卒業．
現在，大阪大学大学院理学研究科准教授．博士（理学）．
専門は双曲幾何，タイヒミュラー空間論．
著書に，『ドーナツを穴だけ残して食べる方法』（分担執筆，大阪大学出版会）がある．

NBS Nippyo Basic Series 日本評論社ベーシック・シリーズ＝NBS

複素解析
（ふくそかいせき）

2015 年 11 月 25 日　第 1 版・第 1 刷発行

著　者――宮地秀樹
発行者――串崎　浩
発行所――株式会社 日本評論社
〒170-8474 東京都豊島区南大塚 3-12-4
電　話――（03）3987-8621（販売）-8599（編集）
印　刷――藤原印刷
製　本――難波製本
挿　画――オビカカズミ
装　幀――図工ファイブ

ISBN 978-4-535-80631-3